U0350953

高职高专教育"十一五"规划教材

食品化学

食品类专业适用

梁文珍　蔡智军　主编

中国农业大学出版社

·北京·

编写人员

主　编　梁文珍　辽宁农业职业技术学院

　　　　蔡智军　辽宁农业职业技术学院

副主编　李杏元　黄冈职业技术学院

　　　　王艳萍　商丘职业技术学院

　　　　陈庆华　永城职业学院

参　编　栗丽萍　内蒙古农业大学职业技术学院

　　　　李和平　郑州牧业工程高等专科学校

　　　　邵　颖　信阳农业高等专科学校

　　　　董彩军　南通农业职业技术学院

　　　　曹天旭　黑龙江农业经济职业学院

　　　　折改梅　北京中医药大学

　　　　金小花　苏州农业职业技术学院

出　版　说　明

　　高等职业教育作为高等教育中的一个类型,肩负着培养面向生产、建设、服务和管理第一线需要的高技能人才的使命。大力提高人才培养的质量,增强人才对于就业岗位的适应性已成为高等职业教育自身发展的迫切需要。教材作为教学和课程建设的重要支撑,对于人才培养质量的影响极为深远。随着高等农业职业教育发展和改革的不断深入,各职业院校对于教材适用性的要求也越来越高。中国农业大学出版社长期致力于高等农业教育本科教材的出版,在高等农业教育领域发挥着重要的作用,积累了丰富的经验,希望充分利用自身的资源和优势,为我国高等职业教育的改革与发展做出自己的贡献。

　　经过深入调研和分析以往教材的优点与不足,在教育部高教司高职高专处和教育部高职高专农林牧渔类专业教学指导委员会的关心和指导下,在各高职高专院校的大力支持下,中国农业大学出版社先后与100余所院校开展了合作,共同组织编写了一系列以"十一五"国家级规划教材为主体的、符合新时代高职高专教育人才培养要求的教材。这些教材从2007年3月开始陆续出版,涉及畜牧兽医类、食品类、农业技术类、生物技术类、制药技术类、财经大类和公共基础课等的100多个品种,其中普通高等教育"十一五"国家级规划教材22种。

　　这些教材的组织和编写具有以下特点:

　　精心组织参编院校和作者。每批教材的组织都经过以下步骤:首先,征集相关院校教师的申报材料。全国100余所高职高专院校的千余名教师给予了我们积极的反馈。然后,经由高职高专院校和出版社的专家组成的选题委员会的慎重审议,充分考虑不同院校的办学特色、专业优势、地域特点及教学改革进程,确定参加编写的主要院校。最后,根据申报教师提交的编写大纲、编写思路和样章,结合教师的学习培训背景、教学与科研经验和生产实践经历,遴选优秀骨干教师组建编写团队。其中,教授和副教授及有硕士以上学历的占70%。特别值得一提的是,有5%的作者是来自企业生产第一线的技术人员。

　　贴近国家高职教育改革的要求。我国的高等职业教育发展历史不长,很多院校的办学模式和教学理念还在探索之中。为了更好地促进教师了解和领会教育部的教学改革精神,体现基于职业岗位分析和具体工作过程的课程设计理念,以真实工作任务或社会产品为载体组织教材内容,推进适应"工学结合"人才培养模式的课程教材的编写出版,在每次编写研讨会上都邀请了教育部高教司高职高专处、教育部高职高专农林牧渔类专业教学指导委员会的领导作教学改革的报告;多次邀请教育部职业教育研究所的知名专家到会,专门就课程设置和教材的体系建构作专题报告,使教材的编写视角高、理念新、有前瞻性。

注重反映教学改革的成果。教材应该不断创新,与时俱进。好的教材应该及时体现教学改革的成果,同时也是教育教学改革的重要推进器。这些教材在组织过程中特别注重发掘各校在产学结合、工学交替实践中具有创新性的教材素材,在围绕就业岗位需要进行知识的整合、与实际生产过程的接轨上具有创新性和非常鲜明的特色,相信对于其他院校的教学改革会有启发和借鉴意义。

瞄准就业岗位群需要,突出职业能力的培养。这些教材的编写指导思想是紧扣培养"高技能人才"的目标,以职业能力培养为本位,以实践技能培养为中心,体现就业和发展需求相结合的理念。

教材体系的构建依照职业教育的"工作过程导向"原则,打破学科的"系统性"和"完整性"。内容根据职业岗位(群)的任职要求,参照相关的职业资格标准,采用倒推法确定,即剖析职业岗位群对专业能力和技能的需求——→关键能力——→关键技能——→围绕技能的关键基本理论。删除假设推论,减少原理论证,尽可能多地采用生产实际中的案例剖析问题,加强与实际工作的接轨。教材反映行业中正在应用的新技术、新方法,体现实用性与先进性的结合。

创新体例,增强启发性。为了强化学习效果,在每章前面提出本章的知识目标和技能目标。有的每章设有小结和复习思考题。小结采用树状结构,将主要的知识点及其之间的关联直观表达出来,有利于提高学生的学习效果和效率,也方便教师课堂总结。部分内容增编阅读材料。

加强审稿,企业与行业专家相结合,严把质量关。从选题策划阶段就邀请行内专家把关,由来自于企业、高职院校或中国农业大学有丰富生产实践经验的教授审核编写大纲,并对后期书稿进行严格审定。每一种教材都经过作者与审稿人的多次的交流和修改,从而保证内容的科学性、先进性和对于岗位的适应性。

这些教材的顺利出版,是全国100余所高职高专院校共同努力的结果。编写出版过程中所做的很多探索,为进一步进行教材研发提供了宝贵的经验。我们希望以此为基点,进一步加强与各校的交流合作,配合各校教学改革,在教材的推广使用、修订完善、补充扩展进程中,在提高质量和增加品种的过程中,不断拓展教材合作研发的思路,创新教材开发的模式和服务方式。让我们共同努力,携手并进,为深化高职高专教育教学改革和提高人才培养质量,培养国家需要的各行各业高素质技能型专门人才,发挥积极的推动作用。

中国农业大学出版社

2008 年 6 月

内 容 简 介

本书是"高职高专教育'十一五'规划教材"之一。

全书共分 11 章,内容包括水分、碳水化合物、脂类、蛋白质、维生素、矿物质、酶、食品添加剂、食品的色香味、食品中常见的有害物质和综合、设计及创新实验等。除了第十一章是全章实验外,在每一章的后面都附有与本章内容相关的实验。

本书的编写突出应用性与"架桥"作用,在系统地介绍了组成食品的各个成分及其性质的同时,更注重这些成分在食品储藏加工中表现出来的性质和变化,以及食品化学理论在食品专业中的应用。另外,通过"知识窗"和"动脑筋"栏目,加强与专业课程的联系,引领学生轻松进入食品科学的领域。

本教材可作为高职高专院校食品加工及相关专业的教材,也可作为食品企业、行业技术人员的参考书。

前　言

　　食品化学是食品加工技术、食品质量与安全、农产品储藏与加工以及食品营养与检测等食品类专业重要的专业基础课。本书依据以上各专业专业课程对食品化学的要求,根据职业教育的特点和食品化学课程本身教学目标要求编写而成。

　　本书详细阐明食品及其原料的组成、性质、结构、功能,侧重介绍了食品化学成分在食品加工和储藏过程中的性质和变化以及提高食品品质和营养、保证食品质量安全的相关知识,突出知识的实用性。全书共分 11 章,内容包括:水分、碳水化合物、脂类、蛋白质、维生素、矿物质、酶、食品添加剂、食品的色香味及食品中常见的有害物质等。每章后面都附有相关实验内容,并且在全书的最后又增加了一章综合、设计及创新实验,以提高学生综合分析和解决问题的能力,培养创新能力,增强学习和科研后劲,提高专业素养。还将食品化学在专业中应用的内容通过"知识窗"和"动脑筋"栏目编出,架起通向专业课程的桥梁,力求教材具有知识性、趣味性、启发性和应用性。

　　本书的讲授可在 60～80 个授课学时内调整,建议本课程在无机化学、有机化学、生物化学等课程后开出。

　　本书由多所高等职业院校的教师共同编写,主编梁文珍负责全书的组织及统稿。具体编写分工如下:

　　梁文珍　绪论、第十一章、各章的动脑筋、知识窗栏目的编写;

　　李杏元　第三章的编写;

　　蔡智军　第五章的编写;

　　王艳萍　第十章的编写;

　　陈庆华　第一章、第二章的第一、二节的编写;

　　栗丽萍　第七章的编写;

　　李和平　第四章的编写;

　　邵　颖　第九章的编写;

　　董彩军　第六章的编写;

　　曹天旭　实验 2-1、2-2、实验 4-1、4-2、4-3 的编写;

　　折改梅　第八章、第二章的第三、四节的编写;

金小花　实验 5-1、5-2、实验 9-1 的编写。

由于编者水平有限,缺乏经验,书中不妥之处在所难免,敬请读者批评指正。

编　者

2009 年 8 月

目　　录

绪　　论

学习目标

● 明确为什么要学习食品化学？学什么？怎样学？

一、为什么要学习食品化学

回答这个问题首先要从认识食品化学开始。

(一)食品化学的概念

食品:经特定方式加工后供人类食用的食物。

食物:可供人类食用的含有营养素的天然生物体。

营养素:指那些能维持人体正常生长发育和新陈代谢所必需的物质。目前已知的有 40～50 种人体必需的营养素,从化学性质分为 6 大类,即蛋白质、脂肪、碳水化合物、矿物质、维生素和水,目前也有人提出将膳食纤维列为第七类营养素。

化学:研究物质组成、性质及其功能和变化的科学,包括分析化学、有机化学、物理化学、无机化学和生物化学等。

食品化学:是用化学的理论和方法研究食品本质的科学,它通过食品营养价值、安全性和风味特征的研究,阐明食品的组成、性质、结构和功能以及食品成分在储藏、加工和运输过程中可能发生的化学、物理变化,乃至食品成分与人体健康和疾病的相关性。

(二)食品化学的作用

1.食品化学是食品类专业最重要的专业基础课,是基础理论与专业技术的桥梁

要学好食品化学,首先要学好无机化学、分析化学、有机化学及生物化学;另一方面,学好了食品化学又会加深对多门化学类基础课的理解。食品化学对专业技术课程的作用,如同进入大门的钥匙一般,学好了食品化学的原理,就很容易深入到各个技术领域中去。

2.食品化学对食品工业技术的发展具有指导意义

现代实践证明,没有食品化学的理论指导就不可能有日益发展的现代食品工

业。食品化学对食品行业技术进步的影响总结见表 0-1。

表 0-1　食品化学对各食品行业技术进步的影响

食品行业	影响方面
果蔬加工储藏	化学去皮、护色、质地控制、维生素保留、脱色脱苦、打蜡涂膜、化学保鲜、气调储藏、活性包装、酶促榨汁、过滤、澄清及化学防腐等
肉类加工储藏	宰后的保汁和嫩化、护色和发色、提高肉糜乳化力、凝胶性和黏弹性、超市鲜肉的包装、熏烟剂的生产和应用、人造肉的生产、内脏的综合利用(制药)等
饮料工业	速溶、稳定果肉饮料、水质处理、果汁护色、脱涩、控制澄清度、改善风味、白酒降度、啤酒澄清、啤酒泡沫和苦味改善、大豆饮料的脱腥等
乳品工业	乳品的营养强化、稳定酸乳和果汁乳、开发凝乳酶代用品及再制乳酪、乳清的利用等
焙烤工业	生产高效膨松剂、增加酥脆剂、改善面包皮色和质构、防止产品老化和霉变等
调味品工业	生产肉味汤料、核苷酸鲜味剂、碘盐和有机硒盐等
发酵食品工业	发酵产品的后处理、后发酵期间风味的变化、菌体和残渣的综合利用
食用油脂工业	精炼、氢化、脂肪改性、DHA、EPA、MCT 的开发利用、食用乳化剂生产、抗氧化剂、减少油炸食品吸油量等
食品检验	检验标准的制定、快速分析、生物传感器的研制等

　　食品化学的基本理论是各类食品加工、食品储运的核心与灵魂。为研发食品新产品、改善食品品质、革新食品加工工艺和储运技术、改进食品包装、加强食品质量控制、科学调整膳食结构、提高食品原料加工和综合利用水平等提供途径和方法。掌握食品化学的原理是从事食品科技工作必不可少的条件。

　　3.生物工程在食品中应用的成功与否紧紧依赖着食品化学

　　首先，必须通过食品化学的研究来指明原有生物原料的物性有哪些需要改造和改造的关键在哪里，指明何种食品添加剂和酶制剂是急需的以及它们的结构和性质如何；其次，生物工程产品的结构和性质有时并不和食品中的应用要求完全相同，需要进一步分离、纯化、复配、化学改性和修饰，在这些工作中，食品化学具有最直接的指导意义；最后，生物工程可能生产出传统食品中没有用过的材料，需由食品化学研究其在食品中利用的可能性、安全性和有效性。

二、学习食品化学主要学什么

　　回答这个问题就必须弄清食品化学研究的内容。

　　食品化学主要是研究食品中营养成分、呈色、香、味成分和有害成分的化学组成、性质、结构和功能；阐明食品成分在生产、加工、储藏、运销中的变化，即化学反应历程、中间产物和最终产物的结构及其对食品的品质和卫生安全性的影响；研究食品储藏加工的新技术,开发新的产品和新的食品资源以及新的食品添加剂等,则构成了食品化学的主要研究内容。也是我们该门课程要学习的内容。具体内容可分为以下四个方面:

(一)研究食品的化学组成及性质

食品中的成分很复杂,主要成分是动、植物体内原有的,属于天然成分,但食品又经历了生产、加工、包装、储藏的过程,不可避免地引入一些非天然成分,而这些成分在不同程度上也会参与或干扰人体的代谢和生理机能。因此食品的成分包括天然成分和非天然成分两大类。食品的天然成分从化学角度可分为无机成分和有机成分。无机成分包括水和矿物质,有机成分包括蛋白质、碳水化合物、脂类化合物、维生素以及激素、酶、色素、风味物质、天然毒素等。其中,水、矿物质、蛋白质、碳水化合物、脂类化合物、维生素是维持人体正常生理机能的六大营养成分;蛋白质、碳水化合物、脂类化合物在体内氧化供给生命活动所需能量,因此又是三大能量物质。激素和酶参与食品中所有的生物化学作用,能加速分解或合成、影响食品品质、调节生理机能等作用。色素、风味物质直接影响食品的感官质量。食品添加剂可改善食品品质。有害物质降低食品品质、有害健康。食品的化学组成见图0-1。

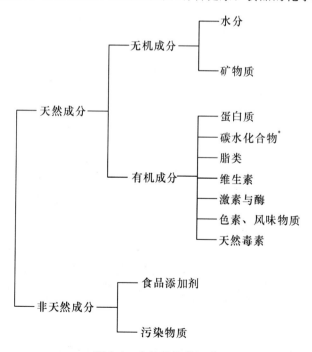

图 0-1　食品的化学组成

* 碳水化合物又可分为糖类、果胶、纤维素和半纤维素等

(二)揭示食品在加工储藏中发生的化学变化及对食品质量的影响

食品从原料生产,经过储藏、运转、加工到产品销售,每一过程无不涉及一系列的变化。如:原料或组织因混合而导致的酶促化学反应引起的变化;水分活度的改变所引起的变化;激烈的加工条件(高热、高压、机械作用等)引起的各类化学成分及成分之间的分解、聚合及变性;空气中的氧气或其他氧化剂所引起的氧化;光照所引起的光化学变化及包装材料的某些成分向食品迁移引起的变化。这些变化影响着食品的品质特性,主要表现在食品的质构、风味、色泽、营养价值以及安全性等方面的改变。这些反应中比较重要的是非酶褐变、酶促褐变、脂类水解、氧化、蛋白质变性、蛋白质交联与水解、低聚糖和多糖的水解、多糖的合成与酵解以及维生素和天然色素的氧化与降解等。其中有些反应能提高食品的营养性、享受性和安全性,而另一些对食品的质量却有不利的影响,需要在储藏加工中采取措施加以控制或防范的。影响食品品质特性的主要化学成分及主要化学反应见表 0-2。对这些变化的研究和控制就构成了食品化学研究的核心内容,研究的结果应用在解决食品配制、加工和储藏中出现的各种问题。

表 0-2　影响食品品质特性的主要化学成分及主要化学反应

品质特性	构成品质特性的主要化学成分	引起品质变化的主要化学反应
质构	水分、果胶、纤维素和半纤维素	脂类氧化、糖、脂水解、蛋白质变性等反应使溶解度降低,持水容量降低,质地变硬;原果胶的水解反应使组织软化,硬度下降
风味	醇、酯、醛、酮和萜等香气物质;糖及衍生物糖醇等甜味物质;有机酸、单宁、糖苷、氨基酸等风味物质成分	脂类氧化、水解产生哈喇味;多糖水解、羰氨反应产生蒸煮味或焦糖味;细胞破裂释放酶和多种成分,氧化产生不良味或芳香美味
色泽	色素	脂类氧化,糖类、脂类水解使色泽发暗;加热色素分解而脱色;酶促褐变和羰氨缩合反应产生不良的色泽或诱人色彩。金属反应使花青素改变颜色,叶绿素脱镁而失绿等
营养价值	水、矿物质、蛋白质、碳水化合物、脂类化合物、维生素	水解反应、氧化反应、分解反应羰氨缩合反应、蛋白质交联、糖酵解、脂类环化和聚合等反应使营养物质损失
安全性	有毒植物蛋白及氨基酸;氰苷、硫苷、皂苷等毒苷;河豚毒素;霉菌、细菌毒素;农药残留等化学毒素	脂类氧化、脂类环化和聚合、蛋白质变性、水解等反应产生毒素。由微生物引发的化学反应可能造成食品的变质

在食品加工和储藏过程中,食品主要成分之间的相互作用对于食品的品质也有重要的影响。可用图 0-2 表示。该图说明脂肪的氧化产物过氧化物和碳水化合

物、蛋白质的化学变化产物活性羰基化合物是重要的反应中间产物,他们不仅自身能引起食品颜色、风味和营养成分的改变,而且也是其他化学反应的桥梁,结果导致食品品质的劣变。

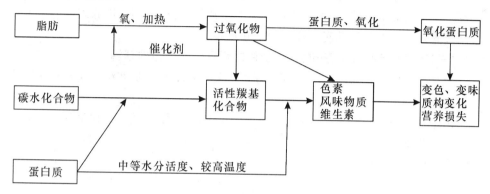

图 0-2　食品中主要成分之间的化学作用及其对食品的影响

(三)研究化学反应动力学

食品在储藏加工过程中影响化学反应的因素有自身的因素(生理成熟和衰老、所含化学成分、水分活度、pH 值等)和环境因素(温度、处理时间、大气的成分、光照等)。这些因素也是决定食品在加工储藏中稳定性的因素。特别是温度,它对食品在储藏加工过程中可能发生的物理、化学反应都有影响。其次是处理时间,直接影响着产品的储藏寿命和产品的质量。还有 pH 值,影响许多化学反应和酶催化反应的速率。另外,食品的成分不同,对产品的储藏寿命、持水性、坚韧度、风味和色泽都有明显的影响。食品的水分活度能强烈地影响酶促反应、脂类氧化、非酶褐变、蔗糖水解等反应。

研究这些影响化学反应的可变因素,在储藏加工过程中平衡这些条件,调控这些反应,从而延长产品的储藏寿命,改进加工工艺技术,提高产品的质量。

(四)开发新产品和新的食物资源,研究食品储藏加工新技术

食品化学确定了食品的组成、理化性质、营养特性、品质特性、安全性,对食品在加工,储藏中的化学反应进行了研究,包括进行步骤、机理等,研究原料和成品的成分、食品添加剂、温度、时间、酸度、水分活度等对食品质量、品质、安全性的影响;应用上述知识解决在食品配制、食品加工和食品储藏中面临的问题,最终将上述的食品化学研究成果转化为:合理的原料配比、有效的反应物接触屏障的建立、适当的保护或催化措施的应用、最佳反应时间和温度的设定、光照、氧含量、水分活度和pH 等的确定,从而得出最佳的食品加工储藏方法。

三、怎样学习食品化学

食品化学是一门应用化学,由于食品种类很多,食品化学的涉及面也很广。对于完全无食品加工实践的学生来说,如果不注意学习方法,则难以收到好的学习效果。因此建议在学习该课程时注意以下几点:

(一)了解食品化学的研究方法,加深对食品化学理论的理解

食品化学研究是通过实验和理论探讨从分子水平上分析和综合认识食品物质变化的方法。

由于食品中存在多种成分,是一个复杂的成分体系,因此食品化学的研究方法也与一般化学的研究方法有很大的不同,它是将食品的化学组成、理化性质及其变化的研究同食品的营养性、享受性和安全性联系起来。因此,进行食品化学研究时,通常采用一个简化的、模拟的食品体系来进行试验,将动态多因子科学地分解成静态单因子;并且对于不同的研究对象用不同的研究手段,还将生物技术用于食品化学研究中;最后再将所得的试验结果应用于真实的食品体系,进而进一步解释真实的食品体系中的情况。

通过研究,确定食品的组成、理化性质、营养特性、品质特性、安全性等;并对食品在加工,储藏中的化学反应进行研究,包括进行步骤、机理等,研究原料和成品的成分、食品添加剂、温度、时间、酸度、水分活度等对食品质量、品质、安全性的影响;应用上述知识解决在食品配制、食品加工和食品储藏中面临的问题。

(二)培养对本门课程的学习兴趣,发挥学习的积极性和主动性

食品化学知识与日常生活密切相关,多与自己遇到的实际情况联系,培养对本门课程的学习兴趣,积极主动的去学习。

(三)学习中要注意与有关课程的联系,应大量阅读参考资料

无机化学、分析化学、有机化学及生物化学的知识对于理解食品化学都是必不可少的。为了降低本门课程的学习难度,学习中应及时地补充这些基础课的知识。应大量阅读参考资料帮助解决学习中所遇到的问题。如一些典型的有机反应,一些普遍的生物学现象,要及时查阅相关的书籍把这些基础性问题弄懂。另外,教材中有关工艺技术的举例,最好能查阅有关工艺资料,以加深对有关理论问题的理解。

(四)应用归纳法学习食品化学

学习食品化学时注重从多角度、多方位地进行纵横归纳,使知识条理化、系统化、网络化、规律化,就会达到提高学习效率的目的。

(五)重视实验课,通过实验加深对理论知识的理解

化学是一门以实验为基础的学科,食品化学也是如此。因此,自己动手实验对学好食品化学起到至关重要的作用。常言道"百闻不如一见,百看不如一验",亲自动手实验不仅能培养自己的动手能力,而且能加深我们对所学知识的认识、理解和巩固,激发我们学习食品化学的兴趣,从而提高学习效率。

实验从设计,到仪器的调试、试剂的配制,以及实际操作、实验现象的观察、问题的分析与解决,最终的实验报告的撰写等环节都要独立完成。并且还要积极的思考,加深对基础理论的理解。

总之,食品化学是食品类专业的学生通向专业前沿必不可少的"桥梁",因此必须下大力气学好。

复习思考题

1.什么是食品化学?食品化学在食品工业技术发展中有什么重要作用?

2.食品化学研究的主要内容是什么?

3.简述食品在加工储藏中的变化及对食品质量的影响。

4.人体六大营养要素是什么?在这六大类物质中,哪些属于无机化合物,哪些属于有机化合物?在自然界中,哪些类型的营养物质其分子种类最多,结构最复杂?

5.食品化学的研究方法有何特色?

6.就你对化学、食品及生物体系的理解,简单说明化学物质的可认识性和生命物质体系的复杂性。

第一章 水 分

学习目标
- 掌握水在食品中的存在及其生理功能。
- 熟悉水和冰的性质、结构以及代谢与平衡。
- 重点掌握水分活度概念及水分活度与食品稳定性的关系。
- 掌握食品中水分含量和水分活度测定的方法。

第一节 概 述

水是生命之源。它普遍存在于生物体内,也是食品的重要组成成分和主要的营养物质。

一、水在食品中的存在和作用

(一)水在食品中的存在

水是食品中的重要成分,各种食品都含有一定量的水,食品的品种不同,含水量有较大的差别(表 1-1)。

表 1-1 一些食品中水分的含量

(引自:夏延斌.食品化学.中国轻工业出版社,2001)　　　　　　%

食品		水分含量	食品		水分含量
水果、蔬菜等	新鲜水果	90	水果、蔬菜等	干水果	<25
	果汁	85～93		豆类(青)	67
	番石榴	81		豆类(干)	10～12
	甜瓜	92～94		黄瓜	96
	成熟橄榄	72～75		马铃薯	78
	鳄梨	65		红薯	69
	浆果	81～90		小萝卜	78
	柑橘	86～89		芹菜	79

续表 1-1

	食品	水分含量		食品	水分含量
畜、水产品等	动物肉和水产品	50～85	高脂肪食品	人造奶油	15
	新鲜蛋	74		蛋黄酱	15
	干蛋粉	4		食品用油	0
	鹅肉	50		沙拉酱	40
	鸡肉	75	乳制品	奶油	15
谷物及其制品	全粒谷物	10～12		奶酪(切达)	40
	燕麦片等早餐食品	<4		鲜奶油	60～70
	通心粉	9		奶粉	4
	面粉	10～13		液体乳制品	87～91
	饼干等	5～8		冰淇淋等	65
	面包	35～45	糖类	果酱	<35
	馅饼	43～59		白糖及其制品	<1
	面包卷	28		蜂蜜及其他糖浆	20～40

(二)水在食品中的作用

食品中水的含量、分布和存在状态对食品的结构、外观、质构、风味、新鲜程度和腐败变质的敏感性产生极大的影响。食品中的水分是引起食品化学性及生物性变质的重要原因之一,因而直接关系到食品的储藏特性。水还是食品生产中的重要原料之一,食品加工用水的水质直接影响到食品品质和加工工艺。

因此,全面了解食品中水的特性及其对食品品质和保藏性的影响,对食品加工具有重要的意义。

二、水和冰的物理性质

表 1-2 列出了水和冰的一些物理常数。同那些与水具有相似的相对分子质量和相似的原子组成的分子(CH_4、NH_3、HF、H_2S、H_2Se、H_2Te)的物理性质相比,除了黏度外,其他性质均有显著差异。水的熔点、沸点比较高,介电常数、表面张力、热容和相变热(熔融热、蒸发热和升华热)等物理常数也都异常高,水的这些热学性质对于食品加工中冷冻和干燥过程有重大影响。

表 1-2 水和冰的物理常数

(引自:夏延斌. 食品化学. 中国轻工业出版社,2001)

物理性质	数 值
相对分子质量	18.015 3
熔点(0.1 MPa)/℃	0.000

续表1-2

物理性质	数　值			
沸点(0.1 MPa)/℃	100.000			
临界温度/℃	373.99			
临界压力/MPa	22.064(218.6 atm)			
三相点	0.01℃和611.73 Pa			
熔化热(0℃)/(kJ/mol)	6.012(1.436 kcal/mol)			
蒸发热(100℃)/(kJ/mol)	40.657(9.711 kcal/mol)			
升华热(0℃)/(kJ/mol)	50.91(12.16 kcal/mol)			
	温　度			
	20℃	0℃	0℃（冰）	−20℃
密度/(g/cm³)	0.998 21	0.999 84	0.919 6	0.919 3
黏度/(Pa·s)	$1.002×10^{-3}$	$1.793×10^{-3}$	—	—
表面张力(空气-水界面)/(N/m)	$72.75×10^{-3}$	$75.64×10^{-3}$	—	—
蒸汽压/kPa	2.338 8	0.611 3	0.611 3	0.103
比热容/[J/(g·K)]	4.181 8	4.217 6	2.100 9	1.954 4
热导率(液体)/[W/(m·K)]	0.598 4	0.561 0	2.240	2.433
热扩散率/(m²/s)	$4×10^{-7}$	$1.3×10^{-7}$	$11.7×10^{-7}$	$1.8×10^{-7}$
相对介电常数	80.20	87.90	～90	～98

1.密度

　　水在4℃时密度最大,为1 g/cm³。0℃时冰的密度为0.917 g/cm³。水冻结为冰时体积增大,表现出异常的膨胀特性,这是多水食品冷冻保藏时,组织易被破坏的主要原因,所以,含水量高的食品不易反复冻融。

你知道冻制品解冻后为什么会出现汁液流失现象吗?

如:冻肉解冻后会看到一摊血水,冻草莓解冻后也会看到红色的汁液流出。这是为什么呢?

动脑筋

2.沸点

　　与结构相似的物质比较,水的沸点较高。水的沸点随压力的改变而改变,减小压力可使沸点降低,增大压力可以使沸点升高,这一性质特点在食品加工中均有重要的作用。例如在食品生产中利用高压可获得较高的蒸汽温度,在100℃下不易煮熟的食品,如动物的筋和骨、豆类等,可以使用压力锅来提高温度缩短煮熟的时间,同时利用高温可以起到杀菌作用;在浓缩食品物料时,为了保存食品中的一些营养成分,需要在较低的温度下进行,采用适当的真空即可达到这一目的。

3.水的介电常数(促进电解质电离的能力)

促进电解质电离的能力在化学上可以用介电常数来量化。某种电解质的介电常数越高,其促进电解质电离的能力也就越强。在 20℃时水的相对介电常数是 80.36,而大多数生物体的干物质的相对介电常数为 2.2～4.0,物质中含水量增加,其介电常数将明显增大。由于水的介电常数大,因此水能促进电解质的电离。

4.强的溶解能力

由于水的介电常数大,溶解离子型化合物的能力就较强,即使非离子型的有机化合物,如醇类、糖类、醛类、酮类等有机化合物,也可与水形成氢键而溶于水。甚至不溶于水的脂肪和某些蛋白质等,也能在适当的条件下分散在水中形成乳浊液或胶体溶液。例如牛奶中的乳脂经均质后形成稳定的乳浊液,不易离析且容易被人体吸收;冰淇淋就是以脂分散于水中形成的乳化态为主体的食品。

5.水的热导率

水的热导率大于其他液态物质,冰的热导率略大于非金属固体。0℃时冰的热导率约为同一温度下水的 4 倍,这说明冰的热能传导速率比生物组织中非流动的水快得多。从水和冰的热扩散率可看出水的固态和液态的温度变化速率,冰的热扩散速率约为水的 9 倍,这表明在一定的环境条件下,冰的温度变化速率比水大得多。水和冰无论是热导率还是热扩散率都存在着相当大的差异,因而可以解释在温差相等(但升降的方向相反)的情况下,为什么生物组织的冷冻速度比解冻速度更快。

三、水的生物功能及代谢与平衡

(一)水的生物功能

1.生物体的重要的组成成分

水是生命的源泉,一般生物体中含水量在 $60\%\sim95\%$,植物体的 $80\%\sim90\%$ 也是水。人体平均含水量约为 70%。

2.生物体内化学反应的媒介

水的溶解能力很强,多种无机及有机物质都很容易溶于水中,即使不溶于水的物质如脂肪和某些蛋白质,也能在适当条件下分散于水中,成为悬浊液或胶体溶液。水的介电常数大,也能促进电解质的电离。所以几乎人体内各种化学反应都离不开水。

3.生物体内物质运输的渠道

作为生物体内营养物质、代谢废物的载体,水在生物体内的流动可以把营养物质和氧气运送到各个细胞,同时也把各个细胞在新陈代谢中产生的废物和二氧化碳运送到排泄器官和肺或者直接排出体外。

4.化学反应的反应物或生成物

生物体内淀粉、脂肪和蛋白质在消化道内的水解必须有水的参与,氨基酸、核苷酸和单糖的脱水缩合又有水的生成,而呼吸作用和光合作用水既是反应物,又是生成物。

5.生物维持体温的"空调器"

水的比热容大,人体吸收或放出一定的热量不致引起体温太大的波动,易保持体温的相对稳定。试想一下,如果人是"铁石心肠"的话,那么稍微吸收或放出一些热量,人体不是"热血沸腾"就是"一片冰心"。

6.生物体内的"高级润滑剂"

水的黏度小,可使摩擦面滑润,减少损伤。因此水是体内摩擦的润滑剂。人体关节之间需要有润滑液,来避免骨头之间的损坏性摩擦,而水则是关节润滑液的主要来源。水的润滑作用还表现在吞咽上。

7.生物体内的"免费美容师"

婴幼儿的皮肤细腻薄嫩,青年人的丰润饱满,老年人已是皱纹满面。这与人体皮肤的含水量随着年龄的增加而降低有关,护肤品一般都有"锁水"功能。由此水的美容作用略见一斑。

8.稳定生物大分子的构象,使之表现出特异的生物活性

因此,水对自然界所有的生命形式都是非常重要的。实践证明,人类对水的需求重于其他营养素。在一定时间内断食,可以动用体内的储藏物质给以补偿,尚不会对人的活动带来太大的影响;如果断水,由于各类代谢废物不能随水排泄出来,将会给人的健康造成严重的危害。

(二)水的代谢与平衡

1.水分的来源

(1)食物和饮料　这是体内水分来源的主要方式,健康成年人一般每天需补充2 200 mL,其中1 200 mL 来自固态食物(如饭、菜和水果等),1 000 mL 来自液态食物(如饮用水、饮料和汤汁等)。

(2)体内物质的氧化　碳水化合物、脂肪和蛋白质在体内氧化产生的水,也称为代谢水。每天约为 300 mL。

水的吸收主要是小肠,大肠每日仅吸收 300～400 mL 的水分。吸收方式一般是渗透作用,影响水分吸收的因素是渗透压差。

2.水分的排出

体内水分的排出有四个途径:排汗、呼气、排粪便和排尿液,健康成年人每天通过上述途径分别排出 350 mL、500 mL、150 mL 和 1 500 mL 的水分。

3.水的代谢平衡

成年人体内每日水平衡见表1-3。

表 1-3 成年人体内每日水平衡

来源	吸收与生成量/mL	排出途径	排出量/mL
液态食物	1 200	尿	1 500
固态食物	1 000	呼气	500
生物氧化	300	汗	350
		粪便	150
合计	2 500	合计	2 500

4.水分代谢紊乱

当人体处于营养不良或其他生理状态异常时,可发生水肿或脱水。

如食物中蛋白质不足,或患肾炎在尿中排出大量蛋白质时,都会造成血浆中蛋白质减少,渗透压降低,减弱了水向血液内流动的趋势,导致细胞间液增多,水在组织中潴留而使机体发生水肿。此类病人应注意蛋白质的补充。

出汗过多(如高温工作、剧烈运动)、强烈呕吐和腹泻会造成体内强烈脱水。强度脱水过程中体内大量盐类也随之排出,所以脱水病人不能只简单地输水,还要适当补充盐类。

5.食品成分与水平衡的关系

机体内的水平衡与食品成分有密切关系。通常认为,每同化 1 g 碳水化合物时,可在体内蓄积 3 g 水。因此摄取富含碳水化合物膳食的幼儿,体重虽明显增加,但因蓄积大量水分,因而体质松软。脂肪不但不会促进水的蓄积,还会迅速引起水的负平衡。

膳食中蛋白质与盐分过多,也会促进排尿。因为盐类和蛋白质的代谢产物尿素都会增加体液的渗透压,身体为了排出这些物质,必然多排尿。

有的离子能促进水在组织内的蓄积,有的则可促进排尿。例如钠可促进水在体内的蓄积,因此水肿病人不易多进食盐;钾和钙能促进水分由体内排出,多吃水果、马铃薯和甘薯等富含钾、钙的食物可以利尿。

摄取过多碳水化合物会使体内蓄积大量水分;摄取过多脂肪、蛋白质和盐分会使体内水分减少,食物中蛋白质和盐分过多必然会增加排尿。

第二节　水和冰的结构

水的特殊物理性质表明,水分子之间存在着很强的吸引力和不寻常的结构。为了解释这些特性,首先要研究单个水分子的结构。

一、水的结构

(一)水分子的结构

水的物理性质的特殊性是由水的分子结构所决定的。水分子(H_2O)中的氢原子的电子结构是 $1s^1$,氧原子为 $1s^2 2s^2 2p_x^2 2p_y^1 2p_z^1$ 原子,当它与氢结合形成水时,氧原子的外层电子首先进行 sp^3 杂化,形成 4 个等同 sp^3 杂化轨道,其中两个轨道上各有一个电子,另外两个轨道上则被 2 个已成对的电子占据。两个氢原子的 s 轨道与一个氧原子的两个 sp^3 杂化轨道形成两个 σ 共价键,形成水的分子。

氧原子的 sp^3 杂化轨道在空间的取向是从正四面体的中心指向四面体的 4 个顶点,两个轨道之间的夹角应该为 109°28′。但由于氧原子的两个杂化轨道上的孤对电子的排斥力强于已形成共价键的两对电子,对 O—H 键的共用电子对产生排斥作用,把两个 O—H 键间的夹角压缩到 104.5°,两个 O—H 键并不在一条直线上,结果使两对孤对电子的电子云伸向正四面体一方面的两个对角的位置。

如果把这四个电子云伸张方向的顶点连接起来,就是一个四面体结构,即角锥体结构(图 1-1),氧原子位于此四面体的中心。其中,O—H 核间的距离是 0.096 nm,氢和氧的范德华(van der Waals)半径分别为 0.12 nm 和 0.14 nm。

由于自然界中 H、O 两种元素存在着同位素,所以纯水中除常见的 H_2O 分子外,实际上还存在着其他的一些同位素的微量成分,除了普通的 ^{16}O 和 ^1H 外,还有 ^{17}O、^{18}O、^2H(氘)、^3H(氚)同位素,因而能形成 18 种 H_2O 分子的同位素变体,水中也含有 H^+(以 H_3O^+ 形式存在)、OH^- 及它们的同位素变种。因此,纯水中约有 33 种以上 H_2O 分子的同位素等化学变体。不过,这些变体在自然界的水中所占比例极小,在通常情况下可以忽略不计。

(二)水分子的缔合

1. 水分子缔合方式

(1)水分子之间产生引力　常温下水是一种有结构的液体。在液态水中,若干个水分子缔合成为 $(H_2O)_n$ 的水分子簇。水分子中的氧、氢原子呈 V 字形排序,O—H 键具有极性,所以分子中的电荷是非对称分布的。纯水在蒸汽状态下,分子的偶极矩为 1.84 D(德拜),这种极性使分子间产生吸引力,因此,水分子能以相当

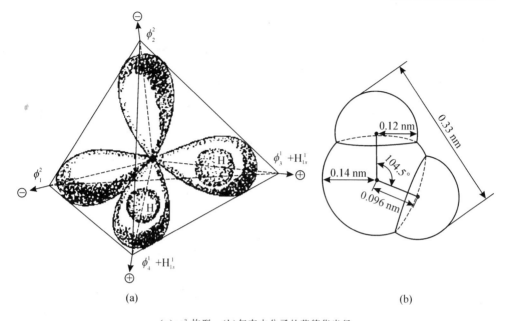

(a)sp^3 构型　(b)气态水分子的范德华半径

图 1-1　单个水分子的结构示意图

大的强度缔合。

（2）水分子间的氢键作用　只根据水分子有大的偶极矩还不能充分解释分子间为什么存在着非常大的吸引力，因为偶极矩并不能表示电荷暴露的程度和分子的几何形状。水的异常性质可以推测水分子间存在强烈的吸引力以及水和冰具有不寻常结构。

这是由于水分子中氧原子的电负性大，O—H 键的共用电子对强烈地偏向于氧原子一边，使得氢原子带有部分正电荷且电子屏蔽最小。由于氢原子无内层电子，几乎可看作是一个裸体的质子，非常容易与另一个水分子中的氧原子上的孤对电子通过静电引力形成氢键。

水分子之间靠形成氢键而发生缔合。

（3）水分子在三维空间形成多重氢键键合　水分子一方面以分子中的两个氢原子分别与另外两个水分子中的氧原子形成氢键，同时分子中的两个含有孤对电子的 sp^3 杂化轨道又可以与其他水分子的氢原子形成两个氢键。这样，每一个水分子沿着外层的 4 个 sp^3 杂化轨道，同时与 4 个水分子缔合。其中的两个氢键，水提供了氢原子，它是氢键的供体；另外的两个氢键中，它接受了氢原子，它是氢键的受体（图 1-2）。由于每个水分子都有两个氢键的供体和受体部位，水分子具有可以通过氢键缔合形成三维空间多重氢键的能力。

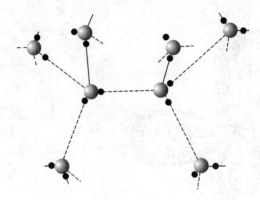

（大、小球分别代表氧原子和氢原子,虚线表示氢键）

图 1-2　四面体构型中水分子的氢键缔合

　　每个水分子在三维空间的氢键供体数目和受体数目相等,因此,水分子间的吸引力比同样靠氢键结合成分子簇的其他小分子(如 NH_3 和 HF)要大得多。例如,氨分子是由三个氢供体和一个氢受体构成的四面体;氟化氢的四面体只有一个氢给体和三个氢受体,它们只能在二维空间形成氢键网络结构,因此比水分子包含的氢键数目要少。

　　水分子间多重氢键的缔合作用,大大加强了分子之间的作用力。尽管氢键和共价键的键能(平均键能约为 335 kJ/mol)比较,氢键(键能为 2~40 kJ/mol)是微弱的,但是,每个水分子都参与了其他 4 个水分子形成的三维空间的多重氢键的缔合,使水分子之间存在较大的作用力。

　　2.水分子缔合的意义

　　由于水分子强大的缔合作用,使水具有四"高":高的沸点、熔点、比热容、相变热(蒸发热、熔化热和升华热)等。同时也有效地提高了水的介电常数。

　　所以,欲改变水的存在状态,需要给水提供一定的热量,这部分热能除了增加水分子的运动速度外,还需要足够的额外能量来破坏分子之间的氢键。这就解释了水分子的一些特殊物理化学性质,例如它的高熔点、高沸点、高热容和相变热等,这些均与破坏水分子间的氢键所需要的额外能量有关。水的高介电常数则是由于氢键所产生的水分子簇,导致多分子偶极,从而有效地提高了水分子的介电常数。

　　3.温度对水缔合的影响

　　水分子的氢键键合程度与温度有关。在 0℃的冰中水分子的配位数为 4,随着温度的升高,配位数增加,例如在 1.5℃和 83℃时,配位数分别为 4.4 和 4.9,配位数增加有增加水的密度的效果；另外，由于温度升高，水分子布朗运动加剧，导致水分子间的距离增加，例如 1.5℃ 和 83℃ 时水分子之间的距离分别为 0.29 nm、0.305 nm，该变化导致体积膨胀，结果是水的密度会降低。

一般来说，温度在 0～4℃ 时，配位数的对水的密度影响起主导作用；随着温度的进一步升高，布朗运动起主要作用，温度越高，水的密度越低。两种因素的最终结果是水的密度在 3.98℃ 最大，低于、高于此温度则水的密度均会降低。

（三）液态水的结构

液态水具有一定的结构，但还不足以形成有序的刚性结构。但是液态水的分子排列远比气态水分子更为有序，在液态水中，水分子不是以单个分子形式排列，而是由若干个分子通过氢键缔合形成水分子簇$(H_2O)_n$，因此水分子的定向和运动受到周围其他水分子的明显影响。

大量事实可以证明液态水具有规则结构。

①液态水是一种"稀疏"液体，其密度仅相当于由紧密堆积的非结构液体推算值的 60%。原因是氢键键合形成了规则排列的四面体，这种四面体结构导致水的密度降低（从冰的结构也可以解释水密度降低的原因）。

②冰的熔化热异常高，但是熔化能量也只能破坏冰中 15% 左右的氢键。尽管并不一定需要 85% 氢键保留在水内（例如，可能有更多的氢键破坏，能量变化被同时增大的范德华相互作用力所补偿），很可能液体水中仍然有相当多的氢键存在和保持广泛的缔合。

③根据水的许多异常性质和 X 射线衍射、核磁共振、红外和拉曼光谱分析测定的结果，以及水的计算机模拟体系的研究，均进一步验证了水分子具有缔合作用。

二、冰的结构

冰是由水分子有序排列形成的晶体。水结冰时分子之间通过氢键相互结合连接在一起，形成低密度、刚性的六方形晶体结构。普通冰的结构见图 1-3。

在普通冰晶体中，最邻近的水分子的 O—O 核间距为 0.276 nm，O—O—O 键角约为 109°，接近理想四面体键 109°28′。每个水分子和另外四个水分子缔合可形成四面体结构。

当几个晶胞结合在一起形成晶胞群时，从图 1-4 中可以清楚地看出冰的正六方形晶体结构，如图 1-4(a) 所示。水分子 W 与水分子 1、2、3 和位于平面下的另外一个水分子（正好位于 W 的下面）形成四面体结构。如果从三维角度观察冰晶结构，则可以得到如图 1-4(b) 所示的图形，即冰晶结构中存在两个平面（由空心和实

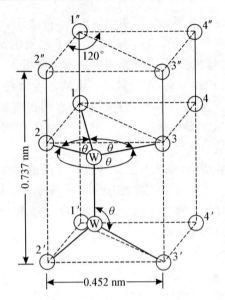

（圆圈表示水分子中的氧原子，最邻近水分子的O—O核间距是0.276 nm，$\theta = 109°$）

图 1-3　0℃时普通冰的晶胞

心的圆分别表示），这两个平面平行而且很紧密地结合在一起，冰在压力下滑动或流动时它们作为一个单元运动，类似于冰川的结构。此类平面构成冰的基础平面，许多基础平面的堆积就构成了冰的扩展结构（图 1-5）。图 1-5 表示三个基础平面结合在一起形成的结构，沿着平行 C 轴的方向观察，可以看出它的外形跟图 1-4(a)所表示的完全相同，这表明基础平面是有规则地排列成一行。沿着平行 C 轴的方向观察的冰是单折射的，而在其他方向都是双折射的，所以 C 轴是冰的光学轴。

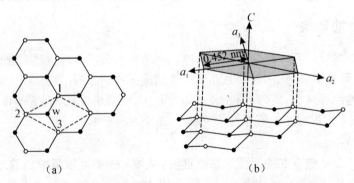

(a)从 C 轴所观察到的正六边形结构　(b)基础平面的立体图

图 1-4　冰的基础平面（圆圈代表水分子的氧原子）

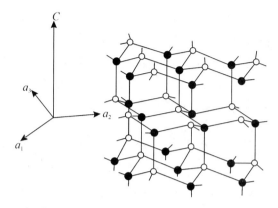

(图中仅标出氧原子,空心和实心圆圈分别代表基本平面的上层和下层中的氧原子)

图 1-5 扩展的普通冰结构

当水溶液结冰时,其所含溶质的种类和数量可以影响冰晶的数量、大小、结构、位置和取向。冰有 11 种结构,但是在常压和温度 0℃时,只有普通正六方晶系的冰晶体是稳定的。另外还有 9 种同质多晶和一种非结晶或玻璃态的无定形结构。在冷冻食品中存在 4 种主要的冰晶体结构,即六方形、不规则树枝状、粗糙的球形和易消失的球晶以及各种中间状态的冰晶体。大多数冷冻食品中的冰晶体总是以高度有序的六方形冰结晶形式存在,但在含有大量明胶的水溶液中,由于明胶对水分子运动的限制以及妨碍水分子形成高度有序的正六方结晶,冰晶体主要是立方体和玻璃状冰晶。

在水的冰点温度时,食品中的水并不一定结冰,其原因一是食品中的溶质可以降低水的冰点,再就是食品在冻结时会产生过冷现象。所谓过冷是由于无晶核存在,液体水温度降到冰点以下仍不析出固体。但是,若向过冷水中投入一粒冰晶或摩擦器壁产生冰晶,过冷现象立即消失。当在过冷溶液中加入晶核,则会在这些晶核的周围逐渐形成长大的结晶,这种现象称为异相成核。过冷度愈高,结晶速度愈慢,这对冰晶的大小是很重要的。当大量的水慢慢冷却时,由于有足够的时间在冰点温度产生异相成核,因而形成粗大的晶体结构。若冷却速度很快就会发生很高的过冷现象,则很快形成晶核,但由于晶核增长速度相对较慢,因而就会形成微细的结晶结构,这对于冷冻食品的品质提高是十分重要的。

一般食品中的水均是溶解了其中可溶性成分所形成的溶液,因此,其结冰的温度均低于 0℃。把食品中水完全结冰的温度叫低共熔点,大多数食品的低共熔点在 -65～-55℃,而我国的冷冻食品的温度常为 -18℃,这个温度离低共熔点相差甚远,因此,冷藏食品的水分实际上并未完全凝结固化。尽管如此,在这种温度下绝大部分水已冻结了,并且是在－4～－1℃之间完成了大部分冰的形成过程。

现在冷冻工艺提倡速冻,因为该工艺下形成的冰晶体呈针状,比较细小,冻结时间缩短且微生物活动受到更大限制,因而食品品质好。冷冻保藏是食品加工及储运过程中的主要技术,这是因为在低温的条件下,食品的稳定性提高。低温提高食品稳定性的主要原因是降低了大多数化学反应的速度。

第三节 水和非水组分的相互作用

食品中含有大量的水,食品中的水不是单独存在的,它会与食品中的其他成分发生化学或物理作用,因而改变了水的性质。例如,水与离子和离子基团易形成双电层结构;水与具有氢键结合能力的中性基团形成氢键;水在大分子之间可形成由几个水分子所构成的"水桥",所以,用刀切开新鲜水果,虽然水分含量很高,水也不会很快流出来。这是因为水分子被截留的缘故。按照食品中的水与其他成分之间相互作用强弱可将食品中的水分为两类:自由水和结合水。自由水也称体相水,结合水也称束缚水、固定水。

一、结合水

结合水又称为束缚水、固定水。是指存在于食品中的非水成分与水通过氢键结合的水。食品中的结合水的产生除毛细管作用外,大多数结合水是由于食品中的水分与食品中的蛋白质、淀粉、果胶等物质的羧基、羰基、氨基、亚氨基、羟基、巯基等亲水性基团或水中的无机离子的键合或偶极作用产生的。与一般水不一样,结合水在食品中其含量不容易发生增减变化,不易结冰,不能作为溶质的溶剂,也不能被微生物利用,在－40℃下不结冰。根据结合水被结合的牢固程度不同,结合水被分为构成水、邻近水、多层水三种不同的形式。

1. 构成水

构成水是指与食品中其他亲水物质(或亲水基团)结合最紧密的那部分水,它与非水物质构成一个整体。在高水分食品的总水分含量中只占一小部分。例如,作为化学水合物中的水。

2. 邻近水

邻近水是指与食品中非水成分的强极性基团如:羧基、氨基、羟基等直接以氢键结合的第一个单层水分子膜。在食品中的水分中它与非水成分之间的结合能力最强,很难蒸发,与纯水相比其蒸发热大为增加,它不能被微生物所利用。一般说来,食品干燥后安全储藏的水分含量要求即为该食品的单分子层水。

3．多层水

多层水是单层水分子膜外围绕亲水基团形成的另外几个水层，主要依靠水-水氢键和水-溶质间氢键缔合在一起，它们的结合较不牢固，且呈多分子层结合。尽管多层水不像邻近水那样牢固地结合，但仍然与非水组分结合的紧密，且性质与纯水的也不相同。

二、自由水

自由水又称为体相水，是指食品中没有被非水物质化学结合的水。是以毛细管凝聚状态存在于细胞间的水分。与一般水一样，在食品中会因蒸发而散失，因吸潮而增加，容易发生增减变化，容易结冰，也能溶解物质，能够被微生物所利用。自由水又可分为三类：不移动水或滞化水、毛细管水和自由流动水。

1．滞化水（不移动水）

滞化水是指被组织中的显微和亚显微结构与膜所阻留住的水，由于这些水不能自由流动，所以称为不移动水或滞化水。例如一块重 100 g 的肉，总含水量为 $50\sim70$ g，含蛋白质 20 g，除去近 10 g 的结合水外，还有 $60\sim65$ g 水，这部分水极大部分是滞化水。

2．毛细管水

毛细管水是指在生物组织的细胞间隙和制成食品的结构组织中，还存在着一种由于天然形成的毛细管而保留的水分，称为毛细管水，是存在于生物体的水。毛细管的直径越小，持水能力越强，当毛细管直径小于 $0.1\ \mu m$ 时，毛细管水实际上已经成为结合水，而当毛细管直径大于 $0.1\ \mu m$ 时则为自由水，大部分毛细管水为自由水。能结冰，但冰点有所下降，溶解溶质的能力强，干燥时易被除去。很适于微生物生长和大多数化学反应，易引起食物的腐败变质，但与食品的风味及功能性紧密相关。

3．自由流动水

自由流动水指动物的血浆、淋巴和尿液、植物的导管和细胞内液泡中的水，因为都可以自由流动，所以叫自由流动水。

三、水与非水组分的相互作用

水与非水组分（溶质）混合时两者的性质均会发生变化，这种变化与溶质的性质有关，也就是与水同溶质的相互作用有关。亲水性溶质可以改变溶质周围邻近水的结构和流动程度，同时水也会引起亲水性溶质反应性改变，有时甚至导致结构变化。添加疏水性物质到水中，溶质的疏水基团仅与邻近水发生微弱的相互作用，而且优先在非水环境中发生。由于水在溶液中的存在状态，与溶质的性质以及溶质同水分子的相互作用有关,下面分别介绍不同种类溶质与水之间的相互作用。

1. 水与离子和离子基团的相互作用

离子和有机分子的离子基团在阻碍水分子流动程度上超过其他任何类型的溶质。离子或离子基团(Na^+、Cl^-、CH_3COO^-、NH_4^+等)通过自身的电荷可以与水分子的偶极产生静电相互作用,这种作用称为离子水合作用。与离子和离子基团相互作用的水,是食品中结合最紧密的一部分水。由于水中添加可解离的溶质,使纯水靠氢键键合形成的四面体排列的正常结构遭到破坏。图1-6表示与NaCl邻近的水分子可能出现的相互作用方式。例

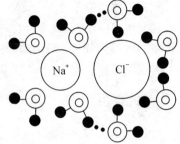

(图中只表现出纸平面上的水分子)

图1-6　与NaCl邻近的水分子可能出现的相互作用方式

如Na^+和Cl^-靠所带电荷与水分子的偶极矩产生静电相互作用。Na^+与水分子的结合能力(83.68 kJ/mol)大约是水分子间氢键键能(20.9 kJ/mol)的4倍。因此,离子或离子基团加入到水中,会破坏水分子之间的氢键,改变水的流动性。

在稀盐水溶液中,离子对水分子结构的影响是不同的。某些离子,如K^+、Rb^+、Cs^+、NH_4^+、Cl^-、Br^-、NO_3^-、BrO_3^-、IO_3^-和ClO_4^-等,由于离子半径大,电场强度弱,能阻碍水形成网状结构,这类盐的溶液比纯水的流动性更大。另外一些离子是电场强度大、离子半径小的离子或多价离子,它们有助于水形成网状结构,因此,这类离子的水溶液流动性比纯水的流动性小,例如:Li^+、Na^+、Ca^{2+}、Ba^{2+}、Mg^{2+}、Al^{3+}、F^-和OH^-等就属于这一类。实际上,从水的正常结构来看,所有的离子对水的结构都起破坏作用,因为它们均能阻止水在0℃下结冰。

离子对水的效应显然不仅是影响水的结构,通过它们的不同水合能力,改变水的结构,影响水的介电常数和胶体粒子的双电层厚度,同时离子还显著地影响水对其他非水溶质和原介质中悬浮物质的相溶程度。因而,离子的种类和数量对蛋白质的构象和胶体的稳定性也有很大的影响。

2. 水与具有氢键键合能力的中性基团(极性基团)的相互作用

在食品中,水可以和与蛋白质、淀粉、果胶物质、纤维素等成分通过氢键而结合。水与溶质之间的氢键键合比水与离子之间的相互作用弱,氢键作用的强度与水分子之间的氢键的强度相近。

各种有机分子的不同极性基团与水形成氢键的牢固程度有所不同。蛋白质多肽链中赖氨酸和精氨酸侧链上的氨基,天冬氨酸和谷氨酸侧链上的羧基,肽链两端的羧基和氨基,以及果胶物质中的未酯化的羧基,无论是在晶体还是在溶液时,都

是呈电离或离子态的基团;这些基团与水形成氢键,键能大,结合得牢固。蛋白质结构中的酰胺基,淀粉、果胶质、纤维素等分子中的羟基与水也能形成氢键,但键能较小,牢固程度差一些。

　　通过氢键而被结合的水流动性极小。一般来说,凡能够产生氢键键合的溶质可以强化纯水的结构,至少不会破坏这种结构。然而在某些情况下,一些溶质在形成氢键时,键合的部位以及取向在几何构型上与正常水的氢键部位不同,因此,这些溶质通常对水的正常结构也会产生破坏作用。尿素这种能形成氢键的小分子溶质由于几何结构上的原因就对水的正常结构有明显的破坏作用。大多数能够形成氢键键合的溶质都会阻碍水结冰,但当体系中添加具有氢键键合能力的溶质时,每摩尔溶液中的氢键总数不会明显地改变,这可能是由于所断裂的水-水氢键被水-溶质氢键所代替,因此,具有这种性质的溶质对水的网状结构基本上没有影响。

　　水与各种有机分子的不同极性基团形成的氢键虽然数量有限,但其作用和性质非常重要。例如它们可以形成"水桥",此时一个水分子与一个溶质分子或几个溶质分子上的适宜氢键的部位相互作用,可维持大分子的特定构象。图 1-7 表示木瓜蛋白酶肽链之间存在着一个 3 分子水构成的水桥,这三分子水显然成了该酶的整体构成部分。图 1-8 表示水与木瓜蛋白质分子中两种官能团形成的氢键。

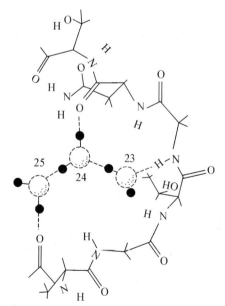

图 1-7　木瓜蛋白酶分子中的一个三分子水桥

(引自:阚建全.食品化学.中国农业大学出版社,2004)

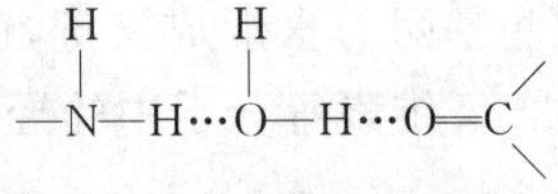

$$\overset{\underset{\displaystyle H}{|}}{-N}-H\cdots O\overset{\underset{\displaystyle H}{|}}{}-H\cdots O-C\overset{}{\diagdown}$$

图 1-8　水与蛋白质分子中两种功能团形成的氢键

3.水与非极性物质的相互作用

向水中加入疏水性物质,例如烃类、稀有气体、脂肪酸、氨基酸以及蛋白质的非极性基团等,由于疏水基团与水分子产生斥力,从而使疏水基团附近的水分子之间的氢键键合增强,结构更为有序,使得疏水基邻近的水形成了特殊的结构,水分子在疏水基外围定向排列(图 1-10),导致的熵减少,此过程称为疏水水合(图 1-9)。由于疏水水合在热力学上是不利的,因此水倾向于尽可能地减少与存在的疏水基团的缔合。如果存在两个分离的疏水基团,不相溶的水环境将促进它们之间聚集,从而使它们与水的接触面积减小,结果导致自由水分子增多,此过程被称为疏水相互作用。疏水基团还具有两种特殊性质,即它们可以和水形成笼形水合物,以及与蛋白质分子产生疏水相互作用。

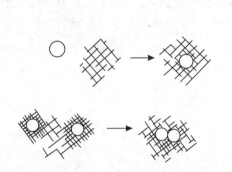

图 1-9　疏水水合和疏水缔合

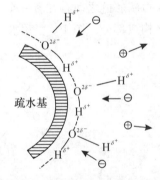

图 1-10　水在疏水基团表面的定向

笼形水合物是一种冰状包合物,其中水为“主体”物质,通过氢键形成了笼状结构,通过物理作用方式将非极性物质截留在笼中,被截留的物质称为“客体”的物质。笼形水合物的客体物质是低分子质量化合物,它的大小和形状与由 $20\sim74$ 个水分子组成的主体笼的大小相适合。典型的客体物质包括低分子质量的烃类及卤代烃、稀有气体、二氧化硫、二氧化碳、环氧乙烷、乙醇、短链的伯胺、仲胺、叔胺及烷基铵盐等。“主体”水分子与“客体”物质分子之间的相互作用往往涉及弱的范德华力,但有些情况下也存在静电相互作用。此外,分子质量大的“客体”如蛋白质、糖类、脂类和生物细胞内的其他物质也能与水形成笼形水合物,使水合物的凝固点降低。一些笼形水合物具有较高的稳定性。

笼形水合物的微结晶与冰的晶体很相似,但当形成大的晶体时,原来的四面体结构逐渐变成多面体结构,在外表上与冰的结构存在很大差异。笼形水合物晶体在 0℃以上和适当压力下仍能保持稳定的晶体结构。已证明生物物质中天然存在类似晶体的笼形水合物结构,它们很可能对蛋白质等生物大分子的构象、反应性和稳定性有影响。笼形水合物晶体目前尚未开发利用,在海水脱盐、溶液浓缩和防止氧化等方面可能具有应用前景。

在水溶液中,溶质的疏水基团间的缔合是很重要的。因为在大多数的食品蛋白质分子中非极性氨基酸侧链约占总氨基酸的 40％,因此疏水基团相互聚集的程度很高,从而影响蛋白质的功能性。蛋白质分子中的非极性基团包括丙氨酸的甲基、苯丙氨酸的苄基、缬氨酸的异丙基、半胱氨酸的巯基、亮氨酸的异丁基和异亮氨酸的仲丁基。其他化合物例如醇类、脂肪酸和游离氨基酸的非极性基团也参与疏水相互作用。疏水基团缔合或发生“疏水相互作用”,为蛋白质的折叠提供了主要推动力,使疏水基团处在蛋白质分子的内部(图 1-11)。

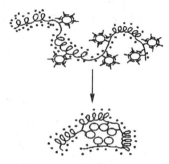

(空心圆圈代表疏水基团,围绕着空心圆圈的“L-状”分子是疏水表面定向的水分子,小黑点代表与极性基团缔合的水分子)

图 1-11　球状蛋白质的疏水相互作用

蛋白质在水溶液环境中尽管产生疏水相互作用,但它的非极性基团大约有 1/3 仍然占据在蛋白质的表面,暴露在水中,暴露的疏水基团与邻近的水除了产生微弱的范德华力外,它们相互之间并无吸引力。疏水相互作用在维持蛋白质三级结构上起着重要的作用。

第四节　水分活度

各种食品都含有一定量的水分,在储藏的过程中,经常有腐败的现象发生,食品的易腐败性与含水量之间存在着一定的关系,尽管这种认识不够全面,但仍然成为人们日常生活中储藏食品的重要依据之一。食品加工中无论是浓缩或脱水过程,目的都是为了降低食品的含水量,提高溶质的浓度,以降低食品的腐败性。然而不同种类的食品即使水分含量相同,其耐储藏性和腐败性也存在着较大的差异。因此用含水量作为判断食品腐败性的指标是不完全可靠的。因为食品的总水分含量是在 105℃下烘干测定的,它受温度、湿度等外界条件的影响。再者,食品中各种非水组分与水氢键键合的能力和大小均不相同。与非水组分结合牢固的水不可能被食品的微生物生长和化学水解反应所利用。所以这里引入水分活度(A_w)的概念来表示食品中水与各种非水成分缔合的程度,更容易定量说明食品中水分的含量和食品腐败性之间的关系。

一、水分活度的定义

1. 水分活度的概念

水分活度(A_w)是指在一定温度下,食品水的蒸汽压(p)与纯水的饱和蒸汽压(p_0)的比值。即:

$$A_w = p/p_0$$

水分活度是 0~1 之间的数值。对于纯水而言,其 p 与 p_0 值相等,因此 A_w 值为 1,完全无水时 A_w 值为 0。食品中的水总有一部分是以结合水的形式存在,而结合水的蒸汽压远低于纯水的蒸汽压,所以,食品的水分活度总是小于 1。而且食品中结合水含量越高,食品的水分活度就越低。水分活度反映了食品中水分存在形式和被微生物利用程度。例如,鱼和水果等含水量高的食品 A_w 值为 0.94~0.99,谷类、豆类含水量少的食品 A_w 值为 0.60~0.64。

微生物之所以在食品上繁殖,是由于食品的 A_w 适合。实验测得各种微生物得以繁殖的 A_w 条件为:细菌为 0.94~0.99;酵母菌为 0.88;霉菌为 0.80。所以 A_w 值比上述值偏高的食品易受微生物的污染而腐败变质。由此可知 A_w 值对估价食品的耐藏性及指导人们控制食品的 A_w 值以达到杀菌保存的目的有重要的意义。

2. 水分活度与食品含水量的关系

食品含水量是指食品中所含水分的多少,可用多种方式表示,与食品水分活度是两个不同的概念。一般来说,食品的含水量越高,食品的水分活度就越大。但二者之间并不存在正比关系。有些食品的含水量相近,但水分活度却相差很大;有些食品的水分活度相近,但含水量却相差很大(表 1-4)。这主要是在不同的食品中,化学组成不同,可溶性物质或其他成分与水的作用力各不相同的缘故。要确切地研究食品水分活度(A_w)与食品含水量之间的关系,可以用水分吸湿等温线(MSI)来描述。

表 1-4　$A_w = 0.7$ 时某些食品每克干物质的含水量　　　　　　　　g

食品	含水量	食品	含水量	食品	含水量
凤梨	0.28	干淀粉	0.13	卵白	0.15
苹果	0.34	干马铃薯	0.15	鱼肉	0.21
香蕉	0.25	大豆	0.10	鸡肉	0.18

二、水分吸湿等温线

1. 水分吸湿等温线

在恒定温度下,以食品的含水量(以 g 水/g 干物质表示)为纵坐标,以其水分活度(A_w)为横坐标绘图形成的曲线称为水分吸湿等温线(MSI)。

在含水量较高的食品中(含水量超过干物质),A_w 值接近于 1.0;当食品中的含水量低于干物质重时,A_w 值小于 1.0(图 1-12);当食品含水量较低,水分含量的轻微变化即可引起 A_w 值的极大变动,将此线段放大见图 1-13。不同的食品化学组成和结构不同,对水分子的束缚力也不一样,不同的食品具有不同的食品吸湿等温线(图 1-14),等温线的弯曲程度因不同食品而具有差异。但大多数食品的吸湿等温线呈 S 形,而水果、糖制品、含有大量糖和其他可溶性小分子的咖啡提取物等食品的吸湿等温线为 J 形,见图 1-14 中的曲线①。

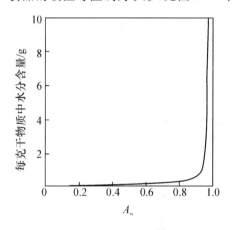

图 1-12　A_w 与食品含水量的关系

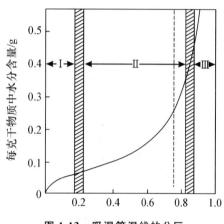

图 1-13　吸湿等温线的分区

吸湿等温线与温度有关,由于温度升高后,水分活度变大,对于同一食品,在不同温度下得到的吸湿等温线,将在曲线形状近似不变的情况下,随温度的升高,在坐标图中的位置逐渐向右移动(图 1-15)。

根据水分含量与水分活度的关系,吸湿等温线可分为三个区域(图 1-13)进行讨论。

Ⅰ区:为结合水中的构成水和邻近水,对高水分含量的食品而言,Ⅰ区的水仅占总水分含量的极小部分。是水分子和食品成分中的羧基、氨基等基团通过水-离子或水-偶极相互作用而牢固结合的那部分水,形成单分子层结合水,结合力最强,A_w 数值在 0~0.25 相当于物料含水量在 0~0.07 g/g 干物质。这部分水很难

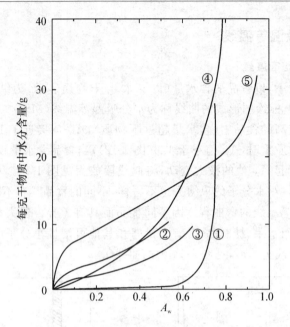

除了①为40℃外,其余均为20℃
①糖果(主要组分为蔗糖粉,40℃);②喷雾干燥的菊苣提取物(20℃);
③焙烤的哥伦比亚咖啡(20℃);④猪胰脏提取物(20℃);⑤天然大米淀粉(20℃)

图 1-14　不同食品和生物物质的吸湿等温线

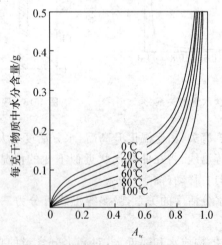

图 1-15　在不同温度下马铃薯的吸湿等温线

发生物理、化学变化,含此水分的食品的劣变速度很慢。

Ⅱ区:为结合水中的多层水。在此区段,水分子多与食品成分中的羧基、酰胺基主要靠水-水和水-溶质的氢键键合,形成多分子层结合水,还有直径<1 μm 的毛细管中的水。A_w 数值在 0.25～0.80,相当于物料含水量在 0.07～0.33 g/g 干物质。当食品中的水分含量相当于Ⅱ区和Ⅲ区的边界时,水将引起溶解过程,它还起了增塑剂的作用,并且促使固体骨架开始肿胀。溶解过程的开始将促使反应物质流动,因此加速了大多数化学反应的速度。

Ⅲ区:为毛细管凝聚的自由水。在此区段,水分在物料上以物理截留的方式凝结在食物的多孔性结构中,例如直径>1 μm 的大毛细管中的水分和纤维丝上的水分其性质接近理想溶液。A_w 数值在 0.80～0.99,物料每克干物质含水量最低在 0.14～0.33 g,最高为 20 g。这部分水是食品中与非水物质结合最不牢固、最容易流动的水。这部分水既可以结冰,也可以作为溶剂,并且还有利于化学反应的进行和微生物的生长,这部分水对食品的稳定性起着重要的作用。

按照吸湿等温线将食品中所含的水分作三个区,对于食品中水的应用及防腐保鲜具有重要的意义。

2.滞后现象

如果向干燥样品中添加水(吸附作用)的方法绘制吸湿等温线和按解吸过程绘制的解吸等温线并不完全一致,这种现象叫做滞后现象,见图 1-16。很多种食品的吸湿等温线都表现出滞后现象,且滞后作用的大小和滞后回线的起始点和终止点都不相同,它们取决于食品的性质和食品除去或添加水分时所发生的物理变化,以及温度、解吸速度和解吸时的脱水程度等多种因素。在任何指定的 A_w 值时,解吸过程中食品的水分含量一般大于吸湿过程中食品的水分含量。

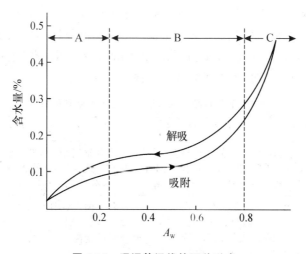

图 1-16　吸湿等温线的两种形式

引起食品滞后现象的原因大致是：①解吸过程中一些水分与非水溶液成分作用而无法放出水分。②不规则形状产生毛细管现象的部位，欲填满或抽空水分需不同的蒸汽压（要抽出需 p 内＞p 外；要填满则需 p 外＞p 内）。③解吸作用时，因组织改变，当再吸水时无法紧密结合水分，由此可导致吸附相同水分含量时处于较高的水分活度。水分吸湿等温线滞后现象的确切解释还有待于进一步的研究。

水分吸湿等温线滞后现象具有实际意义。例如将鸡肉和猪肉的 A_W 值调节至 $0.75\sim0.84$，如果用解吸方法那么食品中脂肪氧化的速度要高于用吸附的方法。如前面所提到的，在任何指定的 A_W 值时，解吸过程中食品的水分含量一般大于吸湿过程中食品的水分含量。高水分食品具有较低的黏度，因而使催化剂具有较高的流动性，基质的肿胀也使催化部位更充分地暴露，同时氧的扩散系数也较高。所以用解吸方法制备食品时需要达到较低的 A_W 值（与用吸湿方法制备的食品相比）才能阻止一些微生物的生长。

三、水分活度与食品稳定性的关系

各种食品都有一定的水分活度，微生物的生长和生物化学反应也都需要一定的水分活度范围。新鲜食品的水分活度很高，降低水分活度，可以提高食品的稳定性，减少腐败变质。所以，水分活度与食品的稳定性之间有着密切的联系。

1. 水分活度与微生物生命活动的关系

食品中微生物的生长繁殖与食品水分活度之间有密切的关系。不同的微生物在食品中繁殖时，都有它最适宜的水分活度范围，细菌对水分活度最为敏感，其次是酵母菌和霉菌。表 1-5 介绍了部分食品的水分活度与微生物的生长关系，从表 1-5 可知，不同种类微生物生长繁殖的最低水分活度范围是：大多数细菌为 $0.99\sim0.94$，大多数耐盐细菌为 0.75；耐干燥霉菌和耐高渗透压酵母菌为 $0.65\sim0.60$。在水分活度低于 0.60 时，绝大多数微生物就无法生长。

表 1-5　部分食品中水分活度与微生物生长的关系

A_W 范围	在此 A_W 范围内所能抑制的微生物	在此 A_W 范围内的食品
$1.00\sim0.95$	假单胞菌、大肠杆菌变形杆菌、芽孢杆菌、志贺氏菌属、克雷伯氏菌属、产气荚膜梭状芽孢杆菌、一些酵母等	极易变质腐败（新鲜）食品、罐头、新鲜果蔬、肉、鱼及牛乳、熟香肠、面包、含约 40%（质量分数）蔗糖或 7% 氯化钠的食品等
$0.95\sim0.91$	沙门氏菌属、溶副血红蛋白弧菌、沙雷氏杆菌、乳酸杆菌属、肉毒梭状芽孢杆菌、菌乳酸杆菌属、足球菌、一些霉菌、酵母（红酵母、毕赤氏酵母）	一些干酪、腌制肉（火腿）、一些水果汁浓缩物。含有 55%（质量分数）蔗糖或 12% 氯化钠的食品

续表 1-5

A_w 范围	在此 A_w 范围内所能抑制的微生物	在此 A_w 范围内的食品
0.91～0.87	许多酵母(假丝酵母、球拟酵母、汉逊酵母)、小球菌	发酵香肠、松蛋糕、人造奶油、干的干酪、含65%(质量分数)蔗糖(饱和)或15%氯化钠的食品
0.87～0.80	大多数霉菌(产生毒素的青霉菌)、金黄色葡萄球菌、大多数酵母菌属	大多数浓缩水果汁、甜炼乳、巧克力糖浆、水果糖浆、面粉、米、家庭自制火腿、含有15%～17%水分的副产品类食品、水果蛋糕等
0.80～0.75	大多数嗜盐细菌、产真菌毒素的曲霉	果酱、加柑橘皮丝的果冻、杏仁酥糖、糖渍水果等
0.75～0.65	嗜干霉菌、二孢酵母	含约10%水分的燕麦片、砂性软糖、棉花糖、果冻、糖蜜、一些干果、粗蔗糖等
0.65～0.60	耐渗透压酵母、少数霉菌	太妃糖、胶凝糖、蜂蜜、含15%～20%水分的干果等
0.50	微生物不增殖	含12%水分的酱、含10%水分的调味料
0.40	微生物不增殖	约含5%水分的全蛋粉
0.30	微生物不增殖	含3%～5%水分的曲奇饼、面包硬皮
0.20	微生物不增殖	含2%～3%水分的全脂奶粉、含5%水分的脱水蔬菜和玉米片、脆饼干等

微生物在不同的生长阶段,所需 A_w 值也不一样,细菌形成芽孢时比繁殖生长时要高。例如魏氏芽孢杆菌繁殖生长时的 A_w 值为 0.96,而芽孢形成的最适宜的 A_w 值为 0.993, A_w 值若低于 0.97,就几乎看不到有芽孢形成。有些微生物在繁殖中还会产生毒素,微生物产生毒素时所需的 A_w 值高于生长时所需的 A_w 值,如黄曲霉素生长时所需的 A_w 值为 0.78～0.80,而产生毒素时要求的 A_w 值达 0.83。

综上所述,如果水分活度高于微生物生长繁殖所必需的最低 A_w 值时,微生物就可能导致食品腐败变质;如果食品的水分活度降低到一定限度以下时,就会抑制要求 A_w 值高于此值的微生物生长、繁殖或产生毒素,可以防止或降低微生物对食品质量的不良影响。当然在发酵食品的加工中,就必须把水分活度提高到有利于有益微生物生长、繁殖、分泌代谢所需的水分活度值以上。微生物对水分的需要也会受到 pH 值、营养成分、氧气等共存因素的影响。在选定食品的水分活度时应根据具体情况进行适当的调整。需要指出的是,即使同样含水量的不同食品,在储藏期间的稳定性也是不一样的,这是因为食品的成分、结构和状态不同,水分的束缚程度不同,因而 A_W 值也不同的缘故。了解微生物所需的 A_W 值就可以预测食品的耐藏性,对不同食品应选择适宜保存条件,可以防止或降低微生物对食品质量的不良影响。

2. 水分活度与食品化学变化的关系

大多数食品是以动植物组织为原料的,甚至许多植物果实本身就可以直接食用。在大多数食品加工和储藏过程中,始终存在着生物化学反应,水作为一种化学反应的介质,它的数量和存在状态直接或间接影响着生物化学反应的进程。食品的 A_W 值与一些生物化学反应的关系见图 1-17。图 1-17 的数据表明在 $24\sim45℃$ 温度范围内反应速度与水分活度 A_W 的关系。为便于比较,在图 1-17(f)中放上一条典型的水分吸附等温线。从图可见,食品中的多种化学反应的反应速度以及曲线的位置及形状是随样品的组成、物理状态及其结构、大气的成分(尤其是氧的含量)、温度和滞后效应而改变。

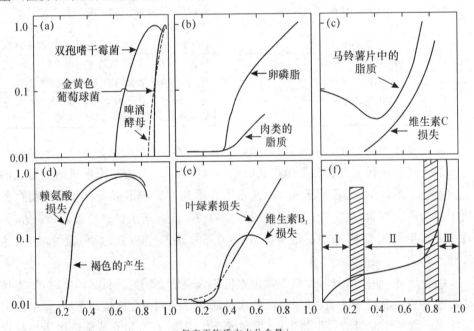

(a)微生物生长对 A_W　(b)酶水解对 A_W　(c)氧化(非酶)对 A_W
(d)美拉德褐变对 A_W　(e)其他的反应速度对 A_W
(f)水分含量对 A_W　除(f)外,所有的纵坐标代表相对速度

图 1-17　食品稳定性与吸湿等温线的关系

(1)对淀粉老化的影响　淀粉的老化实际上是已经糊化的淀粉分子在放置过

程中,分子之间通过氢键又重新形成排列有序、结构致密、高度结晶化的、溶解度小的淀粉的过程。淀粉老化后,食品的松软程度降低,并且影响酶对淀粉的水解,使食品变得难以消化吸收。影响淀粉老化的主要因素除温度外,水分活度的影响也是主要因素。实验证明:在含水量达 30%～60% 时,淀粉老化的速度最快;如果降低含水量则淀粉老化速度减慢,若含水量降至 10%～15% 时,则水分基本上以结合水的状态存在,淀粉不会发生老化。富含淀粉的即食型食品(如方便面等),就是将淀粉在糊化状态下,迅速脱水至 10% 以下时,使淀粉固定在糊化状态,再用热水浸泡时,复水性能好。

(2)对蛋白质变性的影响 蛋白质的变性是蛋白质受某些物理或化学因素的作用,维持蛋白质分子多肽链高级结构的副键遭到破坏,不仅表现出沉淀现象,而且它的空间结构、理化性质和生物学活性都发生了变化。因为水能使蛋白质分子中可氧化的基团充分暴露,水中溶解氧的量也会增加,氧就很容易转移到反应位置。所以,水分活度增大会加速蛋白质的氧化作用,使维持蛋白质高级结构的某些副键遭到破坏,导致蛋白质的变性。实验测定,当水分含量大 4% 时,蛋白质的变性仍能缓慢进行;若水分含量在 2% 以下时,则不发生变性。

(3)对脂肪氧化酸败的影响 富含脂肪的食品很容易受空气中的氧、微生物的作用而发生氧化酸败。食品中的水分活度对氧化酸败的影响较为复杂。从水分活度的极低值开始,氧化速度随着水分的增加而降低。这是因为当水分活度很低时,食品中的水与过氧化物形成氢键而结合,此氢键可以保护过氧化物的分解,因此可降低过氧化物分解时的初速度,最终阻止了氧化的进行。同时这部分水也可以与金属离子结合,降低了它们催化氧化的活性,因而也阻止了氧化反应的进行。在 A_w 值为 0.3～0.4 时,氧化速度最慢;当 A_w 值>0.4 时,氧在水中的溶解度增加,并使脂肪大分子肿胀,暴露了更多易氧化的部位,加快了氧化速度。当 A_w 值较大时(>0.8 时),进一步加入的水可以降低氧化速度,原因是水对催化剂的稀释降低了它们的催化活性和降低了反应物的浓度。

(4)对酶促褐变的影响 酶促褐变是在酶的催化下进行的。酶促褐变多发生在水果、蔬菜等新鲜植物性食物中,是酚酶催化酚类物质形成醌及其聚合物的结果。酶促褐变发生后,不仅影响食品的色泽、风味,也可能产生一些对营养有影响的物质。酶的活性与分子的构象关系密切,只有在适宜的水分活度时,酶的分子构象才能得到充分发挥,表现出它的催化活性。当 A_w 值降低到 0.25～0.30 的范围,就能有效地减慢或阻止酶促褐变的进行。

(5)对非酶褐变的影响 最常见的非酶褐变是美拉德反应,水分活度 A_w 值在 0.6～0.7 时最容易发生非酶褐变。当食品的水分活度在一定范围内时,非酶褐变的速度随水分活度的增加而加速,随水分活度的降低而受到抑制或减弱;当水分活度降到0.2以下时,非酶褐变难于进行。但如果水分活度大于褐变高峰的A_w值时,则由于溶质的浓度下降而导致褐变速度减慢。在一般情况下,浓缩食品的水分活度正好位于非酶褐变最适宜的范围内,褐变容易发生。

(6)对水溶性色素分解的影响　葡萄、山楂、草莓等水果中含有水溶性的花青素,花青素溶于水时很不稳定,1~2周后其特有的色泽就会消失。但花青素在这些水果的干制品中则十分稳定。经过数年的储藏也仅仅是轻微的分解。一般随着水分活度的增大,水溶性色素分解的速度就会加快。

综上所述,降低食品的水分活度A_w值,可以抑制微生物的生长和繁殖,延缓酶促褐变和非酶褐变的进行,减少食品营养成分的破坏,防止水溶性色素的分解。但水分活度A_w值过低,则会加速脂肪的氧化酸败,还能引起非酶褐变。要使食品具有较高的稳定性,最好将A_w值保持在结合水范围内,这样,既使化学变化难以发生,同时又不会使食品丧失吸水性和复原性。

各种水的含义

我们在市面上可以看到各式各样价格不同,样式,保健作用不同的水饮品:矿泉水、纯净水、活性水、磁化水、富氧水,多维水。另外还有实验用的蒸馏水和去离子水。

矿泉水:是从地下深处自然涌出的或经人工抽出的、未受污染的地下水,含多种矿物元素,根据产地不同,含钙、硒、锶、硅等微量元素不等。此水经消毒灌装,成市面上矿泉水。市场上大部分矿泉水属于锶(Sr)型和偏硅酸型。主要作用是补充矿物质,特别是微量元素的作用。盛夏季节饮用矿泉水补充因出汗流失的矿物质,是有效手段。

纯净水:也可称为太空水。是采用离子交换法、反渗透法、精微过滤及其他适当的物理加工方法进行深度处理后产生的不含任何有害物质和细菌的水。它的作用是能有效安全地给人体补充水分,具有很强的溶解度,因此与人体细胞亲和力很强,有促进新陈代谢的作用。

磁化水:是一种被磁场磁化了的水。让普通水以一定流速,沿着与磁力线垂直的方向,通过一定强度的磁场,普通水就会变成磁化水。磁化水有种种神奇的效能,在工业、农业和医学等领域有广泛的应用。在工业上,被广泛用于各种高温炉的冷却系统,对于提高冷却效率、延长炉子寿命起了很重要的作用。在农业上,用磁化水浸种育秧,能使种子出芽快,发芽率高,幼苗具有株高、茎粗、根长等优点;在医学上,磁化水不仅可以杀死多种细菌和病毒,还能治疗多种疾病。

富氧水:即在纯净水的基础上添加活性氧的一种饮用水。氧浓度是通常饮料的几倍至几十倍的富氧水及富氧饮品近来在市场上颇具人气,但日本专家近日指出,"喝氧"具有抗疲劳效果的说法缺乏科学依据。

蒸馏水:将水煮沸后令其蒸发再将水蒸汽冷凝回收所制备的水,称蒸馏水。可分一次和多次蒸馏水。一般大型制水是通过锅炉产生的蒸气,再冷凝而得。用于制剂、制药等和要求不太高的实验用水。

去离子水:将水通过阴阳离子交换树脂处理,去除水中阴、阳离子,所出水为去离子水,一般用于化学实验室用水。

实验 1-1　水分活度的测定

一、目的要求

①了解水分活度的概念和扩散法测定水分活度的原理。
②掌握扩散法测定食品中水分活度的操作技术。

二、实验原理

食品中的水分,随环境条件的变动而变化。当环境空气的相对湿度低于食品的水分活度时,食品中的水分向空气中蒸发,食品的质量减轻;相反,当环境空气的相对湿度高于食品的水分活度时,食品就会从空气中吸收水分,使质量增加。不管是蒸发水分还是吸收水分,最终是食品和环境的水分达平衡时为止。

据此原理,用试样在康威氏(Conway's)微量扩散皿的密封和恒温条件下,分别在 A_w 较高和较低的标准饱和溶液中扩散平衡后,根据样品质量的增加(即在较高 A_w 标准溶液中平衡后)和减少(即在较低 A_w 标准溶液中平衡后)的量,求出样品的 A_w 值。

以用不同标准试剂测定后的试样质量的增减为纵坐标,以各个标准试剂的水分活度值为横坐标,制成坐标图。连接这些点的直线与横坐标交叉的点就是此试样的水分活度值。

三、仪器与试剂

(一)仪器

康威氏微量扩散皿、分析天平、小铝皿或玻璃皿(放样品用,为直径 25～

28 mm、深度 7 mm 的圆形小皿)、坐标纸、恒温箱。

各种水果、蔬菜、凡士林。

(二)试剂

至少选取 3 种标准饱和盐溶液。标准水分活度试剂见表1-6。

表 1-6　标准水分活度试剂及其在 25℃ 时的 A_W 值

试剂名称	A_W 值	试剂名称	A_W 值
重铬酸钾($K_2Cr_2O_7 \cdot 2H_2O$)	0.986	溴化钠(NaBr $\cdot$ $2H_2O$)	0.577
硝酸钾(KNO_3)	0.924	硝酸镁[$Mg(NO_3)_2 \cdot 6H_2O$]	0.528
氯化钡($BaCl_2 \cdot 2H_2O$)	0.901	硝酸锂($LiNO_3 \cdot 3H_2O$)	0.476
氯化钾(KCl)	0.842	碳酸钾($K_2CO_3 \cdot 2H_2O$)	0.427
溴化钾(KBr)	0.807	氯化镁($MgCl_2 \cdot 6H_2O$)	0.330
氯化钠(NaCl)	0.752	醋酸钾(KAc $\cdot$ H_2O)	0.224
硝酸钠($NaNO_3$)	0.737	氯化锂(LiCl $\cdot$ H_2O)	0.110
氯化锶($SrCl_2 \cdot 6H_2O$)	0.708	氢氧化钠(NaOH $\cdot$ H_2O)	0.070

四、分析步骤

①在 3 个康威氏微量扩散皿的外室中分别加入 A_W 高、中、低的 3 种标准饱和盐溶液 5.0 mL,并在磨口处涂一层凡士林。一般进行操作时选择 2~4 份标准饱和试剂(每只皿装一种),其中 1~2 份的 A_W 值大于或小于试样的 A_W 值。

②将 3 个小玻皿准确称重,然后分别称取约 1.00 g 的试样于皿内(准确至毫克数,每皿试样质量应相近)。迅速依次放入上述 3 个康威氏微量扩散皿的内室中,马上加盖密封,记录每个扩散皿中小玻璃皿和试样的总质量。

③将 3 个康威氏微量扩散皿放入 25℃ 的恒温箱中静置 2~3 h 后,取出小玻璃皿准确称重,以后每隔 30 min 称重一次,至恒重为止。记录每个扩散皿中小玻皿和试样的总质量。

五、结果与计算

①计算每个康威氏微量扩散皿中试样的质量增减值。

②以各种标准饱和盐溶液在 25℃ 时的 A_W 值为横坐标,被测试样的增减质量数(mg)为纵坐标作图。并将各点连结成一条直线,此线与横坐标交叉的点即为被测试样的 A_W 值(图 1-18)。

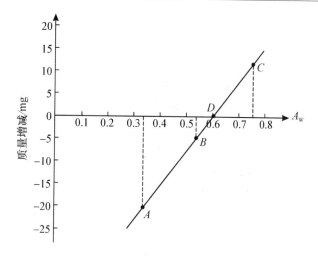

图 1-18　A_W 值测定图解

例 1　图中 A 点表示某食品试样与氯化镁($MgCl_2 \cdot 6H_2O$)标准饱和溶液平衡后质量减少 20.2 mg, B 点表示试样与硝酸镁[$Mg(NO_3)_2 \cdot 6H_2O$]标准饱和溶液平衡后质量减少 5.2 mg, C 点表示试样与氯化钠($NaCl$)标准饱和溶液平衡后质量增加 11.1 mg。3 点连成一线与横坐标相交于 D, D 点即为该试样的 A_W 值，为 0.60。

六、说明与讨论

(一)注意事项

①每个样品测定时应作平行试验。其测定值的平行误差不得超过 0.02。

②取样要在同一条件下进行，称重要精确迅速，精确度必须符合要求，否则会造成测定误差。

③对试样的 A_W 值范围预先有一估计，以便正确选择标准饱和盐溶液。

④康威氏微量扩散皿密封性要好。

⑤当试样的水分活度高于标准试剂时，将失去水分，试样的质量减少；相反，当低于标准试剂时，试样将吸收水分，质量则增加。若样品中含有水溶性挥发物，不可能准确测定其水分活度。

(二)讨论

为什么试样中含有水溶性挥发性物质影响水分活度的准确测定?

七、考核要点

①电子天平的规范使用。

②恒温干燥箱的正确使用。

③康威氏微量扩散皿的使用。

④实验的结果与正确的计算。

复习思考题

1.水的理化性质与其类似物比较有何特殊性？为什么？

2.如何对食品中的水进行分类？各类水有何特点？

3.离子和离子基团、极性物质、非极性物质分别以何种方式水与水作用？

4.什么是水分活度？什么是吸附等温线？什么是滞后现象？

5.不同的食品吸湿等温线不同,其曲线形状受哪些因素的影响？

6.水分活度从哪些方面影响食品的稳定性？

第二章　碳水化合物

学习目标

- 熟悉碳水化合物的分类及其功能。
- 掌握单糖的组成及结构。
- 重点掌握碳水化合物的典型化学性质及其在食品工业中的应用。

第一节　概　述

一、碳水化合物的概念

碳水化合物也叫糖类，存在于所有的谷物、蔬菜、水果以及其他人类能食用的植物中，是自然界蕴藏量最为丰富、对所有生物体非常重要的一类有机化合物。它为人类提供了主要的膳食热量，还提供了期望的质构，好的口感和大家喜爱的甜味。早期认为，这类化合物是由碳和水组成的，表达式为 $C_n(H_2O)_m$，因此采用碳水化合物这个术语。后来，随着研究的不断深入，所发现的符合碳水化合物结构、性质及其组成不符合以上通式的碳水化合物或糖的衍生物逐渐增多，例如鼠李糖、脱氧核糖的组成分别为 $C_6H_{12}O_5$、$C_5H_{10}O_4$，不符合碳水化合物的通式；又如由甲壳素得到的壳聚糖，其分子中含有 N 元素，也不符合碳水化合物的通式。因此，碳水化合物已失去原有的含义了。但由于沿用已久，至今还在使用碳水化合物这个名称。

碳水化合物可以定义为多羟基的醛类、酮类化合物或其聚合物及其各类衍生物。碳水化合物属多官能团有机化合物。单糖中含有酮基、醛基和数个羟基，可以发生醛酮类、醇类所具有的化学反应，例如容易被氧化、可以被酰化、胺化、发生亲核加成反应等；半缩醛的形成使得单碳水化合物既可以开链结构存在，也可以环状结构存在；另外，半缩醛的形成可使单碳水化合物和其他成分或单糖以苷键结合而

otᅳ

形成在自然界广泛存在的低聚糖、多糖和甙类化合物。

二、碳水化合物的分类

下面从碳水化合物的来源、功能和聚合度三种角度对其进行分类。

1. 根据来源进行的分类

可以将碳水化合物分为两类，即植物性碳水化合物（蔗糖、果糖、淀粉、纤维素等）和动物性碳水化合物（乳糖、糖原等）。

2. 根据功能进行的分类

可以将碳水化合物分为三类，即：

①支持性碳水化合物，如纤维素；

②储备性碳水化合物，如淀粉和糖原；

③凝胶性碳水化合物，如果胶、琼脂等。

3. 根据化学结构进行的分类

可以将碳水化合物区分为三类，即单糖、寡糖和多糖。

凡是不能被进一步水解成更小分子的碳水化合物，即被称作为单糖。这种单糖是碳水化合物世界的基础单元。

凡是可以水解生成少数（2～6个）单糖分子的碳水化合物，就称作为寡糖。重要的寡糖是双糖，也称作二糖。双糖由两个单糖分子的残基构成，在自然界中存在广泛。如蔗糖、乳糖、麦芽糖和海藻糖等。

凡是水解时可以生成多个单糖分子的碳水化合物，就称作为多糖。多糖是由多个单糖分子相互连接形成的。多糖分子中的单糖残基数目差别很大，可变动在10～5 000之间。重要的多糖有淀粉、糖原和纤维素。

三、食品中碳水化合物的功能

碳水化合物在植物界分布十分广泛，是食品工业的主要原料，也是大多数食品的重要组成成分。碳水化合物具有重要的生理功能和加工性能。

(一)食品中的糖类化合物

谷物蔬菜、水果和可供食用的其他植物都含有糖类化合物。食品中常见的单糖包括葡萄糖、果糖和半乳糖等，低聚糖包括蔗糖、乳糖、麦芽糖和棉子糖等，多糖包括淀粉、纤维素、果胶等。

1. 谷物中的游离糖类的含量

谷物中游离单糖及多糖含量很低，如大米（0.1%～0.2%）、小麦（0.1%～2.4%）、大豆（0.1%）、玉米（0.6%～0.9%）、鲜嫩荚青豆（2.3%）、鲜青豌豆（0.55%）。

2. 蔬菜中的单糖和蔗糖的含量(表 2-1)

表 2-1　蔬菜中的葡萄糖、果糖和蔗糖的含量　　　　　　　　　　%

名称	D-葡萄糖	D-果糖	蔗糖
甜菜	0.18	0.16	6.11
胡萝卜	0.85	0.85	4.24
黄瓜	0.86	0.86	低
菠菜	0.09	0.04	低
洋葱	2.07	1.09	低
甜玉米	0.34	0.31	3.03
甘薯	0.33	0.30	3.07

3. 水果中单糖和二糖的含量(表 2-2)

表 2-2　水果中单糖和二糖的含量　　　　　　　　　　%

名称	D-葡萄糖	D-果糖	蔗糖
苹果	1.17	6.04	3.78
葡萄	6.68	7.84	2.25
桃	0.91	1.18	6.92
梨	0.95	6.77	1.61
樱桃	6.49	7.38	0.22
香蕉	6.04	2.01	10.03
西瓜	0.74	3.42	3.11
番茄	1.52	1.51	0.12
蜜橘	1.50	1.10	6.01

(二)碳水化合物主要的生理功能

1. 构成机体的重要物质

碳水化合物是构成机体的重要物质,并参与细胞的许多生命活动。

碳水化合物可与脂类形成糖脂,是构成神经组织与细胞膜的成分;碳水化合物还可与蛋白质结合成糖蛋白及黏蛋白,它们都是具有重要生理功能的物质,其中糖蛋白是一些具有重要生理功能的物质如某些抗体、酶和激素的组成部分;纤维素、半纤维素、木质素是植物细胞壁的主要成分;肽聚糖是细菌细胞壁的主要成分;核糖和脱氧核糖是核酸的重要组成成分。

2. 提供能量

糖的主要功能是提供热能。植物的淀粉和动物的糖原都是能量的储存形式。

每克葡萄糖在人体内氧化产生 4 kcal 能量,它相当于 1 g 蛋白质提供的热量和 0.44 g 脂肪提供的热量。人体所需要的 70% 左右的能量由糖提供。碳水化合物作为能源时具有很大的优点,在正常条件下它能促进脂肪的利用,从而减少脂肪积累避免肥胖症,它与脂肪蛋白质相比更为经济和丰富。碳水化合物是人和动物体主要的供能物质。

3. 维持神经系统的功能与解毒

尽管大多数体细胞可由脂肪和蛋白质代替糖作为能源,但脑神经组织需要葡萄糖作为能源,若血、脑中缺葡萄糖可引起不良反应。

另外,机体肝糖元丰富则对某些细菌毒素抵抗能力增强,动物实验显示肝糖元不足则对酒精、砷等毒素解毒作用下降。葡萄糖醛酸是葡萄糖的代谢产物,它对某些药物如吗啡、水杨酸、磺胺类药物有解毒作用。

4. 抗生酮作用

脂肪在体内的正常代谢需要碳水化合物的参与。碳水化合物不足,脂肪氧化不完全,会产生过量的酮体,导致酮血症。足量的碳水化合物具有抗生酮作用。

5. 节约蛋白质作用

当机体的碳水化合物供给充足时,可免于蛋白质作为能源物质而过多地消耗,而有利于发挥蛋白质特有的生理功能。这种作用称为碳水化合物对蛋白质的保护作用。

6. 细胞间识别和生物分子间的识别

细胞膜表面糖蛋白的寡糖链参与细胞间的识别。一些细胞的细胞膜表面含有糖分子或寡糖链,构成细胞的天线,参与细胞通信。红细胞表面 ABO 血型决定簇就含有岩藻糖。

(三)碳水化合物主要的加工性能

在食品加工工艺中,碳水化合物对食品的形态、组织结构、理化性质及其色、香、味等都有很大的影响。主要表现在以下几个方面:

1. 亲水性能

碳水化合物含有许多亲水性羟基,羟基靠氢键键合与水分子相互作用,使糖及其聚合物发生溶剂化或者增溶。

糖类化合物结合水的能力和控制食品中水的活性是最重要的功能性质之一,结合水的能力通常称为保湿性。根据这些性质可以确定不同种类食品是需要限制从外界吸入水分或是控制食品中水分的损失,如生产糖霜粉时需添加不易吸收水分的糖,生产蜜饯、焙烤食品时需添加吸湿性较强的淀粉糖浆、转化糖、糖醇等。

2.风味前体功能

低分子质量糖类化合物的甜味是最容易辨别和令人喜爱的性质之一。蜂蜜和大多数果实的甜味主要取决于蔗糖、D-果糖或 D-葡萄糖的含量。

人所能感受到的甜味因糖的组成、构型和物理形态而异。自然界中还存在少量只有较高甜味的糖苷如甜菊苷、甜菊双糖苷、甘草甜素等。一些多糖水解后的产物可作为甜味剂,如淀粉水解的产物淀粉糖浆、麦芽糖浆、果葡糖浆、葡萄糖等。一些糖的非酶褐变反应除了产生深颜色类黑精色素外,还生成多种挥发性风味物。

当产生的挥发性和刺激性产物超过一定范围时,也会使人产生厌恶感。

3.风味结合功能

很多食品,特别是喷雾或冷冻干燥脱水的食品,碳水化合物在这些脱水过程中对于保持食品的色泽和挥发性风味成分起着重要作用,它可以使糖-水的相互作用转变成糖-风味剂的相互作用。

$$糖\text{-}水 + 风味剂 \Longleftrightarrow 糖\text{-}风味剂 + 水$$

食品中的双糖比单糖能更有效地保留挥发性风味成分,双糖和相对分子质量较大的低聚糖是有效的风味结合剂。例如沙丁格糊精因能形成包合结构,所以能有效地截留风味剂和其他小分子化合物。

4.调节食品风味

主要糖能发生焦糖化反应和美拉德反应,反应的产物富有特殊的风味和颜色。(参见单糖的化学性质部分)。

例如,亮氨酸与葡萄糖在高温下反应产生的面包香、葡萄糖和氨基酸 100℃ 时产生的焦糖香味、核糖和半胱氨酸的烤猪肉香味、核糖和谷胱甘肽的烤牛肉香味;焙烤面包的金黄色、烤肉的棕红色、松花皮蛋蛋清的茶褐色、熏干产生的棕褐色、啤酒的黄褐色、酱油和陈醋的褐黑色均与美拉德反应有关。

5.增稠、胶凝和稳定作用

多糖(亲水胶体或胶)主要具有增稠和胶凝的功能,此外,还能控制流体食品与饮料的流动性质与质构特性以及改变半固体食品的变形性等。在食品生产中,一般使用 0.25%～0.5% 浓度的胶即能产生极大的黏度甚至形成凝胶。

第二节　单　　糖

单糖是碳水化合物的最小组成单位,它们不能进一步水解,是带有醛基或酮基的多元醇,有醛基的成为醛糖,有酮基的成为酮糖。单糖的结构是最基本的,也有几种衍生物。其中有羰基被还原的糖醇、醛基被氧化的醛糖酸、羰基对侧末端的

—CH$_2$OH变成酸的糖醛酸、导入氨基的氨基糖、脱氧的脱氧糖、分子内脱水的脱水糖等。根据构成单糖的碳原子数目多少,分别叫丙糖、丁糖、戊糖、己糖、庚糖。食品中单糖含有 5 或 6 个碳原子。

一、单糖的结构

几乎全部天然存在的单糖都没有支链,其每个碳原子连接一个羟基或一个衍生的功能基。单糖至少含有一个手性(不对称)碳原子,只有二羟基丙酮例外;所以一般单糖皆有旋光活性,其立体异构体数目为 2^n,n 为手性碳原子的数目。

实际上,戊糖和多于 5 个碳原子的单糖分子中,除一小部分外,多数分子中的羰基与第 5 个碳原子上的羟基生成半缩醛或半缩酮,使分子成为含氧的环。形成的五元环称呋喃,形成的六元环称吡喃。

单糖具有链式结构和环式结构(五碳以上的糖)。

1. 单糖的链式结构

人们很早就知道了葡萄糖,但它的化学结构直到 1900 年才由德国化学家费歇而(Fischer)确定。

单糖的链式结构见图 2-1、图 2-2。

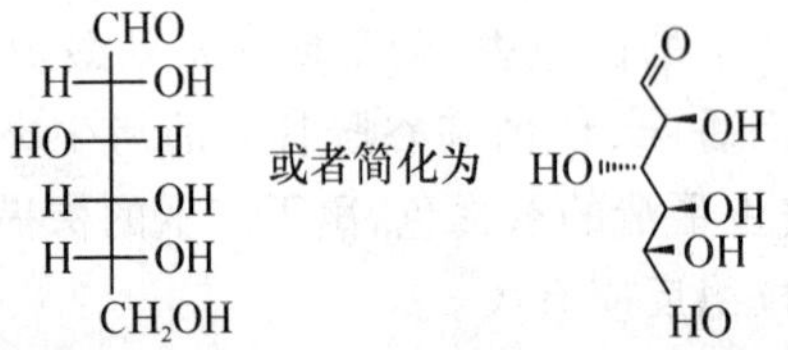

图 2-1　单糖的链式结构

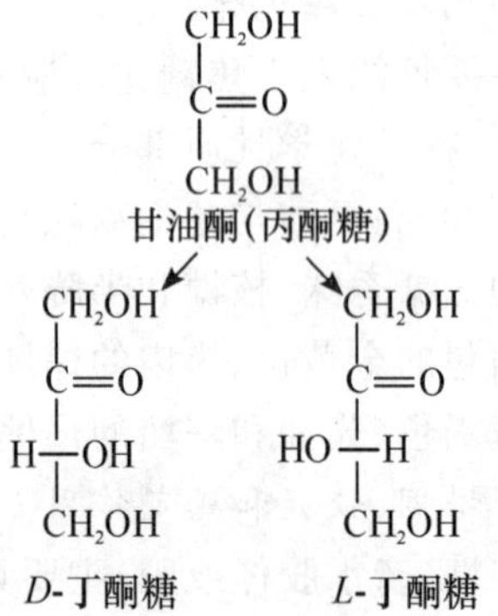

图 2-2　单糖的 D-型和 L-型

单糖构型的确定仍沿用 D/L 法。这种方法只考虑与羰基相距最远的一个手性碳的构型,此手性碳上的羟基在右边的 D-型,在左边的 L-型。见图 2-2。

(倒数第二位的羟基即离羧基最远的不对称碳原子上的羟基,在右侧为 D-型,在左侧为 L-型)

自然界存在的单糖多属 D-型糖,D-型糖是 D-甘油醛的衍生物。构型与旋光性(用+或−表示)无关。

常见的重要单糖分子的链状结构见图 2-3、图 2-4。

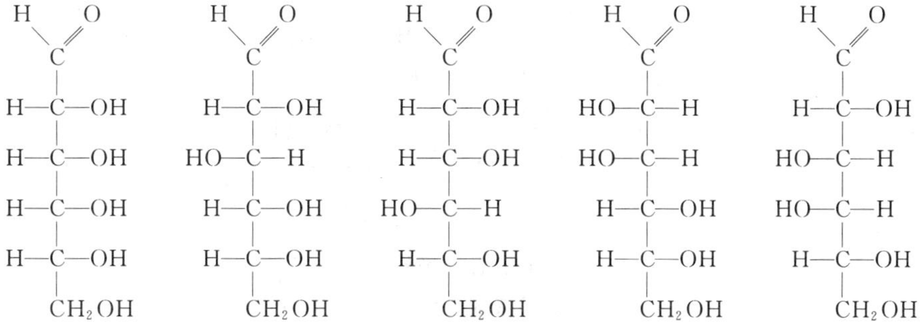

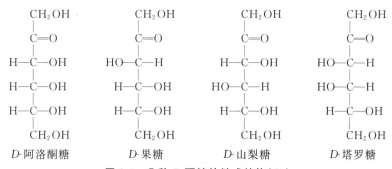

D-阿洛糖　*D*-葡萄糖　*D*-古洛糖　*D*-甘露糖　*D*-半乳糖

图 2-3　几种 *D*-醛糖的链式结构(C_6)

D-阿洛酮糖　*D*-果糖　*D*-山梨糖　*D*-塔罗糖

图 2-4　几种 *D*-酮糖的链式结构(C_6)

确定链状结构的方法(葡萄糖)：

①与 Fehling 试剂或其他醛试剂反应,含有醛基。

②与乙酸酐反应,产生具有 5 个乙酰基的衍生物。

③用钠、汞剂作用,生成山梨醇。

2. 单糖的环式结构

链式结构并不是单糖的唯一结构。科研工作者在研究葡萄糖的性质时,发现葡萄糖有些性质不能用其链状结构来解释(如变旋现象,参见 3. 单糖的变旋现象与环状结构)。实验证明葡萄糖在水溶液中有三种结构共存:一种链式结构,两种环式结构(图 2-6)。

从葡萄糖的链式结构可见,它既具有醛基,也有醇羟基,因此在分子内部可以形成环状的半缩醛。成环时,葡萄糖的醛基可以与 C_5 上的羟基缩合形成稳定的六元环(吡喃糖),见图 2-5、图 2-7。此外葡萄糖的醛基还可与 C_4 上的羟基缩合形成少量的、不稳定的五元环(呋喃糖),见图 2-7。

左图:链式结构,右图:费歇尔环式结构

图 2-5　链式结构向环状结构的转化

实验证明葡萄糖在水溶液中有三种结构共存:即 α-D-葡萄糖(37%)、β-D-葡萄糖(63%)和直链式葡萄糖(<0.1%)。它们在溶液中互相转化。如图 2-6 所示。

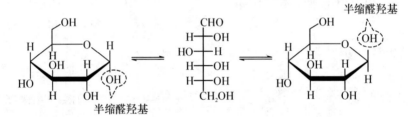

半缩醛羟基

α-D-葡萄糖　　　　　　直链式葡萄糖　　　　　　β-D-葡萄糖

中间的链式结构,两侧为哈沃斯的环式结构

图 2-6　葡萄糖的三种结构

单糖的环式结构有费歇尔的投影式和哈沃斯(Haworth)的透视式。

费歇尔的投影式见图 2-5、图 2-7。

α-D-吡喃葡萄糖　　　　　　α-D-呋喃葡萄糖

(Fischer 的投影式)

图 2-7　葡萄糖的环式结构

　　直立的环状费歇尔投影式,虽然可以表示单糖的环状结构,但还不能确切地反映单糖分子中各原子或原子团的空间排布。为此哈沃斯(Haworth)提出用透视式来表示:糖环为一平面,其朝向读者一面的三个 C—C 键用粗实线表示,连在环上的原子或原子团则垂直于糖平面,分别写在环的上方和下方以表示其位置的排布(图 2-8),书写哈沃斯式时常省略成环的碳原子。

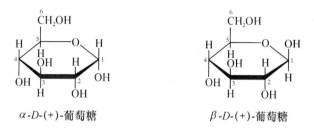

α-D-(+)-葡萄糖　　　　　β-D-(+)-葡萄糖

图 2-8　葡萄糖的哈沃斯式结构图

　　呋喃环实际上接近平面,而吡喃环略皱起。因为葡萄糖的环式结构是由五个碳原子和一个氧原子组成的杂环,它与杂环化合物中的吡喃相似,故称作吡喃糖。

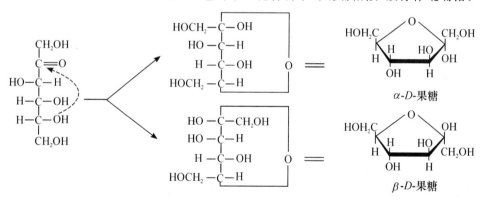

α-D-果糖

β-D-果糖

左侧链式结构,中间费歇尔投影式,右侧哈沃斯透视式

图 2-9　果糖的三种结构

　　由于费歇尔(Fischer)投影式表示环状结构很不方便且 Haworth 结构式比 Fischer 投影式更能正确反映糖分子中的键角和键长度。所以环状结构一般用哈沃斯式结构表示。

　　葡萄糖的分子式为 $C_6H_{12}O_6$,分子中含五个羟基和一个醛基,是己醛糖。其中 C_2,C_3,C_4 和 C_5 是不同的手性碳原子,有 16 个具有旋光性的异构体,D-葡萄糖是其中之一。存在于自然界中的葡萄糖其费歇尔投影中,四个手性碳原子除 C_3 上的—OH 在左边外,其他的手性碳原子上的—OH 都在右边。

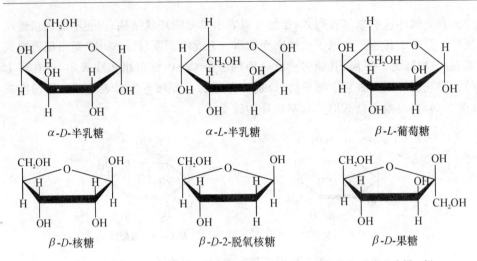

α—表示 C_1 上的氧和 C_6 的羟基不在同一侧　　β—表示 C_1 上的氧和 C_6 的羟基在同一侧

D—表示 C_6 基团向上　　L—表示 C_6 基团向下

图 2-10　几种单糖的透视式（上：六元环，下：五元环）

3.单糖的环状结构与变旋现象

结晶葡萄糖有两种，一种是从乙醇中结晶出来的，熔点 146℃。它的新配溶液的 $[\alpha]_D$ 为 +112°，此溶液在放置过程中，比旋光度逐渐下降，达到 +52.17° 以后维持不变；另一种是从吡啶中结晶出来的，熔点 150℃，新配溶液的 $[\alpha]_D$ 为 +18.7°，此溶液在放置过程中，比旋光度逐渐上升，也达到 +52.7° 以后维持不变。糖在溶液中，比旋光度自行转变为定值的现象称为变旋现象。

葡萄糖的变旋现象，就是由于链状结构与环状结构形成平衡体系过程中的比旋光度变化所引起的。在溶液中 α-D-葡萄糖可转变为开链式结构，再由链式结构转变为 β-D-葡萄糖（环状结构）；同样 β-D-葡萄糖也变转变为链式结构，再转变为 α-D-葡萄糖（环状结构）。经过一段时间后，三种异构体达到平衡，形成一个互变异构平衡体系，其比旋光度亦不再改变（参见图 2-4 葡萄糖的环状结构）。

不仅葡萄有变旋现象，凡能形成环状结构的单糖，都会产生变旋现象。

4.单糖的构象

上述透视式也有一定的局限性，因为以五元糖形式存在的糖如果糖、核糖等，分子成环的碳原子和氧原子都处于一个平面内。而以六元糖形式存在的糖如葡萄糖、半乳糖等，分子成环的碳原子和氧原子不在一个平面内。由于六元环不是水平型的，所以透视式不能真实地反映出环状半缩醛糖的真正空间结构。

因此，为了更合理地反映其结构，现在常用构象式来表示。

　　所谓构象是指一个分子中,不改变共价键结构,仅单键周围的原子或基团旋转所产生的原子和基团的空间排布。一种构象改变为另一种构象时,不要求共价键的断裂和重新形成。构象改变不会改变分子的光学活性。

　　吡喃糖的构象有两种,即椅式和船式,其中以较稳定的椅式构象占绝对优势。

（左图:椅式,右图:船式）

图 2-11　吡喃糖的两种构象

图 2-12 是葡萄糖的椅式构象。

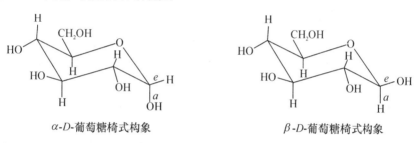

α-D-葡萄糖椅式构象　　　　　　　　　β-D-葡萄糖椅式构象

图 2-12　葡萄糖的椅式构象

　　对 D-型葡萄糖来说,直立环式右侧的羟基,在哈沃斯式中处在环平面下方;直立环式中左侧的羟基,在环平面的上方。成环时,为了使 C_5 上的羟基与醛基接近。C_4—C_5 单键须旋转 $120°$。因此,D 型糖末端的羟甲基即在环平面的上方了。C_1 上新形成的半缩醛羟基在环平面下方者为 α 型;在环平面上方者称为 β 型。

二、单糖的物理性质

1.单糖的甜度

　　单碳水化合物均有甜味,甜味的强弱用甜度来区分,不同的甜味物质其甜度大小不同。甜度是食品鉴评学中的单位,这是因为甜度目前还难以通过化学或物理的方法进行测定,只能通过感官比较法来得出相对的差别,所以甜度是一个相对值。一般以 10% 或 15% 的蔗糖水溶液在 20℃ 时的甜度为 1.0 来确定其他甜味物质的甜度,因此又把甜度称为比甜度。下面是一些单糖的比甜度:

α-D-葡萄糖	0.70	α-D-半乳糖	0.27
α-D-甘露糖	0.59	α-D-木糖	0.50
β-D-呋喃果糖	1.50		

不同的单糖其甜度不同,这种差别与分子质量及构型有关;一般地讲,分子质量越大,在水中的溶解度越小,甜度越小;环状结构的构型不同,甜度亦有差别,如葡萄糖的 α 构型甜度较大,而果糖的 β 构型甜度较大。

2. 旋光性及变旋光

所有的单糖均有旋光性,常见单糖的比旋光度(20℃,钠光)为:

D-葡萄糖	+52.2	D-甘露糖	+14.2
D-果糖	−92.4	D-阿拉伯糖	−105.0
D-半乳糖	+80.2	D-木糖	+18.8

当单糖溶解在水中的时候,由于开链结构和环状结构直接的互相转化,因此会出现变旋现象。在通过测定比旋光确定单糖种类时,一定要注意静置一段时间(24 h)。

3. 溶解度

单碳水化合物在水中都有比较大的溶解度,但不溶于乙醚、丙酮等有机溶剂。不同的单糖在水中的溶解度不同,其中果糖最大,如 20℃ 时,果糖在水中的溶解度为 374.78 g/100 g,而葡萄糖为 87.67 g/100 g。随着温度的变化,单糖在水中的溶解度亦有明显的变化,如温度由 20℃ 提高到 40℃,葡萄糖的溶解度则变为 162.38 g/100 g。

利用碳水化合物较大的溶解度及对于渗透压的改变,可以抑制微生物的活性,从而达到延长食品保质期的目的。但要做到这一点,糖的浓度必须达到 70% 以上。常温下(20~25℃),单糖中只有果糖可以达到如此高的浓度,其他单糖及蔗糖均不能。而含有果糖的果葡糖浆可以达到所需要的浓度。

4. 吸湿性、保湿性与结晶性

吸湿性和保湿性反映了单糖和水之间的关系,分别指在较高空气湿度条件下吸收水分的能力和在较低空气湿度湿度下保持水分的能力。这两种性质对于保持食品的柔软性、弹性、储存及加工都有重要的意义。

不同的单糖其结晶形成的难易程度不同,如葡萄糖容易形成结晶且晶体细小,果糖难于形成结晶等。

5. 冰点降低

当在水中加入糖时会引起溶液的冰点降低。糖的浓度越高,溶液冰点下降的越大。相同浓度下对冰点降低的程度:葡萄糖>蔗糖>淀粉糖浆。生产糕点类冰冻食品时,混合使用淀粉糖浆和蔗糖,可节约用电(淀粉糖浆和蔗糖的混合物的冰点降低较单独使用蔗糖小),利用低转化度的淀粉糖浆还可以促使冰晶细腻,黏稠度高,甜味适中。

6.抗氧化性

碳水化合物的抗氧化性实际上是由于糖溶液中氧气的溶解度降低而引起的。

7.黏度

在相同浓度下,溶液的黏度有以下顺序:葡萄糖、果糖<蔗糖<淀粉糖浆,且淀粉糖浆的黏度随转化度的增大而降低。与一般物质溶液的黏度不同,葡萄糖溶液的黏度随温度的升高而增大,但蔗糖溶液的黏度则随温度的增大而降低。

根据碳水化合物物质的黏度不同,在产品中选用碳水化合物时就要加以考虑,如清凉型的就要选用蔗糖,果汁、糖浆等则选用淀粉糖浆。

三、单糖的化学性质

(一)一般化学性质

单糖主要以环状结构形式存在,但在溶液中可与开链结构反应。因此,单糖的化学反应有的以环式结构进行,有的以开链结构进行。

1.异构化反应

葡萄糖用稀碱液处理时,会部分转变为甘露糖和果糖,成为复杂的混合物。这种变化是通过烯醇式中间体来完成的。

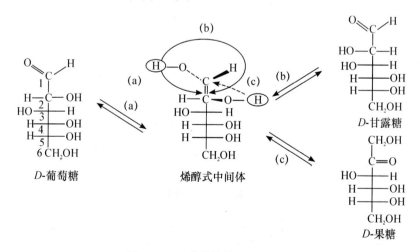

图 2-13　D-葡萄糖的差向异构化

D-果糖、D-甘露糖和D-葡萄糖的 C_3、C_4，C_5 和 C_6 的结构完全相同，只有 C_1 和 C_2 的结构不同，但是它们的 C_1，C_2 的结构互变成烯醇型时，其结构完全相同的。因此，不单是D-葡萄糖，而D-果糖或D-甘露糖在稀碱催化下，都能互变为三者的混合物。

在含有多个手性碳原子的具有旋光性的异构体之间，凡只有一个手性碳原子的构型不同时，互称为差向异构体。D-葡萄糖和D-甘露糖就是 C_2 差向异构体。因此，用稀碱处理D-葡萄糖得到D-葡萄糖、D-果糖三种物质的平衡混合物的反应叫做差向异构化。

2.氧化作用

单糖含有自由醛基或酮基而具有还原性，都能发生氧化反应。氧化产物与试剂的种类及溶液的酸碱度有关。

单糖在碱性溶液中加热，生成复杂的混合物。单糖易被碱性弱氧化剂氧化说明它们具有还原性，所以把它们叫做还原糖。例如葡萄糖与菲林试剂的反应：葡萄糖分子中的醛基被菲林试剂氧化成葡萄糖酸，而二价铜离子则被还原成氧化亚铜。此反应可定性和定量测定食品中还原糖的含量，反应简式见图2-14、图2-15。

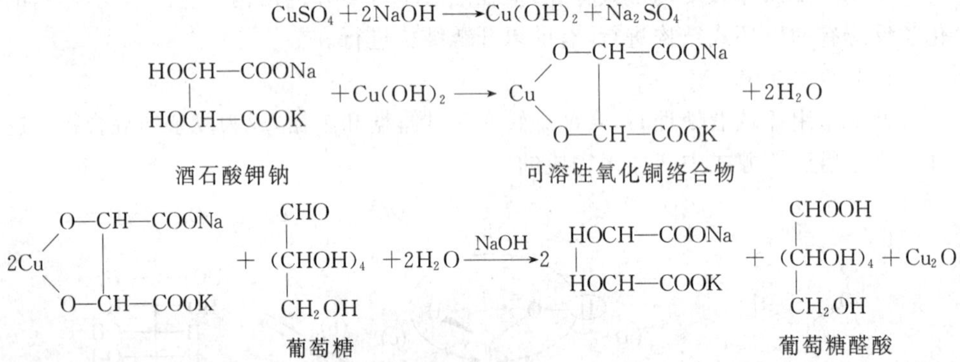
$CuSO_4+2NaOH \longrightarrow Cu(OH)_2+Na_2SO_4$
酒石酸钾钠
可溶性氧化铜络合物
葡萄糖
葡萄糖醛酸

图2-14　醛糖与氢氧化铜的反应

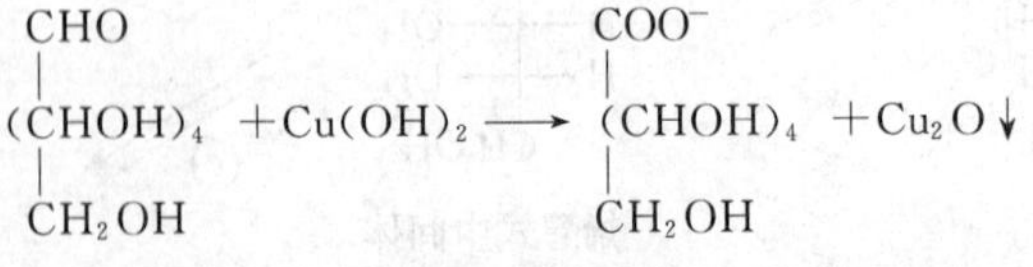

图2-15　醛糖与氢氧化铜的反应简式

单糖在酸性条件下氧化时，由于氧化剂的强弱不同，单糖的氧化产物也不同。例如，葡萄糖被溴水氧化时，生成葡萄糖酸；而用强氧化剂硝酸氧化时，则生成葡萄糖二酸。溴水氧化能力较弱，它把醛糖的醛基氧化为羧基。当醛糖中加入溴水，稍加热后,溴水的棕色即可褪去,而酮糖则不被氧化,因此可用溴水来区别醛糖和酮糖。

无论是醛糖或酮糖,都能和银氨试剂反应生成银镜,跟费林试剂反应生成 Cu_2O 红色沉淀。和银氨试剂反应被用来镀制镜子,跟费林试剂的反应可用来检验糖尿病人的糖分。

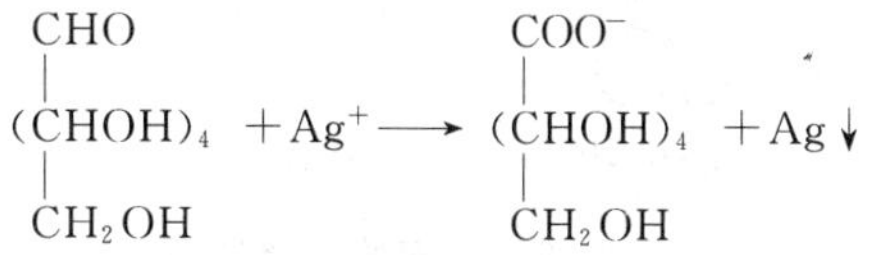

$$\begin{array}{c}\text{CHO}\\|\\(\text{CHOH})_4 \\ |\\ \text{CH}_2\text{OH}\end{array} + \text{Ag}^+ \longrightarrow \begin{array}{c}\text{COO}^-\\|\\(\text{CHOH})_4 \\ |\\ \text{CH}_2\text{OH}\end{array} + \text{Ag}\downarrow$$

图 2-16 醛糖的银镜反应

3. 还原作用

单糖中含有游离羰基,易于还原,单糖可以被还原成相应的糖醇,如 D-葡萄糖被还原成 D-葡萄糖醇,又称山梨醇;D-甘露糖或 D-果糖经还原可得到甘露糖醇;木糖经还原可得到木糖醇。

糖醇主要用于食品和医药加工业,山梨醇添加到糖果中能延长糖果的货架期,因为它能防止糖果失水。用糖精处理的果汁中一般都有后味,添加山梨醇后能去除后味。人体食用后,山梨醇在肝中又会转化为果糖。木糖醇可替代蔗糖作为糖尿病患者的疗效食品。

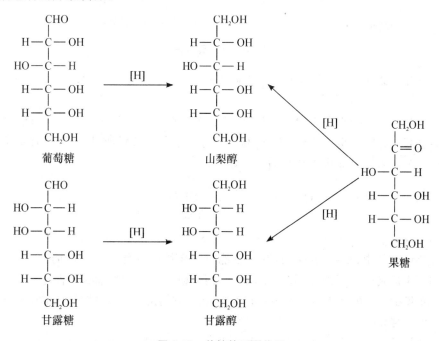

图 2-17 单糖的还原作用

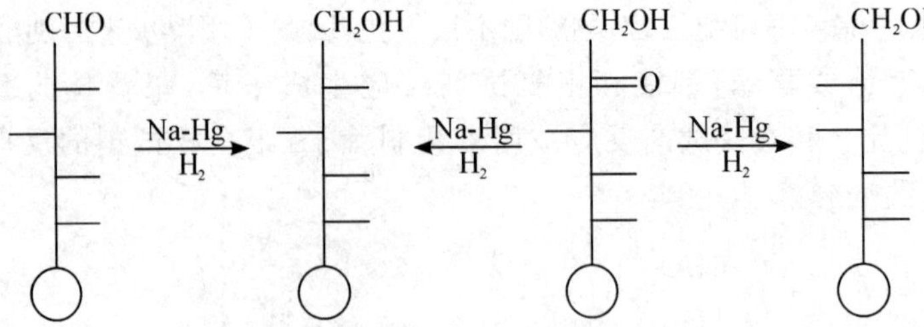

图 2-18　单糖的还原作用

4. 成苷作用

单糖环状半缩醛结构中的半缩醛羟基与另一分子醇或羟基作用时,脱去一分子水而生成缩醛。糖的这种缩醛称为糖苷。例如 α- 和 β-D- 吡喃葡萄糖的混合物,在氯化氢催化下同甲醇反应,脱去一分子水,生成 α- 和 β-D- 甲基吡喃葡萄糖苷的混合物。

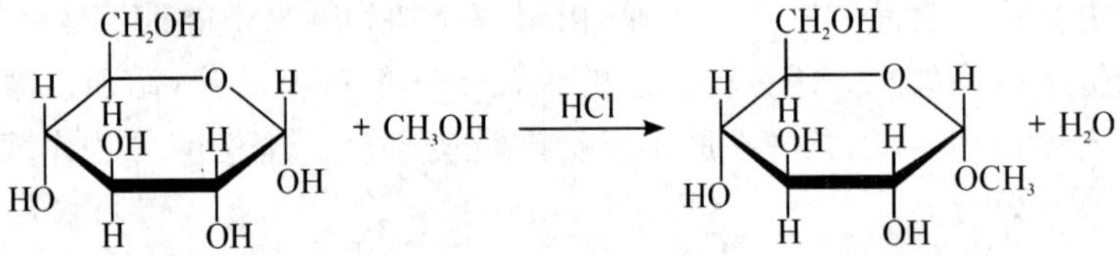

α-D-葡萄糖　　　　　　　　　　　　　α-D-葡萄糖甲苷

图 2-19　成苷作用

糖苷广泛存在于植物体内,是中草药的有效成分之一,多为无色、无臭、有苦涩味的固体,但黄酮苷和蒽醌苷为黄色。

但在某些食物中存在着生氰糖苷(如苦杏仁糖苷),水解后能产生氢氰酸,食用后会引起氰化物中毒。杏仁、木薯、高粱和菜豆中含量较高,收货后应短时期储存,并经过蒸煮后充分除去氰化物后再食用。

$$苦杏仁苷+H_2O \xrightarrow{\text{完全水解}} C_6H_5CHO + HCN + C_6H_{12}O_6$$
苯甲醛　氢氰酸　葡萄糖

5. 成酯作用

单糖分子中含多个羟基,这些羟基能与酸作用生成酯。人体内的葡萄糖在酶作用下生成葡萄糖磷酸酯,如 1-磷酸吡喃葡萄糖和 6-磷酸吡喃葡萄糖等。

单糖的磷酸酯在生命过程中具有重要意义,它们是人体内许多代谢的中间产物。

6. 成脎反应

单糖分子与三分子苯肼作用,生成的产物叫做糖脎。例如葡萄糖与过量苯肼

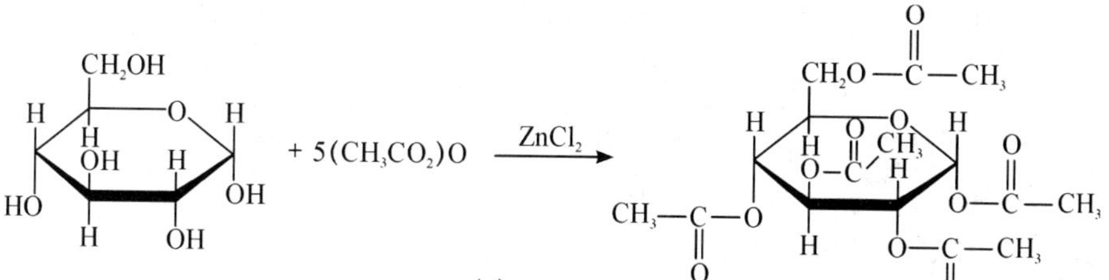

(a)

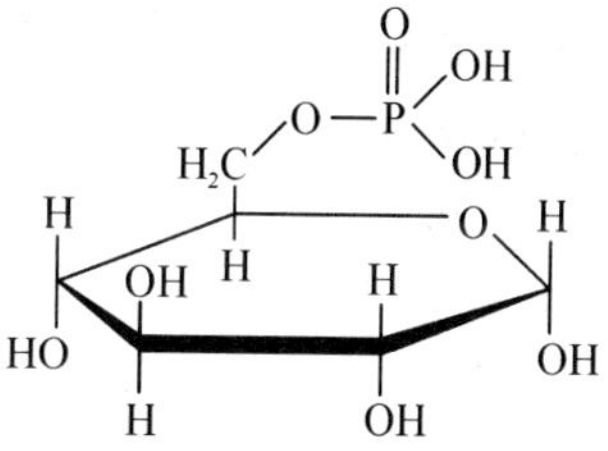

(b)

（a）酯化反应　　（b）6-磷酸吡喃葡萄糖

图 2-20　成酯作用

作用，生成葡萄糖脎。

　　无论是醛糖还是酮糖都能生成糖脎，成脎反应可以看作是 α-羟基醛或 α-羟基酮的特有反应。

　　糖脎是难溶于水的黄色晶体。不同的脎具有特征的结晶形状和一定的熔点。常利用糖脎和这些性质来鉴别不同的糖。

　　成脎反应只在单糖分子的 C_1 和 C_2 上发生，不涉及其他碳原子，因此除了 C_1 和 C_2 以外碳原子构型相同的糖，都可以生成相同的糖脎。例如 D-葡萄糖和 D-果糖都生成相同的脎。反应见图 2-21、图 2-22。

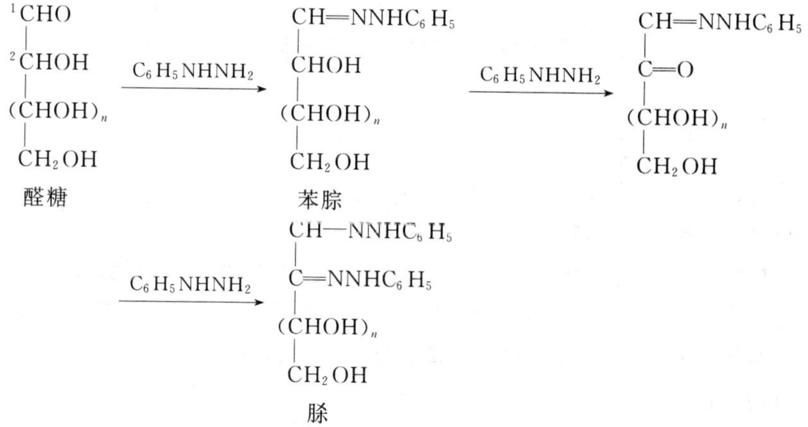

图 2-21　醛糖成脎反应

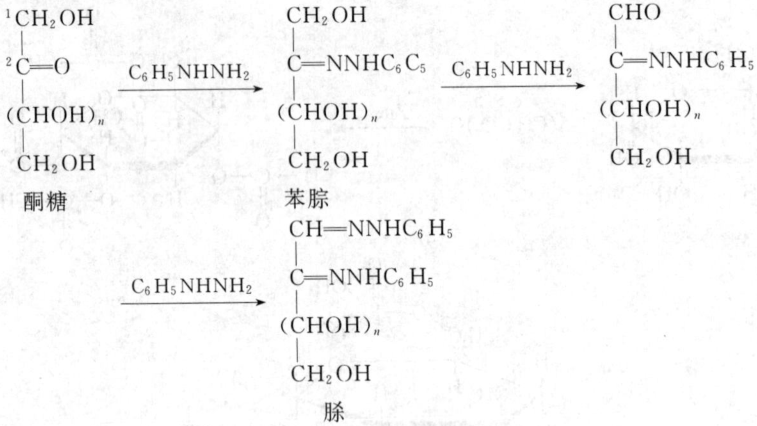

$$
\begin{array}{ccc}
\overset{1}{C}H_2OH & CH_2OH & CHO \\
\overset{2}{C}=O & C=NNHC_6H_5 & C=NNHC_6H_5 \\
(CHOH)_n & (CHOH)_n & (CHOH)_n \\
CH_2OH & CH_2OH & CH_2OH \\
酮糖 & 苯腙 &
\end{array}
$$

$\xrightarrow{C_6H_5NHNH_2}$ 第一步；$\xrightarrow{C_6H_5NHNH_2}$ 第二步

$$
\xrightarrow{C_6H_5NHNH_2}
\begin{array}{c}
CH=NNHC_6H_5 \\
C=NNHC_6H_5 \\
(CHOH)_n \\
CH_2OH \\
脎
\end{array}
$$

图 2-22　酮糖成脎反应

7. 脱水和呈色反应

(1)脱水反应　单糖与强酸(如 12% 以上的浓盐酸)共同加热时,会发生脱水反应,生成糠醛或其衍生物。

如在浓酸作用下戊糖脱水成糠醛,己糖脱水成羟甲基糠醛,单糖与浓硫酸反应失水生成碳。

$$
C_n(H_2O)_m \xrightarrow{\text{硫酸(浓)}} nC + mH_2O
$$

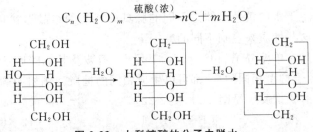

图 2-23　山梨糖醇的分子内脱水

(2)呈色反应

①Molisch 反应(α-萘酚反应):碳水化合物的反应(棕色环)。

②西里瓦诺夫反应:酮糖与间苯二酚在浓盐酸存在下加热,能生成红色物质(酮糖的特征反应(红色))。

③蒽酮反应:与蒽酮的浓硫酸溶液作用生成绿色物质,用以定量测定碳水化合物。

④苔黑酚反应:戊糖与苔黑酚(5-甲基-1,3-苯二酚)反应,生成蓝绿色物质。

(二)单糖在食品或食品原料中可能发生的化学反应

1. Maillard(美拉德)反应

Maillard(Maillard,L.C.法国化学家)反应指含羰基化合物(如碳水化合物等)与含氨基化合物(如氨基酸等)通过缩合、聚合而生成类黑色素的反应。由于此类反应得到的是棕色的产物且不需酶催化,所以也将其称为非酶褐变。

几乎所有的食品或食品原料内均含有羰基类物质和氨基类物质,因此均可能发生 Maillard 反应。

(1)反应的总体过程　Maillard 反应是一个非常复杂的过程,需经历亲核加成、分子内重排、脱水、环化等步骤。其中又可分为初期、中期和末期三个阶段。

(2)反应机理　到目前为止,Maillard 反应中还有许多反应的细节问题没有搞清楚,就现有的研究成果简单分述如下。

①初期阶段:Maillard 反应的初期阶段包括两个过程,即羟氨缩合与分子重排。

②中期阶段:初期阶段中重排得到的酮式果糖胺在中期阶段反应的主要特点是分解。分解过程可能有不同的途径,已经研究清楚的有以下三个途径:

A.脱水转化成羟甲基糠醛

B.脱去胺基重排形成还原酮

C.二羰基化合物与氨基酸的反应

③末期阶段:以上两个阶段并无深色物质的形成,但可以看出前两个阶段尤其是中间阶段得到的许多产物及中间产物,如糠醛衍生物、二酮类等,仍然具有高的反应活性,这些物质可以相互聚合(包括醇醛缩合)而形成分子质量较大的深颜色的物质。

(3)影响 Maillard 反应的因素

①羰基化合物种类的影响:首先需要肯定的是,并不只是碳水化合物化合物才发生 Maillard 反应,存在于食品中的其他羰基类化合物也可能导致该反应的发生。

在羰基类化合物中,最容易发生 Maillard 反应的是 α,β 不饱和醛类,其次是 α 双羰基类,酮类的反应速度最慢。原因可能与共轭体系的扩大而提高了亲核加成活性有关。

在碳水化合物物质中有:五碳糖(核糖＞阿拉伯糖＞木糖)＞六碳糖(半乳糖＞廿露糖)＞葡萄糖。二糖或含单糖更多的聚合糖由于分子质量增大反应的活性迅速降低。

②氨基化合物种类的影响:同样,能够参加 Maillard 反应的氨基类化合物也不局限于氨基酸,胺类、蛋白质、肽类均具有一定的反应活性。

一般地讲,胺类反应的活性大于氨基酸;而氨基酸中,碱性氨基酸的反应活性要大于中性或酸性氨基酸;氨基处于 ε 位或碳链末端的氨基酸其反应活性大于氨

基处于 α 位的。

③pH：受胺类亲核反应活性的制约，碱性条件有利于 Maillard 反应的进行，而酸性环境，特别是 pH 3 以下可以有效的防止褐变反应的发生。

④反应物浓度、含水及含脂肪量：Maillard 反应与反应物浓度成正比；完全干燥的情况下 Maillard 反应难以发生，含水量在 10％～15％时容易发生；脂肪含量特别是不饱和脂肪酸含量高的脂类化合物含量增加时，Maillard 反应容易发生。

⑤温度：随着储藏或加工温度的升高，Maillard 反应的速度也提高。

⑥金属离子：许多金属离子可以促进 Maillard 反应的发生，特别是过渡金属离子，如铁离子、铜离子等。

美拉德(Maillard)反应在食品生产中的应用与控制

美拉德(Maillard)反应对食品的影响主要有以下四个方面：

1. 香气和色泽的产生

美拉德反应能产生人们所需要或不需要的香气和色泽。例如亮氨酸与葡萄糖在高温下反应，能够产生令人愉悦的面包香。而在板栗、鱿鱼等食品生产储藏过程中和制糖生产中，就需要抑制美拉德反应以减少褐变的发生。

2. 营养价值的降低

美拉德反应发生后，氨基酸与糖结合造成了营养成分的损失，蛋白质与糖结合，结合产物不易被酶利用，营养成分不被消化。

3. 抗氧化性的产生

美拉德反应中产生的褐变色素对油脂类自动氧化表现出抗氧化性，这主要是由于褐变反应中生成醛、酮等还原性中间产物。

4. 有毒物质的产生

由此可见，美拉德(Maillard)反应对食品加工来说，既有有利的一面又有不利的一面。因此，在生产中要根据需要加以调控。如：焙烤面包产生的金黄色、烤肉所产生的棕红色、松花蛋蛋清的茶褐色、啤酒的黄褐色以及酱油和陈醋的黑色都是因为美拉德反应而产生的。由于产生了这些诱人的颜色，增强了人们的食欲。但是在焦香糖果生产中、在奶制品加工储藏中及在果蔬饮料生产中就要有效地控制美拉德反应，因为在这些过程中美拉德反应产生的颜色是不受人欢迎的。控制美拉德反应的方法是降低加热的温度和加热的时间、减少水分含量、降低 pH。

2.焦糖化反应

碳水化合物尤其是单碳水化合物在没有氨基化合物存在的情况下,加热到熔点以上(一般为 140～170℃)时,会因发生脱水、降解等过程而发生褐变反应,这种反应称为焦糖化反应,又叫卡拉蜜尔作用。

焦糖化反应有两种反应方向,一是经脱水得到焦糖(糖色)等产物;二是经裂解得到挥发性的醛类、酮类物质,这些物质还可以进一步缩合、聚合最终也得到一些深颜色的物质。这些反应在酸性、碱性条件下均可进行,但在碱性条件下进行的速度要快得多。

在食品工业中,利用蔗糖焦糖化的过程可以得到不同类型的焦糖色素:

①耐酸焦糖色素:蔗糖在亚硫酸氢铵催化下加热形成,其水溶液 pH 2～4.5,含有负电荷的胶体离子;常用在可乐饮料、其他酸性饮料、焙烤食品、糖浆、糖果等产品的生产中。

②糖与铵盐加热所得色素:红棕色,含有带正电荷的胶体离子,水溶液 pH 4.2～4.8;用于焙烤食品、糖浆、布丁等的生产。

③蔗糖直接加热所得色素:红棕色,含有略带负电荷的胶体离子,水溶液的 pH 3～4;用于啤酒和其他含醇饮料的生产。

第三节　低 聚 糖

低聚糖又称为寡糖,普遍存在于自然界中,可溶于水,其中主要的是二糖和三糖。二糖是低聚糖中最重要的一类,由两分子单糖失水形成,起单糖组成可以是相同的,也可以是不同的,故可分为同聚二糖,如麦芽糖、异麦芽糖、纤维二糖、海藻二糖等;和杂聚二糖,如蔗糖、乳糖、蜜二糖等。天然存在的二糖还可分为还原性二糖和非还原性二糖。

还原性二糖可以看作是分子单糖的半缩醛羟基与另一分子单糖单位形成苷,而另一单糖单位仍保留有半缩醛基可以开环成链式。所以这类二糖具有单糖的一般性质:有变旋现象,具有还原性,能形成糖脎,因此这类二糖称为还原性二糖。非还原性二糖是由 1 分子单糖的半缩醛羟基与另一分子单糖的半缩醛羟基失水而成的,这类二糖分子中由于不存在半缩醛羟基,所以无变旋现象,也无还原性,不能成脎。重要的低聚糖有蔗糖、乳糖、麦芽糖、棉子糖、麦芽三糖等。

一、蔗糖

蔗糖是最重要的甜味剂,是食品加工的主要用糖,但近来发现许多疾病可能与过多摄入蔗糖有关,如龋齿、肥胖症、高血压、糖尿病。

蔗糖是无色结晶,易溶于水,比旋光度为$+66.5°$。蔗糖具有极大的吸湿性和溶解性,因此能形成高度浓缩的高渗透压溶液,对微生物有抑制效应。

蔗糖在稀酸或者蔗糖酶的作用下,可以水解得到葡萄糖和果糖的等量混合物,该混合物的比旋光度为$-19.8°$。蔗糖在水解过程中,溶液的旋光度有右旋变成左旋,故将蔗糖的水解作用又称为转化作用。转化作用所生成的等量葡萄糖与果糖的混合物称为转化糖。因为蜜蜂体内有蔗糖酶,所以在蜂蜜中存在转化糖。蔗糖水解后,因其含有果糖,所以甜度比蔗糖大。

蔗糖是由1分子α-D-葡萄糖C_1上的半缩醛羟基,与1分子β-D-C_2上的半缩醛羟基相互缩合,通过1,2-糖苷键连接而成的二糖。因此它没有还原性,没有变旋现象和成脎反应。

二、乳糖

乳糖是1分子β-D-半乳糖与1分子D-葡萄糖以β-1,4-糖苷键连接的二糖,存在于哺乳动物的乳汁中。人乳中含量为$5\%\sim8\%$,牛乳中含量为$4\%\sim5\%$,能溶于水,无吸湿性,乳糖的存在可促进婴儿肠道双歧杆菌的生长。

乳糖分子结构中具有半缩醛羟基,具还原性和变旋现象,能被酸、苦杏仁酶和乳糖酶水解。乳糖在乳酸菌的作用下发酵变成乳酸。乳糖在乳糖酶的作用下可水解成D-半乳糖而被人体吸收。低乳糖酶症在我国小儿中发生率较高,它是指乳糖酶活性降低,未吸收的乳糖停留在肠腔,引起渗透性腹泻及其他消化道症状。随着饮用牛乳及乳制品日益增加,该症已成为慢性腹泻的重要原因之一。

三、麦芽糖

麦芽糖在麦芽糖酶作用下水解产生2分子D-葡萄糖,通过1,4键结合而成,易溶于水,具还原性,比旋光度为$+136°$。

麦芽糖在自然界以游离态主要存在于发芽的谷粒,尤其是麦芽中。在淀粉酶的作用下,淀粉和糖原水解可以得到麦芽糖,它是饴糖的主要成分,甜度约为蔗糖的40%,可用于制作糖果、糖浆等食品。

麦芽糖浆经酶法或酸酶结合的方法水解淀粉制成的一种以麦芽糖为主的糖浆,按制法与麦芽糖的含量不同可分为饴糖、高麦芽糖将和超高麦芽糖浆。麦芽糖浆因含大量的糊精,具有良好的抗结晶性,食品工业中用在果酱、果冻等制造时可防止蔗糖的结晶析出,而延长食品的保存期。麦芽糖浆具有良好的发酵性,也可大量用于面包、糕点、啤酒制造,并可延长糕点的淀粉老化。高麦芽糖浆在糖果工业重用以代替酸水解生产的淀粉糖浆,不仅制品口味柔和,甜度适中,产品不易着色,而且硬糖具有良好的透明度,有较好的抗砂可延长保存期。

四、三糖

三糖中较常见的有棉子糖、龙胆三糖、水苏糖、麦芽三糖等。

棉子糖是由 1 分子 α-D-半乳糖,一分子 α-D-葡萄糖和 1 分子 β-D-果糖组成,$[\alpha]_D = +105.2°$,熔点 80℃。其广泛游离存在于自然界中的棉子糖棉子和桉树的干性分泌物以及甜菜中含量较多。

第四节　多　　糖

多糖是由多个单糖分子缩合、失水而成的,它是自然界中分子结构复杂且庞大的糖类物质。多糖由一种单糖缩合而成称为均多糖,如戊糖胶、木糖胶、阿拉伯糖胶、己糖胶(淀粉、糖原、纤维素等);也可以有不同类型的单糖缩合而成称为杂多糖,如半乳糖甘露糖胶、果胶等。

结构多糖:一些不溶性多糖,如植物的纤维素和动物的甲壳多糖,是构成植物和动物骨架的原料,称为结构多糖。

储存多糖:淀粉和糖原等是植物体内已储存形式存在的多糖,在需要时可以通过生物体内酶系统的作用分解、释放出单糖。

一、淀粉

1. 概念

淀粉是有多个 α-D-葡萄糖通过糖苷键结合成链状结构的多糖,他们可用通式 $(C_6H_{10}O_5)_n$ 表示。淀粉的相对密度为 1.6(不同植物来源的淀粉密度有所不同)。淀粉是大部分植物的营养物质主要储藏形式,主要分布在种子,根和茎中。淀粉是唯一的以颗粒形成存在的多糖类物质,淀粉粒结构紧密,在冷水中不溶,在热水中可溶胀。我国的商品淀粉主要是玉米淀粉、马铃薯淀粉、小麦淀粉和木薯淀粉。

2. 淀粉的晶体结构

淀粉粒具有一个脐点,是成核中心,淀粉围绕着脐点生长,形成独特的层状结构,称为轮纹,在偏振光显微镜下观察,淀粉粒显现出黑色的十字,将淀粉粒分为四个白色的区域,称为偏光十字,不同来源的淀粉粒,起偏光十字的位置、形状和明显程度均有差异,在偏光显微镜下观察,淀粉粒还具有双折射现象,表明淀粉粒具晶体结构。

因为不同来源的淀粉,其淀粉粒的大小和形状均不同,因此在显微镜下观察可以识别。所有的一般淀粉粒的晶体结构大约占 60%,其余部分为不定形结构。

　3.淀粉的分类

　　由于淀粉颗粒表面比内部排列更紧密、更有秩序,通过氢键缔合形成了结晶结构,所以不溶于冷水。

　　用热水处理,淀粉分为两种成分:一为可溶解部分,称为直链淀粉,另一为不溶解部分称为支链淀粉。这两种淀粉的结构和理化性质都有差别,两者在淀粉中的比例随植物的品种而异,一般直链淀粉占 10%~30%,支链淀粉占 70%~90%。但有的淀粉(如糯玉米)99%为支链淀粉、而有的豆类淀粉则全是直链淀粉。

　　(1)直链淀粉　直链淀粉的相对分子质量在 60 000 左右,相当于 300~400 个葡萄糖分子缩合而成。直链淀粉不是完全伸直的,它的分子通常是卷曲成螺旋形,每一转有 6 个葡萄糖分子。与碘显示蓝色。在麦芽中的 α-淀粉酶和 β-淀粉酶(切断 α-1,4 键)以及异淀粉酶的共同作用下,可完全水解至麦芽糖。直链淀粉的螺旋结构图和结构见图 2-24。

图 2-24　直链淀粉的结构图和螺旋结构图

　　(2)支链淀粉　支链淀粉的相对分子质量非常大,为 50 000~1 000 000。每 24~30 个葡萄糖单位含有一个端基,直链是由 α-1,4-糖苷键连结,分支是由 α-1,6-糖苷键连接。支链淀粉至少含有 300 个 α-1,6-糖苷键连接在一起的链。支链淀粉与碘反应呈紫色或紫红色。支链淀粉的结构见图 2-25。

　4.淀粉的糊化

　　生淀粉分子依赖分子间氢键结合而排列得很紧密,形成束状的胶束,彼此之间的间隙很小,水分子很难渗透进去。

　　具有胶束结构的生淀粉称为 β 淀粉。β-淀粉在水中经加热后,一部分胶束被溶解而形成空隙,于是水分子进入内部,与余下部分淀粉分子进行结合,胶束逐渐被溶解,空隙逐渐扩大,淀粉粒因吸水,体积膨胀数十倍,生淀粉的胶束即行消失,称为膨润现象。继续加热,胶束则全部崩溃,形成淀粉单分子,并为水包围,而成为溶液状态。即为糊化。处于糊化状态的淀粉为 α-淀粉。淀粉粒突然膨胀的温度称

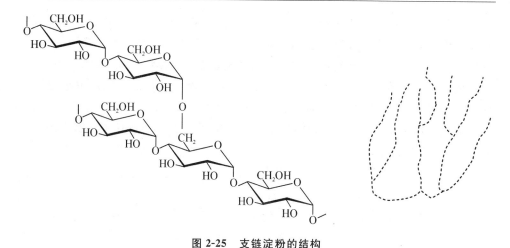

图 2-25　支链淀粉的结构

为糊化温度。各种淀粉糊化的温度不同,即使同一种淀粉由于颗粒大小不一,在较低的温度下糊化,糊化温度也不一致,通常糊化温度可在偏光显微镜下测定,偏光十字和双折射现象开始消失的温度为糊化开始时的温度。未被烹调的淀粉食物是不容易消化的,因为淀粉颗粒被包在植物细胞壁的内部,消化液难以渗入,烹调的作用就在于使淀粉颗粒糊化,易于被人体利用。

糊化作用可分为三个阶段:

(1)可逆吸水阶段　淀粉吸水很少,进入淀粉粒的水分子主要与无定形部分的羟基结合,其体积膨胀很少;淀粉悬浮液黏度变化不大,若干燥后,其淀粉糊仍可看到偏光十字。

(2)不可逆吸水阶段　淀粉粒吸收大量的水,体积大幅度增加,黏度增高,成为胶体溶液,此时淀粉粒晶体结构解体,即使经过干燥,淀粉可不能恢复原状。因此糊化的本质是水分子进入淀粉粒的微晶束结构,淀粉分子的羟基与水分子发生高度水化作用的结构。

(3)淀粉粒解体阶段　继续膨胀成无定形的袋状,更多的淀粉分子溶于水中。淀粉糊化的难易,除了本身的结构外,还受水分、碱、某些盐类和脂类的影响。

5.淀粉的老化

经过糊化后的 α-淀粉在室温或低于室温下放置后,会变得不透明甚至凝结而沉淀,这种现象称为老化或返生。这是由于糊化后的淀粉分子在低温下又自动排列成序,相邻分子间的氢键又逐步恢复形成致密、高度晶化的淀粉分子微束的缘故。老化过程可看作是糊化的逆过程,但是老化不能使淀粉彻底复原到生淀粉(β-淀粉)的结构状态,它比生淀粉的晶化程度低。

老化后的淀粉与水失去亲和力,并难以被淀粉酶水解,因而也不易被人体消化吸收。淀粉老化作用的控制在食品工业中有重要意义。不同来源的淀粉,老化难易程度不同。这是由于淀粉的老化与所含直链淀粉及支链淀粉的比例有关,一般是直链淀粉较支链淀粉易于老化。直链淀粉越多,老化越快。支链淀粉老化则需要较长的时间,其原因是它的结构呈三维网状空间分布,妨碍微晶束氢键的形成。

淀粉含水量为30%～60%时较易老化,含水量小于10%或在大量水中则不易老化,老化作用最适宜温度为2～4℃,大于60℃或小于－20℃都不发生老化。在偏酸(pH＝4以下)或偏碱性条件下也不易老化。

6. 淀粉的水解

淀粉与水一起加热即可引起分子裂解。当与无机酸一起加热时,可彻底水解成葡萄水解过程是分几个阶段进行的,同时有各种中间产物相应形成:

$$淀粉\to 可溶性淀粉\to 糊精\to 麦芽糖\to 葡萄糖$$

淀粉与淀粉酶在一定条件下也会使淀粉水解。根据淀粉酶的种类(α-淀粉酶、β-淀粉酶、葡萄糖淀粉酶及异淀粉酶)不同。可将淀粉水解成葡萄糖、麦芽糖、三糖、果葡糖、糊精等成分。工业上利用淀粉为原料生产的糖品统称为淀粉制糖产品主要有麦芽糊精、葡萄糖浆、麦芽糖、果葡糖浆和各种低聚糖。工业上常用葡萄糖值(DE值,dextrose equivalent)表示淀粉水解的程度。

麦芽糊精又称水溶性糊精、酶法糊精,是一种淀粉经低程度水解,控制水解DE值在20%以下的产品,为不同聚合度低聚糖和糊精的混合物。淀粉经不完全水解得葡萄糖和麦芽糖的混合糖浆,称为葡萄糖浆,亦称淀粉糖浆,这类糖浆中含有葡萄糖、麦芽糖以及低聚糖、糊精。糖浆的组成可因水解程度不同和所用的酸、酶工艺不同而异。糖浆的分类按照转化程度高低可分为高、中、低转化糖浆。糖浆的DE值在20～80。以DE值分界,DE值在30以下的葡萄糖浆为地转化糖浆,55以上的为高转化糖浆,DE值在30～55的为中转化糖浆。工业上生产历史最久,产量最大的一类是DE值为42的糖浆,以42DE表示,属中转化糖浆,又称普通糖浆或标准糖浆。

7. 淀粉的改性

原淀粉是以各种含淀粉多的农产品原料提取淀粉的过程是物理加工过程,获得的淀粉产品保持了天然淀粉的理化性质。淀粉变性是利用物理、化学或酶的手段改变淀粉分子的结构或大小,使淀粉的性质发生变化,变性后的生成物称作变性淀粉。目前,变性淀粉的品种、规格达2 000多种,工业上生产的变性淀粉主要有:预糊化淀粉、酸变性淀粉、氧化淀粉、双醛淀粉、磷酸酯淀粉、阳离子淀粉、接枝淀粉等。

变性淀粉是普通淀粉的一种深加工产品,各种变性淀粉的性能变化主要体现在淀粉的耐热性、耐酸性、黏度、成糊稳定性、成膜性、吸水性、凝胶以及淀粉糊的透明度等方面的变化。变性淀粉广泛应用于食品、医药、造纸、纺织、化工、冶金、建筑材料、三废治理以及农林业生产等方面,其应用领域正在不断扩大。

二、糖元

糖原由许多 α-D-葡萄糖缩合成的支链多糖(支链比支链淀粉多)。其结构和支链淀粉相似。不过糖元的支链更多,更短,所以糖元的分子结构更紧密,整个分子呈球形。糖原干燥状态下为白色无定形粉末,无臭,有甜味。部分溶于水而成胶体溶液,不溶于乙醇。与碘显棕红色,在 $430\sim490$ nm 下呈现最大光吸收。糖元也可被淀粉酶水解成糊精和麦芽糖,若用酸水解,最终可得 D-葡萄糖。可用 30% 氢氧化钠处理动物肝脏,再加乙醇沉淀制备。

糖元是动物体内的多糖类储藏物质,又称动物淀粉。它主要存在于肝和肌肉中,因此有肝糖元和肌糖元之分。糖元在动物体中的功用是调节血液中的含糖量,当血液中含糖量低于常态时,糖元就分解为葡萄糖,当血液中含糖量高于常态时,葡萄糖就合成糖元。

三、纤维素、半纤维素

1. 纤维素

纤维素是自然界中分布最广、含量最多的一种多糖,占植物界碳含量的 50% 以上纤维素是组成植物的最普遍的骨架多糖,植物的细胞壁和木材中有一半是纤维素,棉花、亚麻等原料中主要的成分也是纤维素。

(1)纤维素的结构和性质　纤维素分子由许多 β-D-葡萄糖通过 β-1,4-糖苷键连接成的不溶性直链多糖。组成纤维素的葡萄糖单位数目随纤维素的来源不同而异,一般在 $5\,000\sim15\,000$ 个之间。一般认为纤维素分子由 $8\,000$ 个左右的葡萄糖单位构成的。

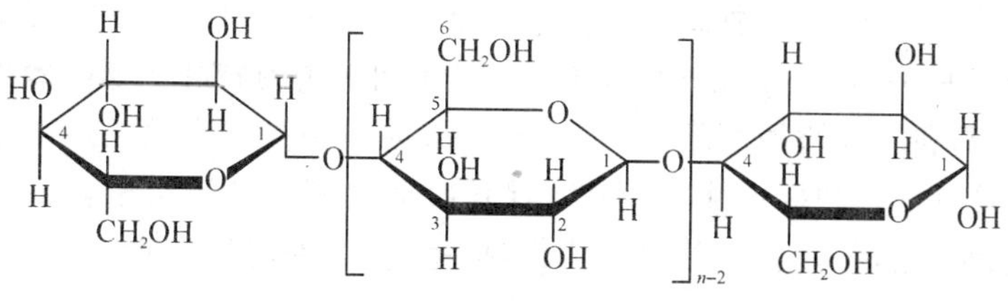

图 2-26　纤维素分子结构

纤维素不溶于水和乙醇、乙醚等有机溶剂。水可使纤维素发生有限溶胀,某些酸、碱和盐的水溶液可渗入纤维结晶区,产生无限溶胀,使纤维素溶解。纤维素加热到约150℃时不发生显著变化,超过这温度会由于脱水而逐渐焦化。但在高温、高压的稀硫酸溶液中,纤维素可被水解为 β-葡萄糖。纤维束与较浓的苛性碱溶液作用生成碱纤维素,与强氧化剂作用生成氧化纤维素。

(2)膳食纤维 膳食纤维是指人体消化液对它不起作用,不被消化、分解、吸收的多糖,其中包括果胶、树胶、海藻多糖、半纤维素、纤维素,以及不属于碳水化合物的木质素等,这些物质对人体有利于通便,减少易变腐物质、胆固醇及致癌因素停留在肠道过久,防止盲肠炎、便秘、心血管病和肠癌等"文明病"的发生。但是一些食草动物牛、马、羊等的消化道中含有的可分泌纤维素分解酶的微生物可以消化纤维素,将纤维素分解为低聚糖和葡萄糖。

膳食纤维的作用如下:

①纤维是一个潜力很大的整合剂:纤维具有螯合胆固醇的作用,从而抑制了机体对其吸收,并还改变胆酸及其盐类的代谢,降低胆酸的合成及吸收。

②纤维素的束缚水作用:纤维素束缚水的能力很强,具有形成胶体状的能力。束水纤维可以增加排便的速度和体积,形成较大的粪团,增多次数。

③纤维可改变消化系统的菌群:肠中纤维增多会诱导大量好气菌群,同时纤维促使肠道蠕动,易于将食物残渣推送,这些毒物就能快速随纤维而推出体外,这是纤维可防止结肠癌的又一原因。

④纤维的容积作用:食入纤维由于占有相当体积,束水之后体积更大,对胃肠有一定溶剂作用,产生饱腹感。这对于防止肥胖症也有一定好处。

(3)改性纤维素 天然纤维素经适当处理,改变其原有性质以适应不同食品的加工需要,称为改性纤维素。主要品种有:微晶纤维素(MCC)、羧甲基纤维素(CMC)、甲基纤维素(MC)。

①羧甲基纤维素(CMC) 由纤维素与氢氧化钠、一氯乙酸作用生成的含羧酸的纤维素醚称为羧甲基纤维素(CMC),由于其游离酸形式不溶于水,故食品工业中多用的是钠盐形式。一般商品CMC的取代度(DS)为0.4~0.8,用得最广泛的是DS为0.7的CMC。不同的商品CMC具不同大小的黏度,CMC溶于水后其黏度随温度升高和酸度增加而降低,在pH 7~9时具最高稳定性。羧甲基纤维素钠易溶于水,具有良好的持水性、黏稠性、保护胶体性等被广泛用于食品工业中作增稠剂、乳化稳定剂,还具有优异的冻结、熔化稳定性,并能提高食品的风味,延长储藏时间。

②微晶纤维素(MCC) 微晶纤维素是以 β-1,4-糖苷键相结合而成的直链式多

糖类,聚合度为 3 000~10 000 个葡萄糖分子。

微晶纤维素为白色细小结晶性粉末、无臭、无味,不溶于水、稀酸、稀碱溶液和大多数有机溶剂,可吸水胀润。可用作抗结剂、乳化剂、黏结剂、分散剂、无营养的疏松剂等。

2. 半纤维素

半纤维素是一类细胞壁多糖,与纤维素、木质素、果胶物质共存于植物细胞壁中。半纤维素一般是由 2~4 种糖基组成的杂多糖,不同来源的半纤维素成分各不相同,食品中最普遍存在的半纤维素是由 β-1,4-D-吡喃木糖单位组成的木聚糖,在其中某些 D-木糖基 3 碳位上带有 β-1-呋喃阿拉伯糖基侧链,故称阿拉伯木聚糖,其次还有木糖葡聚糖、半乳糖甘露聚糖、β-1-3,1-4-葡聚糖等。

半纤维素是膳食纤维的一种重要组成成分,膳食纤维有纤维素、果胶类物质、半纤维素、木质素和糖蛋白等组成。半纤维素能提高面粉结合水的能力,且有助于蛋白质与面团的混合,增加面包体积和弹性、改善面包的结构,延缓面包的衰老。

四、果胶

果胶物质一般存在于植物细胞的细胞壁和包间层中,起着将细胞黏着在一起的作用。在水果、蔬菜中含量较多。主要是由 α-1,4-D-半乳糖醛酸单位组成的骨架链,另外还有少量的鼠李糖、半乳糖、阿拉伯糖、木糖构成侧链,相对分子质量为 32 000~71 000。目前生产果胶主要原料仍然是柑橘类果皮和苹果渣,其中柠檬皮的果胶平均含量高达 35.5%,橘皮为 25%,葡萄皮中平均含量达 20%。

果糖物质可分为原果胶、果胶酯酸和果胶酸三类,其主要差别在于各类果胶中的甲氧基含量不同。果胶广泛用于食品工业,适量的果胶能使冰淇淋、果酱和果汁凝胶化。另外还可用于乳制品、冰淇淋、调味剂、蛋黄酱、果汁、饮料等食品中的乳化剂和稳定剂。

果胶与加工

果胶具有胶凝特性,因此被广泛用于食品加工业。如:果冻的冻胶态,果酱、果泥的黏稠度,果丹皮的凝固态,都是依赖果胶的胶凝作用来实现的。水果中山楂的果胶含量最高,因此山楂是生产果糕、果冻、果酱的最好原料。山楂中所含的果胶是高甲氧基果胶(甲氧基含量在 7% 以上),容易形成凝胶。高甲氧基果胶形成凝胶的条件是 pH 值是 2~3.5,最好是 3.1;含糖量达 50%;温度 50℃ 以下;生产果糕、果冻、果酱时要创造这样的条件，才能生产出优质的产品。

五、其他多糖

1. 阿拉伯胶

阿拉伯胶是一种天然植物胶，是由阿拉伯半乳糖寡糖、多聚糖和蛋白糖的混合物。阿拉伯胶是一种碳水化合物聚合体，可在大肠中被部分降解。它可以为人体补充纤维素。

阿拉伯胶为水溶性胶体，具有高度的可溶解性，平常低黏度的特点。此外还是一种很好的乳化剂和稳定剂。在食品添加的应用方面，作为饮料中的乳化助剂，保持香味的护囊剂，食品黏着剂，糖果或巧克力的披覆，加强口感，防止沉淀。

2. 槐豆胶

槐豆胶为一种半乳甘露聚糖。聚合物的主链由甘露糖构成，支链是半乳糖。甘露糖与半乳糖的比例是 4∶1。相对分子质量 300 000～3 600 000。槐豆胶为白色或微黄色粉末，无臭或稍带臭味。在 8℃ 水中可完全溶解而成黏性液体，pH 值为 3.5～9 时，其黏度无变化，但在此范围以外时黏度降低。

实验 2-1　淀粉的显色和水解

一、目的要求

进一步了解淀粉的性质及淀粉水解的原理和方法。

二、实验原理

1. 淀粉与碘的反应

淀粉与碘作用呈蓝色，是由于淀粉与碘作用形成了碘-淀粉的吸附性复合物，这种复合物是由于淀粉分子的每 6 个葡萄糖基形成的 1 个螺旋圈束缚 1 个碘分子，所以当受热或者淀粉被降解，都可以使淀粉螺旋圈伸展或者解体，失去淀粉对碘的束缚，因而蓝色消失。

2. 淀粉的水解

淀粉可以在酸催化下发生水解反应，其最终产物为葡萄糖，反应过程如下：

$$(C_6H_{12}O_5)_m \rightarrow (C_6H_{10}O_5)_n \rightarrow C_{12}H_{22}O_{11} \rightarrow C_6H_{12}O_6$$
$$\text{淀粉} \qquad\quad \text{糊精} \qquad\quad \text{麦芽糖} \quad\ \text{葡萄糖}$$

三、试剂和器材

(一)实验器材

试管夹、量筒、烧杯各一只、白瓷板一块、水浴锅、试管一支。

(二)实验试剂

①淀粉及 0.1％溶液

②10％NaOH 溶液

③20％H_2SO_4 溶液

④10％Na_2CO_3 溶液

⑤稀碘液

⑥班乃德试剂:取无水硫酸铜 1.74 g 溶于 100 mL 热水中,冷却后稀释至 150 mL;取柠檬酸钠173 g,无水 Na_2CO_3 100 g 和 600 mL 水共热,溶解后冷却并加水至 850 mL,然后将 150 mL $CuSO_4$ 溶液倒入混合既成。此试剂可长期使用。

四、分析步骤

(一)淀粉与碘的反应

①取少量淀粉于白瓷板空内,加碘液两滴,观察颜色。

②取试管一支,加入 0.1％的淀粉 6 mL,碘两滴,摇匀,观察颜色变化。另取试管两支,将此淀粉均分为三等份并编号做如下实验:

1 号管在酒精灯上加热,观察颜色变化。然后冷却,又观察颜色变化。

2 号管加入 10％NaOH 溶液几滴,观察颜色变化。

3 号管加入乙醇几滴,观察颜色变化。

(二)淀粉水解实验

①取 100 mL 小烧杯,加入 0.1％淀粉 15 mL 及 20％H_2SO_4 溶液 5 mL 后,置于水浴锅中水浴加热至溶液呈透明状。

②每隔 2 min 取透明液 1 滴于白瓷板上做碘实验,直至不产生颜色反应为止。

③取一支试管,加入反应液 1 mL,滴 10％Na_2CO_3 3～4 滴进行中和。然后加入班式试剂 2 mL 后于水浴加热数分钟。

五、考核要点

①实验操作规范。

②实验现象的观察与描述准确。

实验 2-2　还原糖和总糖的测定

一、目的要求

掌握还原糖和总糖的测定原理,学习用比色法测定还原糖的方法。

二、实验原理

在 NaOH 和丙三醇存在下,3,5-二硝基水杨酸(DNS)与还原糖共热后被还原生成氨基化合物。在过量的 NaOH 碱性溶液中此化合物呈桔红色,在 540 nm 波长处有最大吸收,在一定的浓度范围内,还原糖的量与光吸收值呈线性关系,利用比色法可测定样品中的含糖量。

(DNS)　　　　　　　　(3-氨基-5-硝基水杨酸)

三、仪器和试剂

(一)实验材料
藕粉、淀粉。

(二)实验器材
试管 1.5 cm×15 cm(×13), 3.0 cm×20 cm(×1);移液管 0.2 mL(×2),0.5 mL(×2),1 mL(×5),10 mL(×1);水浴锅;电炉;分光光度计;离心机。

(三)实验试剂
①3,5-二硝基水杨酸(DNS)试剂:称取 6.5 g DNS 溶于少量热蒸馏水中,溶解后移入 1 000 mL 容量瓶中,加入 2 mol/L 氢氧化钠溶液 325 mL,再加入 45 g 丙三醇,摇匀,冷却后定容至 1 000 mL。

②葡萄糖标准溶液:准确称取干燥恒重的葡萄糖 200 mg,加少量蒸馏水溶解后,以蒸馏水定容至 100 mL,即含葡萄糖为 2.0 mg/mL。

③6 mol/L HCl:取 250 mL 浓 HCl(35%～38%)用蒸馏水稀释到 500 mL。

④碘-碘化钾溶液:称取 5 g 碘,10 g 碘化钾溶于 100 mL 蒸馏水中。

⑤6 mol/L NaOH:称取 120 g NaOH 溶于 500 mL 蒸馏水中。

⑥0.1% 酚酞指示剂。

四、分析步骤

(一)葡萄糖标准曲线制作

取 6 支 1.5 cm×15 cm 试管,按下表加入 2.0 mg/mL 葡萄糖标准液和蒸馏水。

管号	葡萄糖标准液/mL	蒸馏水/mL	葡萄糖含量/(mg/mL)	A_{540}
0	0	1	0	
1	0.2	0.8	0.4	
2	0.4	0.6	0.8	
3	0.6	0.4	1.2	
4	0.8	0.2	1.6	
5	1.0	0	2.0	

在上述试管中分别加入 DNS 试剂 2.0 mL,于沸水浴中加热 2 min 进行显色,取出后用流动水迅速冷却,各加入蒸馏水 9.0 mL,摇匀,在 540 nm 波长处测定光吸收值。以葡萄糖含量(mg/mL)为横坐标,光吸收值为纵坐标,绘制标准曲线。

(二)样品中还原糖的提取

准确称取 0.5 g 藕粉,放在 100 mL 烧杯中,先以少量蒸馏水调成糊状,然后加入约 40 mL 蒸馏水,混匀,于 50℃ 恒温水浴中保温 20 min,不时搅拌,使还原糖浸出。将浸出液(含沉淀)转移到 50 mL 离心管中,于 4 000 r/min 下离心 5 min,沉淀可用 20 mL 蒸馏水洗一次,再离心,将二次离心的上清液收集在 100 mL 容量瓶中,用蒸馏水定容至刻度,混匀,作为还原糖待测液。

(三)样品总糖的水解及提取

准确称取 0.5 g 淀粉,放在大试管中,加入 6 mol/L HCl 10 mL,蒸馏水 15 mL,在沸水浴中加热 0.5 h,取出 1~2 滴置于白瓷板上,加 1 滴 I-KI 溶液检查水解是否完全。如已水解完全,则不呈现蓝色。水解毕,冷却至室温后加入 1 滴酚酞指示剂,以 6 mol/L NaOH 溶液中和至溶液呈微红色,并定容到 100 mL,混匀。将定容后的水解液过滤,取滤液 10 mL 于 100 mL 容量瓶中,定容至刻度,混匀,即为稀释 1 000 倍的总糖水解液,用于总糖测定。

(四)样品中含糖量的测定

取 7 支 15 mm×150 mm 试管,分别按下表加入试剂:

项目	空白		还原糖			总糖	
	0	1	2	3	4	5	6
样品溶液/mL	1	1	1	1	1	1	1
3,5-二硝基水杨酸试剂/mL	2	2	2	2	2	2	2
A_{540}							

加完试剂后,于沸水浴中加热 2 min 进行显色,取出后用流动水迅速冷却,各加入蒸馏水 9.0 mL,摇匀,在 540 nm 波长处测定光吸收值。测定后,取样品的光吸收平均值在标准曲线上查出相应的糖含量。

五、结果与计算

按下式计算出样品中还原糖和总糖的百分含量:

$$还原糖(以葡萄糖计)/\% = \frac{C \times V}{m \times 1\,000} \times 100$$

$$总糖(以葡萄糖计)/\% = \frac{C \times V}{m \times 1\,000} \times 100$$

式中:C—还原糖或总糖提取液的浓度,mg/mL;

　　　V—还原糖或总糖提取液的总体积,mL;

　　　m—样品重量,g;

　　　1 000—毫克换算成克的系数。

六、考核要点

①分光光度计的使用。

②葡萄糖标准曲线制作。

③还原糖和总糖的测定结果准确性。

复习思考题

1. 试述碳水化合物的种类及其在食品中的应用。

2. 画出葡萄糖的链式结构、费歇尔环式结构和哈沃斯环式结构。

3. 单糖的构象有哪两种?

4. 单糖结构式中的"D"、"L"、"α"和"β"分别表示什么?

5. 单糖有哪些物理性质? 有哪些化学性质?

6. 什么是糊化? 影响淀粉糊化的因素有哪些?

7. 什么是老化? 影响淀粉老化的因素有哪些? 如何在食品加工中防止淀粉老化?

8. 膳食纤维的生理功能有哪些?

第三章 脂 类

```
学习目标
● 掌握脂类的含义、分类及结构;掌握脂肪酸的种类和
  特点。
● 掌握油脂主要的物理性质和化学性质;重点掌握油脂氧
  化的种类、机理、影响因素以及控制措施。
● 掌握油脂在加工储藏过程中的化学变化;掌握油脂品质
  的评价指标。
```

第一节 概 述

一、脂类的定义与作用

1.脂类的定义

脂类是生物体内一大类不溶于水,而溶于大部分有机溶剂的疏水性物质。从化学角度上讲,95%左右的动物和植物脂类是脂肪酸甘油三酯,习惯上将在室温下呈固态的称为脂,呈液态的称为油。但脂类的固态和液态是随温度变化而变化,因此脂和油这两个名词,通常是可以互换的,人们把它们统称为油脂。

2.脂类的作用

脂类是食品中重要的组成成分和人类的营养成分,是热量最高的营养素,每克油脂能提供 39.58 kJ 的热能和必需脂肪酸,是脂溶性维生素的载体,提供滑润的口感,光润的外观,赋予油炸食品香酥的风味,塑性脂类还具有造型功能。此外,在烹调中脂类还是一种传热介质。同时脂类也是组成生物细胞不可缺少的物质,是体内能量储存的最适宜的形式,有润滑、保护、保温等功能。

二、脂类化合物的分类

除脂肪酸甘油三酯外,脂类还包括成分较复杂的非甘油酯成分,如磷脂、蜡、甾醇及甾醇酯、脂溶性维生素及色素、萜烯类和脂肪醇等。其元素组成主要为碳、氢、氧三种,有的还含有氮、磷及硫等元素。

脂类按其结构和组成的不同可分成简单脂、复合脂及衍生脂三大类,脂类的分类见表 3-1。

表 3-1 脂类的分类

主　类	亚　类	组　成
简单脂	酰基甘油(狭义的油脂) 蜡	甘油+脂肪酸 长链脂肪醇+长链脂肪酸
复合脂	磷酸酰基甘油 鞘磷脂类 脑苷脂类 神经节苷脂类	甘油+脂肪酸+磷酸盐+含氮基团 鞘氨醇+脂肪酸+磷酸盐+胆碱 鞘氨醇+脂肪酸+糖 鞘氨醇+脂肪酸+碳水化合物
衍生脂		类胡萝卜、类固醇、脂溶性维生素等

酰基甘油即通常所指的油脂,在数量上占天然脂类的 95% 左右。而蜡、复合脂类和衍生脂类的总和只占 5% 左右。

油脂按其来源可分为乳脂类、植物脂类、动物脂类、微生物脂类、海产动物脂类等。

三、脂的结构和组成

1. 脂的结构

油脂是由甘油与脂肪酸结合而成的一酰基甘油(甘油一酯)、二酰基甘油(甘油二酯)、以及三酰基甘油(甘油三酯)。但天然的脂主要以三酰基甘油的形式存在。

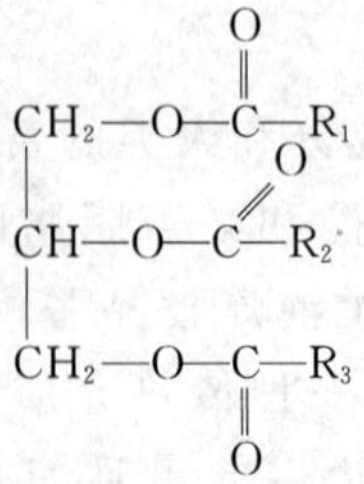

$$
\begin{array}{l}
CH_2-O-\overset{\displaystyle O}{\overset{\displaystyle \|}{C}}-R_1\\[4pt]
CH-O-\overset{\displaystyle \|}{\underset{\displaystyle O}{C}}-R_2\\[4pt]
CH_2-O-\overset{\displaystyle \|}{\underset{\displaystyle O}{C}}-R_3
\end{array}
$$

式中,R_1、R_2、R_3 代表不同的脂肪酸的烃基。它们可以相同也可以不同,如果 R_1、

R_2、R_3 相同,这样的油脂称为单纯甘油酯,如三硬脂酸甘油酯、三油酸甘油酯等。如果 R_1、R_2、R_3 不相同,叫混合甘油酯或甘油三杂酯,如一软脂酸二硬脂酸甘油酯等。天然油脂多为混合甘油酯。甘油的碳原子编号,自上而下为 1～3,当 R_1 和 R_3 不同时,则 C_2 原子具有手性,天然油脂多为 L 型。

2.脂肪酸的命名

(1)系统命名法　饱和脂肪酸以母体饱和烃来命名,从羧基端开始编号,如己酸、十二酸等。不饱和脂肪酸也是以母体不饱和烃来命名,但必须标明双键的位置,即选含羧基和双键最长的碳链为主链,从羧基端开始编号,并标出不饱和键的位置,例如:$CH_3(CH_2)_4CH=CHCH_2CH=CH(CH_2)_7COOH$　9,12-十八碳二烯酸,俗称亚油酸。

(2)数字命名法　$n：m$(n 为碳原子数,m 为双键数),如 18：1、18：2、18：3。有时还需标出双键的顺反结构及位置,c 表示顺式,t 表示反式,位置可从羧基端编号,如 $5t,9c-18：2$;也可从分子的末端甲基即 ω 碳原子开始确定第一个双键的位置,亚油酸也可表示为 $18：2\omega6$ 或 $18：2(n-6)$,再如 $18：10\omega9$ 或 $18：1(n-9)$;$18：3\omega3$ 或 $18：3(n-3)$,但此法仅用于顺式双键结构和五碳双烯结构,即具有非共轭双键结构,其他结构的脂肪酸不能用 ω 法或 n-法表示。因此第一个双键定位后,其余双键的位置也随之而定,只需标出第一个双键碳的位置即可。

(3)俗名或普通名　许多脂肪酸最初是从某种天然产物中得到的,因此常常根据其来源命名。例如棕榈酸(16：0),花生酸(20：0)等。

一般可用顺式(cis)或反式($trans$)表示双键的几何构型,烷基处于分子的同一侧为顺式,处于分子两侧为反式。反式结构通常比顺式结构具有较高的熔点和较低的反应活性。

$$\begin{array}{cc} R_1 & R_2 \\ C=C \\ H & H \end{array} \qquad \begin{array}{cc} R_1 & H \\ C=C \\ H & R_2 \end{array}$$

顺式　　　　　　　　　反式

一些常见的脂肪酸的命名见表 3-2。

表 3-2　常见脂肪酸的命名

缩　写	系统命名	俗　名	符　号
4：00	丁酸	酪酸	B
6：00	己酸	己酸	H
8：00	辛酸	辛酸	O_c

续表 3-2

缩　写	系统命名	俗　名	符　号
10：00	癸酸	癸酸	D
12：00	十二酸	月桂酸	L_a
14：00	十四酸	肉豆蔻酸	M
16：00	十六酸	棕榈酸	P
16：1	9-十六烯酸	棕榈油酸	Po
18：0	十八酸	硬脂酸	St
18：1(n-9)	9-十八烯酸	油酸	O
18：2(n-6)	9,12-十八二烯酸	亚油酸	L
18：3(n-3)	9,12,15-十八三烯酸	亚麻酸	Ln
20：0	二十酸	花生酸	Ad
20：4(n-6)	5,8,11,14-二十碳四烯酸	花生四烯酸	An
20：5(n-3)	5,8,11,14,17-二十碳四烯酸	EPA	—
22：1(n-9)	13-二十二烯酸	芥酸	E
22：5(n-3)	7,10,13,16,19-二十二碳五烯酸	—	
22：6(n-6)	4,7,10,13,16,19-十二碳六烯酸	DHA	

对于食用油脂来说,其所含不饱和脂肪酸若有两个以上双键,则这些双键不可以共轭,例如我国著名特产桐油,就含有共轭型的 9,11-十八碳-二烯酸,所以桐油不可食用,只可以做油漆。同样在脂肪链上也不可以含有羟基等其他基团,例如蓖麻油中的蓖麻油酸,能引起泻肚,故只可作泻药和润滑油用。

3. 油脂中脂肪酸的种类

在油脂中脂肪酸的烃基占有很大的比例,所以脂肪酸的种类、结构、性质直接决定着各种油脂的性能和营养价值。天然油脂中的脂肪酸已发现的有七、八十种,它们大多数是具有不同长度的偶数碳的直链一元脂肪酸。各类脂肪酸的组成不同,其油脂的黏度、熔点、稳定性和营养价值等均不相同。现将它们归纳如下。

(1)饱和脂肪酸　饱和脂肪酸是指分子中碳原子间以单键相连的一元羧酸。天然食用油脂中存在的大多数为长链(碳数＞14)、直链、偶碳数酸,最常见的是十六碳酸和十八碳酸,其次为十二碳酸、十四碳酸和二十碳酸,碳数少于十二的脂肪酸主要存在于牛脂和少数植物油中,而奇数碳及支链的饱和脂肪酸则很少见。饱和脂肪酸除了按命名法命名外,还可用速记法表示,即在碳原子后面加冒号,冒号后面为零,表示没有双键,如辛酸为 $C_{8：0}$,硬脂酸为 $C_{18：0}$ 或 18：0。天然油脂中重要的饱和脂肪酸见表 3-3。

表 3-3 天然油脂中重要的饱和脂肪酸

脂肪酸	名 称	存 在	熔点/℃
C_3H_7COOH	丁酸(酪酸)	奶油	-7.9
$C_5H_{11}COOH$	己酸(低羊脂酸)	奶油、椰子	-3.4
$C_7H_{15}COOH$	辛酸(亚低羊脂酸)	奶油、椰子	16.7
$C_9H_{19}COOH$	癸酸(羊脂酸)	椰子、榆树子	31.6
$C_{11}H_{23}COOH$	十二酸(月桂酸)	月桂、一般油脂	44.2
$C_{13}H_{27}COOH$	十四酸(豆蔻酸)	花生、椰子油	53.9
$C_{15}H_{31}COOH$	十六酸(软脂酸)	所有油脂中	63.1
$C_{17}H_{35}COOH$	十八酸(硬脂酸)	所有油脂中	69.6
$C_{19}H_{39}COOH$	二十酸(花生酸)	花生油	75.3

常见的饱和脂肪酸如下：

①低级饱和脂肪酸:其分子中的碳原子数少于10个。油脂中含有的主要酸有丁酸$[CH_3(CH_2)_2COOH]$、己酸$[CH_3(CH_2)_4COOH]$、辛酸$[CH_2(CH_2)_6COOH]$、癸酸$[CH_3(CH_2)_8COOH]$等。它们在常温下是液体,并都具有令人不愉快的气味,沸点较低,容易挥发,所以也常将它称为挥发性脂肪酸。低级饱和脂肪酸在牛、羊奶及羊脂中含量较多,使牛奶,特别是羊奶、羊脂具有膻味。椰子油中也有一定的含量。

②中、高级饱和脂肪酸:羧酸分子中的碳原子数在10个以上的脂肪酸叫做中、高级饱和脂肪酸。油脂中含的是12～26个偶数碳原子的中高级饱和脂肪酸。主要有软脂酸[十六酸$CH_3(CH_2)_{14}COOH$]、硬脂酸[十八酸$CH_3(CH_2)_{16}COOH$],还有豆蔻酸[十四酸$CH_3(CH_2)_{12}COOH$],它们在常温下都是无臭的白色固体,熔点分别为 64℃、69℃、54℃,不溶于水,主要存在于动物脂中,植物油中也含有。

(2)高级不饱和脂肪酸 凡是碳链中含有碳碳双键的脂肪酸称为不饱和脂肪酸。不饱和脂肪酸有一烯、二烯、三烯和多烯酸,极个别为炔酸。油脂中常见的不饱和脂肪酸是烯酸,分子中双键数可以由 1 个～6 个,以分子中含十六、十八、二十个碳原子数的烯酸分布最广。天然油脂中重要的不饱和脂肪酸见表 3-4。不饱和脂肪酸的化学性质活泼,容易发生加成、氧化、聚合等反应,因此,不饱和脂肪酸对脂肪性质的影响比饱和脂肪酸要大得多。植物油中不饱和脂肪酸的含量比饱和脂肪酸高,鱼油中含有多种三烯以上的多烯酸而陆生动物的脂肪只含有少量的二烯和多烯的不饱和脂肪酸。

表 3-4 天然油脂中重要的不饱和脂肪酸

名称	结构式	存在
豆蔻油酸	$CH_3(CH_2)_8CH = CH(CH_2)_7COOH$	动、植物油
花生油酸	$CH_3(CH_2)_7CH = CH(CH_2)_5COOH$	花生、玉米油
油酸	$CH_3(CH_2)_7CH = CH(CH_2)_7COOH$	动、植物油
棕榈油酸	$CH_3(CH_2)_5CH = CH(CH_2)_7COOH$	多数动、植物油
芥酸	$CH_3(CH_2)_7CH = CH(CH_2)_{11}COOH$	芥子、菜子、鳕鱼肝油
亚油酸	$CH_3(CH_2)_4CH = CHCH_2CH = CH(CH_2)_7COOH$	各种油脂
亚麻酸	$CH_3CH_2CH = CHCH_2CH = CHCH_2CH = CH(CH_2)_7COOH$	亚麻子、苏子、大麻子油

油酸是动植物油脂中分布最广泛的不饱和脂肪酸。亚油酸、亚麻酸、花生四烯酸在人体内起着重要的生理作用,但在体内不能合成。亚油酸在植物油内含量丰富,亚麻酸和花生四烯酸分布不太广,它们在体内可由亚油酸转化而满足人体的需求。

多不饱和脂肪酸的含量是评价食用油营养水平的重要依据。豆油、玉米油、葵花子油中,ω-6 系列不饱和脂肪酸较高,而亚麻油、苏紫油中 ω-3 系列不饱和脂肪酸含量较高。由于不饱和脂肪酸极易氧化,食用它们时应适量增加维生素 E 的摄入量帮助其吸收。

(3)必需脂肪酸 至今已经发现组成天然油脂的脂肪酸有 70～80 种之多,人体能够合成大部分脂肪酸。但有几种不饱和脂肪酸是机体生命活动所必需的,而自身不能合成,必须由食物提供的,这些脂肪酸称为必需脂肪酸。从营养学的观点来看,属于必需脂肪酸的有亚油酸、亚麻酸和花生四烯酸。但亚油酸是最主要的必需脂肪酸,必须由食物来供给。亚麻酸和花生四烯酸可由亚油酸转变而来。

必需脂肪酸具有重要的生理意义,能促进人体发育,维护皮肤和毛细血管的健康,保护其弹性,防止脆性增大;能增加乳汁的分泌;减轻放射线所造成的皮肤损伤;能降低血液胆固醇,减少血小板的黏附性,有助于防止冠心病的发生。当缺乏必需脂肪酸时会发生皮肤病;引起生育异常、乳汁分泌减少;另外,还会引起胆固醇在体内沉积,从而导致某些血脂症病。必需脂肪酸的最好来源是植物油,但菜子油和茶油中的必需脂肪酸含量少。动物油脂中必需脂肪酸的含量一般比植物油低,但相对来说,猪油中比羊、牛油的多,禽类脂肪(鸭油、鸡油)又比猪油多,鸡蛋黄中含量也较多。动物心、肝、肾和肠等内脏中的含量高于肌肉,而瘦肉中的含量比肥肉多。主要食物中亚油酸含量见表 3-5。

表 3-5　主要食物中亚油酸含量

油　脂	亚油酸/%	食　品	亚油酸/%
棉子油	55.6	猪肉（瘦）	13.6
豆油	52.6	猪肉（肥）	8.1
玉米胚油	47.8	猪心	24.4
芝麻油	43.7	猪肝	15.0
米糠油	34.0	猪肾	16.8
菜子油	14.2	猪肠	14.9
茶油	7.4	鸡肉	24.2
鸡油	24.7	鸭肉	22.8
鸭油	19.5	兔肉	20.9
猪油	8.3	牛肉	5.8
牛油	3.9	羊肉	9.2
黄油	3.6	鲤鱼	16.4
羊油	2.0	鸡蛋粉	13.0

注:%表示相当于食物中脂肪总量的百分比。

　　动物油脂中含有较多的饱和脂肪酸,一般在 40% 以上,以羊油含量最高。而多数植物油之中不饱和脂肪酸的含量较高,一般在 80% 以上。

　　人们需要从饮食中摄入一定量的脂肪以维持各项人体机能。但长期摄入大量脂肪可能造成健康危害。一般来说,健康的成年人,从高脂肪含量的食物中摄入的热量应不超过总热量摄入的 30%。在这 30% 中,从饱和脂肪含量较高的食物中摄入的热量应不超过 10%。

脂肪的食物来源

　　油脂主要来源于各种植物及动物脂肪,坚果中的脂肪也很高,可作为膳食脂肪的辅助来源。

　　植物性食品如大豆、花生、芝麻等含油较丰富;另外,蘑菇、蛋黄、核桃、大豆、动物脑、心、肝、肾等富含磷脂;乳脂、蛋黄是婴幼儿脂类的良好来源。一般的谷物、果蔬类食物油脂含量甚微,作为油脂的来源没有实际意义。动物性食物脂肪含量视品种、部位而异,与乳、蛋一样,会受气候、饲养条件的影响,如肉类脂肪量猪肉（肥瘦混合)59.8%、牛肉 10.2%、鸡肉 2.5%;同一动物组织部位不同差异大,如肥猪肉 90.8%、瘦猪肉 15.3%～28.8%、猪肚 2.7%、猪肝 4.5%、猪肾 3.2%。

人们在饮食中可根据自身的身体情况合理的选择食物。

第二节　脂类的性质

一、食用油脂的物理性质

1.食用油脂的色泽和气味

纯净的脂肪酸及其食用油脂都是无色无味的,天然油脂中略带黄绿色是由于其中含有一些脂溶性色素(如类胡萝卜素、叶绿素等)所致。一般来讲,动物油脂中的色素物质含量少,所以动物油脂的色泽较浅,如猪油为乳白色,鸡油为浅黄色等。植物油中色素物质含量较高,所以植物油的颜色比动物油要深一些,如芝麻油为深黄色,菜子油为红棕色等。食用油脂经精炼脱色后,色泽变浅。各种油脂都有其特有的气味,这些气味大多是由非脂成分引起的,如芝麻油的香气是由乙酰吡嗪引起的,椰子油的香气是由壬基甲酮引起的,而菜子油受热时产生的刺激性气味,则是由其中所含的黑芥子苷分解所致。

油脂若其储存时间过长,在空气的氧化或所含微生物的作用下,会发生氧化酸败,产生低分子的醛、酮、酸等,产生酸败气味,所以食用油脂不宜长期储藏。

2.食用油脂的烟点、闪点和着火点

食用油脂的烟点、闪点和着火点,是油脂在和空气接触加热时的热稳定性指标。烟点是指在不通风的情况下观察到油脂冒烟时的最低加热温度。一般为240℃。闪点是油脂中的挥发物质能被点燃但不能维持燃烧的温度。一般为340℃。着火点是油脂中的挥发的物质能被点燃并能维持燃烧不少于 5 s 的温度。一般为370℃。

不同的油脂因组成的脂肪酸不同,发烟点也不相同。一般而言,以含饱和脂肪酸为主的动物性油脂的发烟点较低,而含不饱和脂肪酸为主的植物性油脂的发烟点较高。但各种油脂的烟点差异不大,精炼后的油脂烟点在 240℃左右。未精炼的油脂,特别是游离脂肪酸含量高的油脂,其烟点、闪点和着火点都大大下降。如玉米油的烟点、闪点和着火点分别为 40℃、340℃ 和 370℃,但游离脂肪酸含量为100%时,则分别下降到 100℃、200℃和 250℃。

油脂如果长时间加热,发烟点会逐渐下降,这是因为油脂在高温下会发生分解,产生一些脂肪酸、醛等低相对分子质量的物质,导致发烟点下降。所以,新鲜的油脂比长时间加热或使用次数过多的油脂发烟点高。

3.食用油脂的熔点和沸点

天然油脂无固定的熔点和沸点,只有一定的熔点和沸点范围。这是因为天然油脂是混合物,各种三酰基甘油的熔点不同,而且存在同质多晶现象。游离脂肪酸、一酰基甘油、二酰基甘油、三酰基甘油的熔点依次降低,这是因为它们的极性依次降低,分子间的作用力依次减小的缘故。

油脂的熔点一般最高在40～55℃。油脂中组成脂肪酸的碳链越长、饱和程度越高,熔点越高。一般来说,含饱和脂肪酸多的可可脂及陆产动物类油脂熔点高,在常温下呈固态;含不饱和脂肪酸多的植物油脂熔点低,在常温下呈液态。反式脂肪酸、共轭脂肪酸含量高的油脂,其熔点较高;油脂的沸点随脂肪酸组成的变化而变化不大。

几种动物油脂的熔点和凝固点范围见表3-6。

表3-6 几种动物油脂的熔点和凝固点范围　　　　　℃

油脂名称	猪油	牛油	羊油	黄油
熔点范围	36～50	42～50	44～55	28～36
凝固点范围	32～26	28～27	45～32	29～19

油脂的熔点影响着人体内脂肪的消化吸收率。油脂的熔点低于37℃(正常体温)时,在消化器官中易乳化而被吸收,消化率高,一般可达97%～99%。油脂熔点在37～50℃时,消化率只有90%左右,而当油脂的熔点超过50℃时,就很难被人体消化吸收。在人体内熔点高的油脂,特别是熔点高于体温的油脂难以消化,营养价值较低。例如羊脂、牛脂的消化率低于熔点低的植物油。常见的几种食用油脂熔点范围与消化率列于表3-7中。

表3-7 几种食用油脂的熔点与消化率

油脂	熔点/℃	消化率/%	油脂	熔点/℃	消化率/%
大豆油	−18～−8	97.5	猪油	36～50	94.0
花生油	0～3	98.3	牛油	42～50	89.0
棉子油	3～4	98	羊油	44～55	81.0
奶油	28～36	98.0	人造黄油	28～42	87.0

4.食用油脂的塑性

油脂的塑性是指在一定压力下,表观固体脂肪具有的抗变形的能力。在室温下表现为固体的脂肪,实际上是固体脂和液体油的混合物,两者交织在一起,用一般的方法无法分开,这种脂具有塑性,可保持一定的外形。塑性油脂具有良好的涂抹性(涂抹黄油等)和可塑性(用于蛋糕的裱花),用在焙烤食品中,还具有起酥作用。在面团调制过程中加入塑性油脂,形成较大面积的薄膜和细条,使面团的延展性增强,油膜的隔离作用使面筋粒彼此不能黏合成大块面筋,降低了面团的弹性和韧性,同时还降低了面团的吸水率,使制品起酥;塑性油脂的另一作用是在调制时能包含和保持一定数量的气泡,使面团体积增加。在饼干、糕点、面包生产中专用的塑性油脂称为起酥油,具有在 40℃ 不变软,低温下不太硬、不易氧化的特性。

5.食用油脂的乳化及乳化剂

油脂、水本来互不相溶,但油脂和水在一定条件下可以形成一种均匀分散的介稳的状态——乳浊液,乳浊液形成的基本条件是一相以 0.1~50 μm 的小滴分散在另一相中,前者被称为内相或分散相,后者被称为外相或连续相。随着分散相和连续相种类的不同,油脂的乳浊液可分为水包油型（O/W,油分散于水中）和油包水型（W/O,水分散在油中）,见图 3-1。牛乳是典型的 O/W 型乳浊液,而奶油则为W/O 型乳浊液。

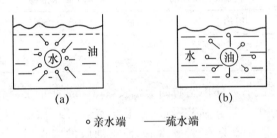

(a)   (b)

○亲水端　——疏水端

图 3-1　乳化剂的乳化作用示意图

乳浊液是一种不稳定的状态,在一定的条件下会出现分层、絮凝甚至聚结等现象。主要因为:

①重力作用导致分层:重力作用可导致密度不同的相分层或沉降。

②分散相液滴表面静电荷不足导致絮凝:分散相液滴表面静电荷不足则液滴与液滴之间的斥力不足,液滴与液滴相互接近而絮凝,但液滴的界面膜尚未破裂。

③两相间界面膜破裂导致聚结:两相间界面膜破裂,液滴与液滴结合,小液滴变为大液滴,严重时会完全分相。

乳化剂是分子中同时具有亲水基和亲油基的一类双亲性物质,用来增加乳浊液稳定性的物质,其作用主要通过增大分散相液滴之间斥力、增大连续相的黏度、减小两相间界面张力来实现的。食品中常用的乳化剂种类有:①脂肪酸甘油单酯及其衍生物,在奶糖、巧克力等生产中可用来降低黏度,避免粘牙;②蔗糖脂肪酸酯,适用于 O/W 型体系,如用于速溶可可、巧克力的分散剂,还可防止面包老化,也可用于饼干等焙烤食品的油脂乳化;③山梨糖醇酐脂肪酸酯及其衍生物,其产品有不愉快的气味,当用量过大时,口感发苦;④大豆磷脂,是大豆油脂加工的副产品,属天然食品乳化剂,可用在冰淇淋、糖果、蛋糕和人造奶油等食品中。

二、食用油脂在加工和储藏过程中的化学变化

1.油脂的水解和皂化

油脂的水解与酯键有关,油脂中的脂肪与其他所有的酯一样,能在酸、加热或酶的作用下,发生水解,生成甘油和脂肪酸。在碱性条件下水解出的游离脂肪酸与碱结合生成脂肪酸盐。高级脂肪酸盐通常称作肥皂,所以脂肪在碱性条件下的水解反应称作皂化反应。

反应式如下所示:

$$
\begin{array}{c}
CH_2-O-\overset{O}{\overset{\|}{C}}-R_1 \\
CH-O-\overset{O}{\overset{\|}{C}}-R_2 \\
CH_2-O-\overset{\|}{\overset{}{C}}-R_3 \\
O
\end{array}
+3NaOH \xrightarrow{\text{脂酶或酸、蒸汽}}
\begin{array}{c}
CH_2-OH \\
CH-OH \\
CH_2-OH
\end{array}
+R_1COONa+R_2COONa+R_3COONa
$$

在活体动物组织中的脂肪中并不存在游离的脂肪酸,一旦动物被宰杀后,由于组织中脂酶的作用可使其水解生成游离脂肪酸。这些游离的脂肪酸对氧比甘油酯更为敏感,会导致油脂更快酸败,因此动物脂肪要尽快熬炼,因为在加热精炼过程中使脂肪水解酶失活,可减少游离脂肪酸的含量,延长其储藏时间。

与动物脂肪相反,成熟的油料种子在收获时油脂会发生明显的水解,并产生游离的脂肪酸,因此大多数植物油在精炼时需用碱中和。

食品在油炸过程中,食物中的水进入到油中,油脂水解释放出游离脂肪酸,导致油的发烟点降低,并且随着脂肪酸含量增高,油的发烟点不断降低,见表3-8。因此水解导致油品质降低,风味变差。乳脂水解产生一些短链脂肪酸($C_4 \sim C_{12}$),产生酸败味。但在有些食品的加工中,轻度的水解是有利的,如巧克力、干酪及酸奶的生产。

表 3-8 油脂中游离脂肪酸含量与发烟点的关系

游离脂肪酸/%	0.05	0.10	0.50	0.60
发烟点/℃	226.6	218.6	176.6	148.8~160.4

　　在消化过程中脂肪的水解反应有利于人体对油脂的乳化和吸收。而脂肪的水解反应对油脂的储存是不利的,油脂中游离脂肪酸的增多是油脂变质的前提。水、空气、光照、加热、酶及其他作用都能加快水解反应的速率。所以在储存油脂时应注意避光,防高温、防水和密封。对已使用过的油脂,要尽可能地缩短储存期。在夏天,更要防止它们由于含杂质、水分、环境温度高而水解变质。

　　2.油脂的氧化

　　油脂的氧化反应是油脂食品化学的主要内容。油脂的氧化随影响因素的不同可有不同的类型或途径,其氧化的初级产物都是氢过氧化物,它们形成的途径有自动氧化、光敏氧化和酶促氧化三种,氢过氧化物极不稳定,容易进一步发生分解和聚合。氢过氧化物分解,产生低分子的醛类、酮类和羧酸类物质。这些物质使油脂产生很强的刺激性气味,一般称为哈喇味。氧化后油脂,不仅将降低了食品的营养价值,还有害于人体健康。其感官性质和理化性质也都发生很大的变化,称之为油脂的氧化型酸败。它是油脂或富含油脂的食品变质的主要原因。

　　(1)自动氧化　油脂的自动氧化指油脂分子中的不饱和脂肪酸与空气中的氧之间所发生的自由基类型的反应。此类反应无需加热,也无需加特殊的催化剂。以 RH 代表不饱和脂肪酸为例,其反应历程如下:

　　第一步:引发期　油脂分子在光、热、金属催化剂的作用下产生自由基。

$$RH(光、热、微生物) \xrightarrow{\text{活化}} R \cdot + H \cdot$$

自由基的引发通常活化能较高,故这一步反应相对很慢。

　　第二步:传递期　反应速度快,且可循环进行,产生大量的氢过氧化物。

$$\begin{aligned} &\rightarrow R \cdot + O_2 \rightarrow ROO \cdot \\ &ROO \cdot + RH \rightarrow ROOH + R \cdot \end{aligned}$$

链传递的活化能较低,故这一步进行很快,并且反应可循环进行,产生了大量氢过氧化物。

　　第三步:终止期　各种自由基和过氧化自由基之间形成稳定的化合物,链式反应终止。

$$R \cdot + R \cdot \longrightarrow R-R$$
$$R \cdot + ROO \cdot \longrightarrow ROOR$$
$$ROO \cdot + ROO \cdot \longrightarrow ROOR + O_2$$

　　(2)光敏氧化　光敏氧化即是在光的作用下,不饱和脂肪酸中的双键与氧(单线态)直接发生氧化反应。光所起的直接作用是提供能量使三线态的氧($^3O_2$)变为活性较高的单线态氧（$^1O_2$）。但在此过程中需要更容易接受光能的物质首先接受光能，然后将能量转移给氧，此类物质称为光敏剂。食品中具有大的共轭体系的物质，如叶绿素、血红蛋白等都可以起光敏剂的作用。

单线态氧是指不含未成对电子的氧，有一个未成对电子的称为双线态，有两个未成对电子的成为三线态，所以基态氧为三线态（$^3O_2$）。食品体系中的三线态氧是在食品体系中的光敏剂在吸收光能后形成激发态光敏素，激发态光敏素与基态氧发生作用，能量转移使基态氧转变为单线态氧（$^1O_2$）。单线态氧具有极强的亲电性，能以极快的速率与脂类分子中具有高电子密度的部位（双键）发生结合，从而引发常规的自由基链式反应，进一步形成氢过氧化物。在含脂食品中常存在一些天然色素如叶绿素或肌红蛋白，它们能作为光敏剂，产生单态线氧。有些合成色素如赤藓红也是有效的光敏剂，也可将氧转变成活泼的单态线氧。

光敏氧化与自动氧化的机制不同，有如下特点：不产生自由基；双键的顺式构型改变成反式构型；与氧的浓度无关；反应受到单线态氧猝灭剂 β-胡萝卜素与生育酚的抑制，但不受抗氧化剂的影响。

由于激发态 $^1O_2$ 的能量高，反应活性大，故光敏氧化反应的速率比自动氧化反应速率约快 1 500 倍。光敏氧化反应产生的氢过氧化物再裂解，可引发自动氧化历程的游离基链反应。

（3）酶促氧化　脂肪在酶参与下所发生的氧化反应，称为酶促氧化。

脂肪氧合酶专一性地作用于具有 1,4-顺、顺-戊二烯结构的多不饱和脂肪酸（如 18:2, 18:3, 20:4）。以亚油酸（18:2）为例，在 1,4-戊二烯的中心亚甲基处（即 ω-8 位）脱氢形成游离基，然后异构化使双键位置转移，同时转变成反式构型，形成具有共轭双键的 ω-6 和 ω-10 氢过氧化物。

在动物体内许多脂肪氧合酶选择性地氧化花生四烯酸而产生前列腺素、凝血素和白三烯，这些物质均具有很强的生理活性。大豆制品的腥味就是不饱和脂肪酸氧化形成六硫醛醇所致。其他脂肪酸的酶促氧化，需要脱氢酶、水合酶和脱羧酶的参加，氧化反应多发生在脂肪酸的 α 碳位和 β 碳位之间的键上，因而称为 β 氧化。氧化的最终产物是有不愉快气味的酮酸和甲基酮，所以又称为酮型酸败。这种酸败多数是由于污染微生物如灰绿青霉、曲霉等在繁殖时产生酶的作用下引起的。

（4）氢过氧化物的分解和聚合　氢过氧化物是油脂氧化的主要初级产物，无异味，因此，有些油脂可能在感官上还没有觉察到出现酸败的迹象，但若含有过高的过氧化值，说明这种油脂已经开始酸败。氢过氧化物是一类极不稳定的化合物，它一旦形成就开始分解或聚合。

氢过氧化物分解的第一步是氢过氧化物的过氧键断裂，产生烷氧基自由基与羟基自由基。

$$R_1-CH_2-CHR_2 \longrightarrow R_1-CH_2-\underset{O\cdot}{CHR_2} + \cdot OH$$
$$\underset{OOH}{}$$

氢过氧化物分解的第二步是在烷氧自由基两侧碳-碳键断裂生成了低分子的醛、酮、醇、酸等化合物。

$$R_1-CH_2-\underset{O\cdot}{CH}-CH_2R_2 \xrightarrow{\text{裂分}} R_1-CH_2-CHO + R_2CH_2\cdot$$

$$R_1-CH_2-\underset{O\cdot}{CH}-CH_2R_2 \xrightarrow{R_3O\cdot} R_1-CH_2-\underset{OH}{CH}-CH_2R_2 + R_3CH_2\cdot$$

$$R_1-CH_2-\underset{O\cdot}{CH}-CH_2R_2 \xrightarrow{R_3H} R_1-CH_2-\underset{O}{C}-CH_2R_2 + R_3\cdot$$

醛是脂肪氧化的产物,饱和醛易氧化成相应的酸,并能参加二聚化和缩合反应。例如三分子己醛结合生成三戊基三噁烷。

$$3C_5H_{11}CHO \longrightarrow$$

三戊基三噁烷是亚油酸的次级氧化产物,具有强烈的臭味。脂的自动氧化产物很多,除了饱和与不饱和醛类外,还有酮类、酸类以及其他双官能团氧化物,产生令人难以接受的臭味即哈喇味,这也是导致脂肪自动氧化产生"酸败味"的原因。

氢过氧化物除了分解以外,初步裂分产生的自由基又可与其他的自由基、不饱和脂或不饱和脂肪酸发生聚合反应,生成二聚体或三聚体,使油脂的黏度增加。

(5)影响油脂氧化的因素

①油脂的脂肪酸组成:油脂中的饱和脂肪酸和不饱和脂肪酸都能发生氧化反应,但饱和脂肪酸的氧化必须在特殊条件下才能发生,即有霉菌繁殖,或有光存在,或有氢过氧化物存在,或有酶存在等条件下才能发生,且其氧化速率不足不饱和脂肪酸的1/10。而不饱和脂肪酸的氧化速率与其双键的数量、双键位置及几何构型有关,见表3-9。如花生四烯酸、亚麻酸、亚油酸及油酸的氧化速率约为40∶20∶10∶1。

表 3-9　脂肪酸在 25℃ 时的诱导期和相对氧化速率

脂肪酸	双键数	诱导期/h	相对氧化速率
18∶0	0		1
18∶1(9)	1	82	100
18∶2(9,12)	2	19	1 200
18∶3(9,12,15)	3	1.34	2 500

　　顺式脂肪酸的氧化速率比反式脂肪酸快；共轭脂肪酸比非共轭脂肪酸氧化速率快，如桐酸比亚麻酸更易氧化；游离脂肪酸比酯化脂肪酸氧化速率要略高一些，但少量的游离脂肪酸存在对油脂的氧化速度没有显著的影响，当油脂中游离脂肪酸的含量大于 0.5% 时，自动氧化速率会明显加快；甘油酯中脂肪酸的无规则分布有利于降低氧化速率；Sn-1 和 Sn-2 位的脂肪酸氧化速率比 Sn-3 的快。

　　②温度：一般来说，氧化反应速率随温度的上升而上升，因为高温既能促进游离基的产生，又能促进氢过氧化物的分解和聚合。另外温度上升，氧在油脂或水中的溶解度会有所下降，因此在高温和高氧化条件下，氧化速率和温度之间的关系会有一个最高点。

　　饱和脂肪酸在室温下稳定，但在高温下也会发生氧化。例如猪油中饱和脂肪酸含量通常比植物油高，但猪油货架期却常比植物油短，这是因为猪油一般经过熬炼而得，经历了高温阶段，引发了游离基所致；而植物油常在不太高的温度下用有机溶剂萃取而得，故稳定性比猪油好。

　　③氧气：在非常低的氧气分压下，氧化速率与氧气的分压近似成正比，如果氧的供给不受限制，那么氧化速率与氧压力无关。另外氧化速率与油脂暴露于空气中的表面积成正比，如膨松食品中的油脂比纯净的油脂易氧化。因而可采取排除氧气，采用真空或充氮包装和使用透气性低的包装材料来防止含油脂食品的氧化变质。

　　④水分：水分活度对作用的影响很复杂，水分活度过高或过低时，氧化速率都很高。实验证明，水分活度在 0.3~0.4 时，油脂的氧化速率最低，水分活度在 0~0.33，随着水分活度增加，氧化速率降低，水分活度在 0.33~0.73，随着水分活度增大，催化剂的流动性提高，水中溶解氧增多，分子溶胀。暴露出更多催化点位，故氧化速率提高；当水分活度大于 0.73 后，水量增加，使催化剂和反应物的浓度被稀释，导致氧化速率降低。油脂氧化反应的相对速率与水分活度的关系，见图 3-2。

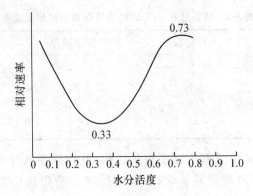

图 3-2　油脂氧化反应的相对速率与水分活度的关系

⑤光和射线：可见光、不可见光和 X 射线都能促进油脂的氧化，因为它们不仅能促使氢过氧化物分解，还能引发自由基的产生。尤以紫外线和 γ-射线辐射能量最强，因此，油脂和富含油脂的食品宜用遮光容器包装和储存。

⑥助氧化剂：过渡金属，特别是一些具有合适氧化还原电位的二价或多价过渡金属，如钴、铜、铁、锰等都是有效的助氧化剂，即使浓度低至 0.1 mg/kg，仍能缩短链引发期，使氧化速率加快。

食品中的过渡金属离子可能来源于种植油料作物的土壤、加工储藏过程中所用的设备以及食品中天然存在的成分，其中最重要的天然成分是含金属的卟啉物质如血红素，熬炼猪油时若血红素未去除完全，则猪油酸败速率将加快。不同金属对油脂氧化反应的催化能力强弱顺序如下：

铅＞铜＞黄铜＞锡＞锌＞铁＞铝＞不锈钢＞银

⑦抗氧化剂：抗氧化剂是能延缓或减慢油脂氧化速率，提高食品稳定性和延长食品储存期的物质。

抗氧化剂的抗氧化机理主要是：通过自身氧化消耗食品内部或环境的氧；通过提供电子或氢原子阻断油脂自动氧化的链式反应；通过抑制氧化酶的活性，防止油脂的酶促氧化等。

⑧表面积：油的氧化速率与空气接触的表面积成正比，故采用真空或充氮包装或使用低透气性材料包装，来减缓含油食品的氧化变质。

3.油脂在高温下的化学变化

在食品加工中，油脂常常是在加热情况下使用的。在 150℃ 以上的高温下，油脂本身的性质会发生一些物理或化学的变化，从而导致油脂的品质降低，如出现黏度增大、颜色变暗、碘值降低、酸价升高、发烟点降低、泡沫量增多等现象，还会产生刺激性气味。这些变化对食品的质量也会产生一定的影响。

（1）热分解　在高温下，油脂的热分解对油脂的质量影响很大，热分解的程度与加热温度关系密切。饱和脂肪和不饱和脂肪在高温下都会发生热分解反应，生成有机酸、烯醛等物质。热分解反应根据有无氧参与，又可分为氧化热分解和非氧化热分解。金属离子（如 Fe^{2+}）的存在，可催化热分解反应。

饱和脂肪在高温及有氧存在时将发生氧化热分解生成氢过氧化物，氢过氧化物再进一步分解成烃、醛、酮等化合物。

不饱和脂肪在隔氧条件下加热，主要生成二聚体，此外还生成一些低相对分子质量的物质。不饱和脂肪的氧化热分解反应与低温下的自动氧化反应的主要途径是相同的，但高温下氢过氧化物的分解速率更快。

（2）热聚合　油脂在高温条件下，可发生非氧化热聚合和氧化热聚合，聚合反应导致油脂黏度增大，泡沫增多。隔氧条件下的非氧化热聚合，生成环烯烃，该聚合反应可以发生在不同甘油酯分子间，也可发生在同一个甘油酯分子内。

油脂的热氧化聚合反应是在 $200 \sim 230℃$ 条件下，甘油酯分子在双键的 α-碳上均裂产生游离基，游离基之间结合而聚合成二聚体。有些二聚物有毒性，在体内被吸收后，与酶结合，使酶失活而会引起生理异常。油炸鱼虾时出现的细泡沫经分析发现也是一种二聚物。

（3）缩合　油脂加热到 $300℃$ 以上或长时间加热时，不仅会发生热分解反应，还会发生热聚合反应，生成各种环状的、有毒的低级聚合物，其结果是使油脂的颜色变深，黏度增大，严重时冷却后会发生凝固现象，而且还会产生较多的泡沫。高温下特别是在油炸条件下，易发生此类反应。在高温下油脂还很容易发生水解-脱水-缩合反应，形成醚型化合物，反应过程见图 3-3。

综上所述，在食品加工过程中油温一般应控制在 $200℃$ 以下，最好在 $150℃$ 以下为佳。这样既可保存食品的营养价值，还能防止高温时发生各种不利于人体健康和食品储藏的化学反应。

值得说明的是，油脂在高温下发生的化学反应，并不一定都是负面的，油炸食品中香气的形成与油脂在高温条件下的某些反应产物有关，经过研究表明，通常油炸食品香气的主要成分是羰基化合物（烯醛类）。如将三亚油酸甘油酯加热到 $185℃$，

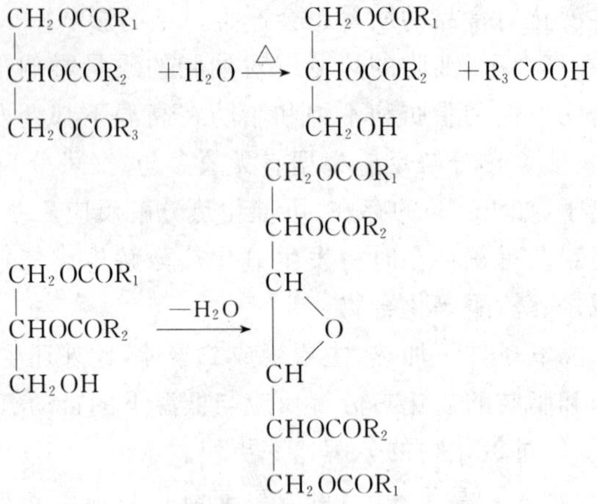

$$
\begin{array}{l}
\text{CH}_2\text{OCOR}_1 \\
| \\
\text{CHOCOR}_2 \quad +\text{H}_2\text{O} \xrightarrow{\triangle} \\
| \\
\text{CH}_2\text{OCOR}_3
\end{array}
\quad
\begin{array}{l}
\text{CH}_2\text{OCOR}_1 \\
| \\
\text{CHOCOR}_2 \quad +\text{R}_3\text{COOH} \\
| \\
\text{CH}_2\text{OH}
\end{array}
$$

$$
\begin{array}{l}
\text{CH}_2\text{OCOR}_1 \\
| \\
\text{CHOCOR}_2 \\
| \\
\text{CH}_2\text{OH}
\end{array}
\xrightarrow{-\text{H}_2\text{O}}
\begin{array}{l}
\text{CH}_2\text{OCOR}_1 \\
| \\
\text{CHOCOR}_2 \\
| \\
\text{CH} \\
\quad\quad\diagdown \\
\quad\quad\quad\text{O} \\
\quad\quad\diagup \\
\text{CH} \\
| \\
\text{CHOCOR}_2 \\
| \\
\text{CH}_2\text{OCOR}_1
\end{array}
$$

图 3-3　油脂缩合生成醚型化合物的反应

每 30 min 通 2 min 水蒸气,前后加热 72 h,从其挥发物中发现有五种直链 2,4-二烯醛和内酯,呈现油炸物特有的香气。

4.辐照时油脂的化学变化

食品的辐射保藏是食品保藏的方法之一,主要为杀死微生物和延长食品的储藏期,常常适用于不适合热杀菌的食品或其原料,但和热处理一样,也可诱导化学反应的发生,如在辐照过程中,油脂分子吸收辐射能,形成离子和高能态分子,高能态分子可进一步降解。生成的辐解产物有烃、醛、酸、酯等多类物质。辐解时可产生游离基,游离基之间可结合,生成非游离基化合物。在有氧时,辐照还可加速油脂的自动氧化,同时使抗氧化剂遭到破坏。辐照剂量越大,影响越严重。但只要控制处理条件,这种化学变化不会损害食品的品质和对人体产生毒性危害。大量试验证明按巴氏灭菌剂量辐照含脂肪食品,不会有毒性危险。

第三节　油脂品质的表示方法

各种来源的油脂其组成、特征值及稳定性均有差异。在加工和储藏过程中,油脂品质会因各种化学变化而逐渐降低,油脂的氧化反应是引起油脂酸败的重要因素。此外水解、辐射等反应均会导致油脂品质降低。

一、油脂品质重要的特征常数

通常通过测定油脂的特征值即能鉴定油脂的种类和品质。特征值包括油脂的熔点、凝固点、黏度、比重、酸值、皂化值、碘值、过氧化值等。

1.酸价(酸值,AV)

酸价是中和 1 g 油脂中游离脂肪酸所需的氢氧化钾质量(mg)。酸价是油脂中游离脂肪酸数量的指标,新鲜油脂的酸价很小,但随着储藏期的延长和油脂的酸败,酸值随之增大。酸价的大小可直接说明油脂的新鲜度和质量的好坏,所以酸价是检验油脂质量的重要指标。根据《食用植物油卫生标准》(GB 2716—2005)食用植物油酸价不超过 3 mg/g。

2.皂化值(SV)

皂化值是完全皂化 1 g 油脂所需要的氢氧化钾毫克数(mg)。皂化值的大小与油脂的平均分子质量成反比,油脂的皂化值一般在 200 左右。组成油脂的脂肪酸的平均分子质量越小,油脂的皂化值越大。肥皂工业根据油脂的皂化值大小,可以确定合理的用碱量和配方。皂化值较大的食用油脂,熔点较低,消化率较高。

3.碘值(IV)

碘值是加成 100 g 油脂所需碘的克数(g)。通过油脂碘值的大小可判断油脂中脂肪酸的不饱和程度。碘值大的油脂,说明油脂中不饱和脂肪酸的含量高或不饱和程度高,反之,则说明油脂中不饱和脂肪酸的含量低或不饱和程度低。碘值下降,说明双键减少,油脂发生了氧化。根据碘值的大小可把油脂分为干性油(不饱和程度高,碘值>130),如桐油、亚麻籽油、红花油等;半干性油(碘值在 100～130),如棉子油、大豆油等;及不干性油(不饱和程度低,碘值<100),如花生油、菜子油、蓖麻油等。

4.过氧化值(POV)

过氧化值(POV)是指 1 kg 油脂中所含氢过氧化物的毫摩尔(mmol)数。氢过氧化物是油脂氧化的主要初级产物,过氧化值在油脂的氧化初期随随氧化程度增加而增高。而当油脂深度氧化时,氢过氧化物的分解速度超过了氢过氧化物的生成速度,这时过氧化值值会降低,所以过氧化值宜用于衡量油脂氧化初期的氧化程度。根据《食用植物油卫生标准》(GB 2716—2005)食用植物油过氧化值不超过 0.25(g/100 g),过氧化值常用碘量法测定(参见 GB/T 5009.37—2003)。反应方程式为:

$$—CH—CH— \ + 2KI \longrightarrow \ —CH—CH— \ + I_2 + K_2O$$

生成的碘再用 $Na_2S_2O_3$ 溶液滴定,即可定量确定氢过氧化物的含量。

$$I_2 + 2Na_2S_2O_3 \longrightarrow 2NaI + Na_2S_4O_6$$

二、油脂的氧化稳定性检验

脂类氧化是一个非常复杂的过程,包括氧化引起的各种各样的化学和物理变化,这些反应往往是同时进行和相互竞争的,而且受到多个变量的影响。由于氧化性分解对食品加工产品的可接受性和营养品质有较重要的意义,因此需要评价脂类的氧化程度。

1. 过氧化值(POV)

一般新鲜的精制油过氧化值低于 1。过氧化值升高,表示油脂开始氧化。过氧化值达到一定量时,油脂产生明显异味,成为劣质油,该值一般定为 20,但不同的油有一些差别,如人造奶油为 60。故在检查油脂氧化变质的实验中,有的把变质的超标准定为 20,有的定为 70,过氧化值超过该数表明油脂已进入氧化显著阶段。

2. 硫代巴比妥酸值(TBA 值)

不饱和脂肪酸的氧化产物(丙二醛及其他较低相对分子质量的醛等)与硫代巴比妥酸反应生成红色和黄色物质,其中与氧化产生丙二醛反应产生的物质为红色,在 530 nm 处有最大吸收,饱和醛、单烯醛和甘油醛等与硫代巴比妥酸反应产物为黄色,在 450 nm 处有最大的吸收,可同时在这两个最高吸收波长处测定油脂的氧化产物的含量。TBA 值广泛用于评价油脂的氧化程度,但单糖、蛋白质、木烟的成分都干扰该反应,故只能用于油脂的测定,对含油食品的氧化程度难以评价。

3. 活性氧法(AOM 法)

该法是检验油脂是否耐氧化的重要方法,基本做法是把被测油脂样品置于 97.8℃的恒温条件下,并连续向其中通入 2.33 mL/s 的空气,定期测定在该条件下油脂的 POV 值,记录油脂的 POV 值达到 100(植物油脂)或 20(动物油脂)所需的时间(h)。AOM 值越大,说明油脂的抗氧化稳定性越好。一般油脂的 AOM 值仅 10 h 左右,但抗氧化性强的油脂可达到 100 多个小时。该法也是评价抗氧化剂效果常规方法。

4. Schaal 温箱实验

把油脂置于(63±0.5)℃温箱中,定期测定 POV 值达到 20 的时间,或感官检查出现酸败气味的时间,以 d 为单位。温箱实验的天数与 AOM 值有一定的相关性,如在棉子油的实验中有如下关系:

$$AOM(小时数) = 2 \times (Schaal 温箱实验天数) - 5$$

5. 仪器分析法

也可采用色谱法及光谱分析法等测定含油食品中的氧化产物,来评价油脂的氧化程度。

6.感官评价

最终判断食品的氧化风味需要进行感官检验。风味评价通常是由有经验的人组成品尝小组,采用特殊的风味评分方式进行的。

第四节 油脂加工化学

一、油脂精炼

从油料作物、动物脂肪中采用有机溶剂浸提、压榨、熬制、机械分离等方法可得到粗油或毛油。未精炼的粗油中含有磷脂、色素、蛋白质、纤维质、游离脂肪酸及有异味的杂质,还有少量的水、色素(主要是胡萝卜素和叶绿素),甚至存在有毒成分(如花生油中可能存在的污染物黄曲霉毒素及棉子油中的棉酚等)。无论是风味、外观、还是油的品质、稳定性,粗油都是不理想的。对油脂进行精炼可除去这些杂质,提高油脂的品质,改善风味,延长油脂的货架期。油脂的精炼包括沉降和脱胶、中和、漂白、脱臭等工序。

1.沉降和脱胶

沉降包括加热脂肪、静置和分离水相。可除去油脂中的水分、蛋白质、磷脂和糖类物质。

脱胶通常是指在一定温度下用水去除毛油中磷脂和蛋白质的过程,从而可以防止脂在高温时的起泡、发烟、变色发黑等现象。脱胶的原理是依据磷脂及部分蛋白质在无水状态下可溶于油,但与水形成水合物后则不溶于油的原理,向粗油中加入 2‰～3‰ 的水,并在温度约 50℃ 下搅拌混合,然后静置沉降或离心分离水化磷脂。

2.中和

中和是指用碱中和毛油中的游离脂肪酸形成脂肪酸盐(皂脚)而去除的过程。粗油中含有 0.5% 以上的游离脂肪酸,米糠油中游离脂肪酸含量达 10%。游离脂肪酸影响油的稳定性和风味,可采用中和的方法除去,加入的碱量可通过测定酸价确定。中和反应生成的脂肪酸盐(皂脚)进入水相,分离水相后,再用热水洗涤中性油,然后静置或离心以除去残留的皂脚。同时也可将胶质、色素等吸附除去。副产物皂脚可作为生产脂肪酸的原料。

3.漂白

粗油中含有叶绿素、类胡萝卜素等色素,通常呈黄赤色。叶绿素是光敏化剂,会影响油脂的稳定性,同时色素也影响油脂的外观。脱色的方法很多,一般采用吸附剂进行吸附。常用的吸附剂是活性白土、活性炭等。吸附剂在吸附色素的同时还可将磷脂、残留的皂脚及一些氧化产物一同吸附,最后过滤除去吸附剂。

4. 脱臭

油脂中挥发性的异味物质多半是油脂氧化时产生的,因此,需要进行脱臭以除去异味物质。脱臭是用减压蒸汽蒸馏的方法除去游离脂肪酸、油脂氧化产物和其他一些异味物质的过程。通常在脱臭过程中加入柠檬酸以螯合微量的重金属离子。这种方法不仅可除去挥发性的异味物,还可使非挥发性的异味物分解转为挥发物,蒸馏除去。

油脂精炼后品质明显提高,但在精炼过程中也会造成油脂中的脂溶性维生素,如维生素 A、维生素 E、类胡萝卜素和一些天然抗氧化物质的损失等。胡萝卜素是维生素 A 的前体物,胡萝卜素和维生素 E(即生育酚)也是天然抗氧化剂。例如粗棉油中含有有大量的棉酚和生育酚,比精炼棉油的抗氧化作用强。

二、油脂的改性

绝大部分的天然油脂,因其特有的化学组成和性质,使得它们的应用受到有限制,要想拓展天然油脂的用途,就要对这些油脂进行改性,常用的改性方法是氢化、酯交换和分提。

1. 油脂的氢化

油脂的氢化是指在有催化剂存在的条件下,在油脂不饱和双键上加氢,使之不饱和度降低,把室温下的液态油变为部分氢化半固体或塑性脂肪的过程。氢化能使油脂的色泽变浅,熔点提高,增强其可塑性(如起酥油和人造黄油),同时提高其抗氧化性,如含有臭味的鱼油经氢化后,臭味消失。

氢化中最常用的催化剂是金属 Ni,若油脂经过精炼后不含硫化物,则 Ni 催化剂可反复使用达 50 次。虽然贵金属 Pt 的催化效率比 Ni 高得多,但由于价格因素,并不适用;Cu 催化剂对豆油中亚麻酸有较好的选择性,但其缺点是 Cu 易中毒,反应完毕后,不易除去。

氢化反应易于控制,油脂的氢化程度取决于食品行业的需求。少量氢化,油脂仍保持液态;随着氢化程度的加大,油脂转变为软的固态脂,部分氢化产品可用在食品工业中制造起酥油、人造奶油等。当油脂中所有双键都被氢化后,得到的全氢化脂肪,称为硬化油,可用于制肥皂工业。

油脂氢化是在一个多相反应体系中发生的,该体系包括了液态油、固态催化剂和气态氢气三种反应物。氢化产物十分复杂,油脂的双键越多,氢化越容易发生,产物的种类也越复杂。三烯可转变为二烯，二烯可转变为一烯，直至达到饱和。以 α-亚麻酸的氢化为例，可生成 7 种产物，见图 3-4。

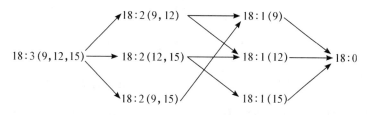

图 3-4　α-亚麻酸氢化后的 7 种产物

油脂氢化后，多不饱和脂肪酸含量下降，脂溶性维生素，如维生素 A 及类胡萝卜素被破坏，而且氢化过程还伴随有双键的位移和反式异构体的产生，即生成反式脂肪酸。随着氢化反应的进行，反式脂肪酸的含量会减少，如果此氢化反应能进行完全，那么是不会留下反式脂

为什么人们不宜多食人造奶油含量高的食品？如西式糕点、马铃薯片、沙拉酱、饼干以及巧克力等。

动脑筋

肪酸的，但是反应最后的油脂产物会因为过硬而没有实际使用价值。值得注意的是，近年来，一些最新研究初步表明，反式脂肪酸对人的心脏的损害程度远远高于任何一种动物油。它还可能增加乳腺癌和糖尿病的发病率，并有可能影响儿童生长发育和神经系统健康。人们食用的含有反式脂肪酸的食品，基本上来自含有人造奶油的食品。比如西式糕点、马铃薯片、沙拉酱、饼干以及巧克力等。尽管反式脂肪酸已经被证实对人体健康有害，但食物含多少反式脂肪酸才在安全范围以内，人们每天摄入反式脂肪酸的量在多少范围内才能保证健康，目前我国食品安全部门还没有制定相应的标准。

2. 油脂的酯交换

由于天然油脂的某些特定的性质如结晶特性、熔点等，不仅受油脂中脂肪酸组成的影响，还受到脂肪酸在油脂分子中分布的位置的影响，这些性质有时会限制它们在工业上的应用，但可以采用化学改性的方法如酯交换改变改变油脂分子中脂肪酸的位置分布，借以改变油脂的性质。例如猪油的结晶颗粒大，口感粗糙，不利于产品的稠度，也不利于用在糕点制品上，但经过酯交换后，改性猪油结晶细小，稠度改善，熔点和黏度降低，适合于作为人造奶油和糖果用油。这种方法目前已用于工业化生产。酯交换可以在分子内进行，也可以在不同分子之间进行，见图 3-5。反应所用的催化剂有碱性催化剂，如金属钠、钾、钠-钾合金、氢氧化钠、甲醇钠以及钠烷基化合物等。近年来以酶作为催化剂进行酯交换的研究，已经取得良好的发展。

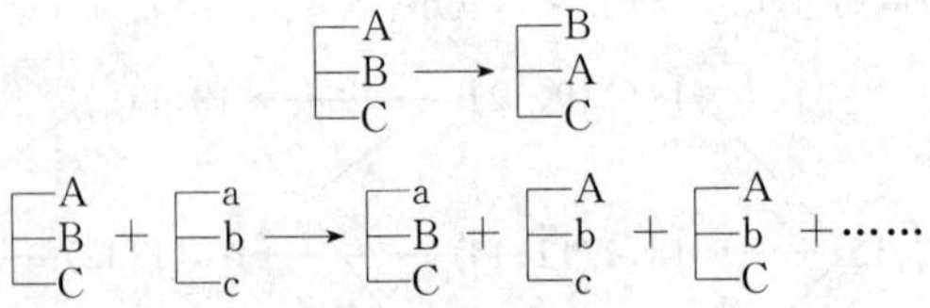

图 3-5　在分子内或不同分子之间进行酯交换

值得注意的是,氢化和酯交换反应均是以一种不可逆的化学变化为基础的。由于使用的催化剂的污染,以及不可避免会发生一些副反应,因此,经过化学改性的油脂需要通过精炼,以提高改性后油脂的安全性。

3.油脂的分提

油脂由各种熔点不同的三酰基甘油组成,在一定温度下利用构成油脂的各种三酰基甘油的熔点差异以及在不同溶剂中的溶解度的不同,而把油脂分成具有不同理化特性的两种或多种组分,这就是油脂分提。

分提可分为干法分提、表面活性剂分提及溶剂分提。

干法分提是指在无有机溶剂存在的情况下,将处于溶解状态的油脂慢慢冷却到一定程度,过滤分离结晶,析出固体脂的方法。包括冬化、脱蜡和液压及分级等方法。冬化时要求冷却速度慢,并不断轻轻搅拌以保证产生体积大,易分离的 β' 和 β 型晶体。油脂置于 10℃ 左右冷却,使其中的蜡结晶析出,这种方法称为油脂脱蜡。压榨法是一种古老的分提方法,用来除去固体脂(如猪油、牛油等)中少量的液态油。

溶剂分提法易形成容易过滤的稳定结晶,提高分离效果,尤其适用于组成脂肪酸的碳链长、黏度大的油脂分提。油脂分提所用的溶剂主要有丙酮、己烷、甲乙酮、2-硝基丙烷等。己烷对脂溶解度大,结晶析出温度低,结晶生成速度慢;甲乙酮分离性能优越,冷却时能耗低,但其成本高;丙酮分离性能好,但低温时对油脂的溶解能力差,并且丙酮易吸水,从而使油脂的溶解度急剧变化,改变其分离性能。为克服使用单一溶剂的缺点,常使用混合溶剂(丙酮-己烷)分提。

需要说明的是,分提是一种完全可逆的改性方法,在分提中,脂肪组成的改变是通过物理方法有选择地分离脂肪的不同组分而实现的,是将多组分的混合物物理分离成具有不同理化特性的两种或多种组分,这种分离是以不同组分在凝固性、溶解度或挥发性方面的差异为基础的。今天,油脂加工工业越来越多地使用分提来拓宽油脂各品种的用途,并且这种方法已全部或部分替代化学改性的方法。

焙烤食品中常用的油脂

在焙烤食品中常用的油脂有植物油、动物油、人造奶油和起酥油等。

1.植物油

植物油有大豆油、棉子油、花生油、棕榈油、玉米胚芽油等。植物油中主要含有不饱和脂肪酸，其营养价值高于动物油脂，但加工性能不如动物油脂和人造固态油脂。

2.动物油

天然动物油中常用的是奶油和猪油。大多数动物油都具有熔点高、起酥性好、可塑性强的特点。

3.人造奶油

人造奶油是指精制食用油添加适量的水、乳粉、色素、香精、乳化剂、防腐剂、抗氧化剂、食盐、维生素等辅料，经乳化、急冷捏合而成的具有天然奶油特色的可塑性油脂制品。由于人造奶油具有良好的涂抹性能、口感性能和风味性能等加工特性，它已成为世界上焙烤食品加工中使用较为广泛的油脂之一。

4.起酥油

起酥油是指精炼的动植物油脂、氢化油、酯交换油或这些油的混合物，经混合、冷却、塑化而加工出来的具有可塑性、乳化性的固态或流动性的油脂产品。起酥油与人造奶油的主要区别是起酥油中没有水相。在国外起酥油的品种很多，在面包、饼干、糕点中使用最为广泛使用。

实验 3-1　　油脂酸价的测定

一、实验目的

①了解影响油脂氧化的主要因素和酸价的意义；
②掌握油脂酸价的测定方法。

二、实验原理

油脂由于光和热或微生物的作用而被水解，产生游离脂肪酸从而降低了油脂品质，严重时甚至发生酸败而不能食用。酸败程度的大小用酸价来表示。酸价的定义是指中和 1 g 油脂中游离脂肪酸所需要氢氧化钾的质量(mg)。

油脂中的游离脂肪酸与氢氧化钾发生中和反应,根据氢氧化钾标准溶液的消耗量可计算出游离脂肪酸的量。

反应式如下:

$$ROOH + KOH \xrightarrow{\text{乙醇}} RCOOK + H_2O$$

同一种植物油的酸价高,表明油脂因水解而产生较多的游离脂肪酸。酸价是反映油脂酸败的主要指标。

三、仪器与试剂

1. 仪器

锥形瓶(250 mL)、碱式滴定管等。

2. 试剂

油脂、0.1 mol/L KOH 标准溶液、1%酚酞指示剂、中性乙醇-乙醚混合液(乙醇、乙醚按 1:2 混合,使用前以酚酞为指示剂用 0.1 mol/L KOH 溶液中和至呈淡红色)。

四、分析步骤

精确称取 3~5 g 样品,置于锥形瓶中,加入 50 mL 乙醇-乙醚中性混合液,振摇促使样品溶解,以 1%酚酞作指示剂,加 1~2 滴,用 0.1 mol/L 的 KOH 标准溶液滴至微红色,且于 30 s 内不褪色为终点。记下消耗的碱液体积(mL),平行 2~3 次并做空白对照。

五、结果与计算

其测定结果按下式计算:

$$酸价 = \frac{cV \times 56.11}{m}$$

式中:V—样品消耗氢氧化钾标准溶液的体积,mL;

　　　c—氢氧化钾标准溶液的浓度,mol/L;

　　　m—样品质量,g;

　　　56.11—KOH 的摩尔质量,g/mol。

六、说明与讨论

①测定蓖麻油时,只用中性乙醇而不用混合溶剂。

②当试样颜色较深,终点难以判断时,可减少试样用量或稀释试样;也可采用百里酚酞作指示剂,终点由无色变为蓝色。

③氢氧化钾标准溶液也可用氢氧化钠溶液代替,但计算公式不变,即仍以氢氧化钾的摩尔质量计算。

④滴定过程中如出现混浊或分层,表明由碱液带进水过多,乙醇量不足以使乙醚与碱溶液互溶。一旦出现此现象,可补加 95％ 的乙醇,促使均一相体系的形成。

七、考核要点

①滴定:操作规范,结果准确。

②酸价的计算。

复习思考题

1.食品中脂肪的定义及化学组成? 如何分类?

2.食用油脂中的脂肪酸种类? 如何命名?

3.食用油脂有哪些物理性质和化学性质?

4.食用油脂在储藏加工过程中发生哪些变化?

5.辐照时食用油脂发生哪些变化?

6.食用油脂会发生哪些氧化反应? 影响脂肪氧化的因素有哪些? 应如何防止?

7.食用油脂氧化与水分活度的关系如何?

8.食用油脂中过氧化值大小说明什么问题?

9.食用油脂为什么需要精炼? 应如何进行精炼?

第四章　蛋白质

学习目标
- 掌握蛋白质的组成、结构、理化性质以及在食品加工中的功能性质。
- 掌握鸡蛋、牛乳、肉类、谷类和豆类中的特殊蛋白质及其功能特性。
- 掌握必需氨基酸的概念及种类、化学结构及理化性质。
- 重点掌握食品加工对蛋白质功能和营养价值的影响及其控制措施。

第一节　概　述

一、蛋白质的概念

蛋白质是由多种不同的 α-氨基酸通过肽链相互连接而成的,并具有多种多样的二级和三级结构。不同的蛋白质具有不同的氨基酸组成,因此也具有不同的理化特性。蛋白质在生物体内具有多种生物功能,可归类如下:酶催化、结构蛋白、收缩蛋白(肌球蛋白、肌动蛋白、微管蛋白)、激素(胰岛素、生长激素)、传递蛋白(血清蛋白、铁传递蛋白、血红蛋白)、抗体蛋白(免疫球蛋白)、储藏蛋白(蛋清蛋白、种子蛋白)和保护蛋白(毒素和过敏素)等。蛋白质(protein)是生物体细胞的重要组成成分,在生物体系中起着核心作用;蛋白质也是一种重要的产能营养素,并提供人体所需的必需氨基酸;蛋白质还对食品的质构、风味和加工产生重大影响。

(一)蛋白质的化学组成

一般蛋白质的相对分子质量在 1 万至几百万之间。根据元素分析,蛋白质主要含有 C、H、O、N 等元素,有些蛋白质还含有 P、S 等,少数蛋白质含有 Fe、Zn、Mg、Mn、Co、Cu 等。多数蛋白质的元素组成如下:C 为 $50\%\sim56\%$,H 为 $6\%\sim7\%$,O 为 $20\%\sim30\%$,N 为 $14\%\sim19\%$,平均含量为 16%;S 为 $0.2\%\sim3\%$;P 为 $0\sim3\%$。

（二）组成蛋白质的基本单位——氨基酸

蛋白质在酸、碱或酶的作用下，完全水解的最终产物是性质各不相同的一类特殊的氨基酸，即 L-α-氨基酸。L-α-氨基酸是组成蛋白质的基本单位，其通式如图 4-1 所示。

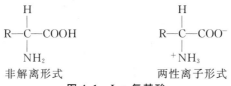

非解离形式　　　　　　两性离子形式

图 4-1　L-α-氨基酸

二、蛋白质的分类和结构

（一）蛋白质的分类

按照化学组成，蛋白质通常可以分为简单蛋白质和结合蛋白质。简单蛋白质是水解后只产生氨基酸的蛋白质，包括清蛋白、球蛋白、谷蛋白、醇溶谷蛋白、组蛋白、鱼精蛋白、硬蛋白等；结合蛋白质是水解后不仅产生氨基酸，还产生其他有机或无机化合物（如碳水化合物、脂质、核酸、金属离子等）的蛋白质。结合蛋白质的非氨基酸部分称为辅基。

根据辅基的不同，结合蛋白质可分为：核蛋白、脂蛋白、糖蛋白和黏蛋白、磷蛋白、血红素蛋白、黄素蛋白、金属蛋白等。

蛋白质按其分子形状分为球状蛋白质和纤维状蛋白质两大类。球状蛋白质，分子对称性佳，外形接近球状或椭球状，溶解度较好，能结晶，大多数蛋白质属于这一类。纤维状蛋白质，对称性差，分子类似细棒或纤维，它又可分成可溶性纤维状蛋白质，如肌球蛋白、血纤维蛋白原等和不溶性纤维状蛋白质，包括胶原、弹性蛋白、角蛋白以及丝心蛋白等。

蛋白质按其生物功能分为酶、运输蛋白质、营养和储存蛋白质、收缩蛋白质或运动蛋白质、结构蛋白质和防御蛋白质。

（二）蛋白质的结构

蛋白质是由多肽链折叠成的三维结构。蛋白质的天然构象是一种热力学状态，在此状态下各种有利的相互作用达到最大，而不利的相互作用降到最小，于是蛋白质分子的整个自由能具有最低值。

影响蛋白质折叠的作用力包括两类：①蛋白质分子固有的作用力所形成的相互作用；②受周围溶剂影响的相互作用。范德华相互作用和空间相互作用属于前者，而氢键、静电相互作用和疏水基相互作用属于后者（图 4-2）。

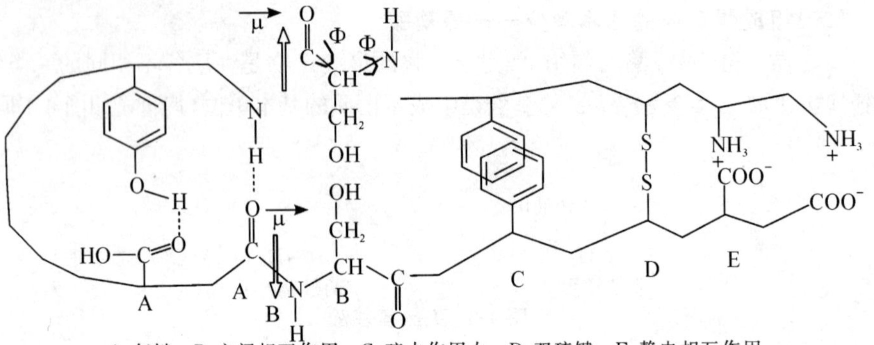

A. 氢键　B. 空间相互作用　C. 疏水作用力　D. 双硫键　E. 静电相互作用

图 4-2　维持蛋白质三级结构的作用力

1. 空间作用力

虽然 Φ 和 Ψ 角在理论上具有 $360°$ 的转动自由度,实际上由于氨基酸残基侧链原子的空间位阻使它们的转动受到很大的限制。因此,多肽链的片段仅能采取有限形式的构象。

2. 范德华相互作用

蛋白质分子内原子间存在范德华作用力。另外,相互作用力的方式(吸引或排斥)与原子间的距离有关。就蛋白质而论,这种相互作用力同样与 α 碳原子周围转角有关。距离大时不存在相互作用力,当距离小时则可产生吸引力,距离更小时则产生排斥力。原子间存在的范德华作用力包括偶极-诱导偶极和诱导偶极-诱导偶极的相互作用和色散力。

范德华相互作用是很弱的,随原子间距离增加而迅速减小,当该距离超过 $0.6\ nm$ 时可忽略不计。各种原子对范德华相互作用能量的范围从 $-0.8\sim-0.17\ kJ/mol$。在蛋白质中,由于有许多原子对参与范德华相互作用,因此,它对于蛋白质的折叠和稳定性的贡献是很显著的。

3. 氢键

氢键是指以共价与一个电负性原子(例如 N、O 或 S)相结合的氢原子同另一个电负性原子之间的相互作用。在蛋白质中,一个肽键的羰基与另一个肽键的 N—H 的氢可以形成氢键。氢键距离 O……H 约 $1.75\ Å$,键能量为 $8\sim40\ kJ/mol$。

氢键对于稳定 α 螺旋和 β 折叠的二级结构和三级结构起着主要作用。氨基酸的极性基团位于蛋白质分子表面,可以和水分子形成许多个氢键,因此氢键有利于某些蛋白质的结构保持稳定和溶解度增加。

4. 静电相互作用力

蛋白质可以看成是多聚电解质,因为氨基酸的侧链(如天冬氨酸、谷氨酸、酪氨酸、赖氨酸、组氨酸、精氨酸、半胱氨酸)以及碳和氮末端氨基酸的可解离基团参与酸碱平衡,肽键中的 α 氨基和 α 羧基在蛋白质的离子性中只占很小的一部分。可解离的基团能产生使二级结构或三级结构稳定的吸引力或排斥力,例如天冬氨酸和谷氨酸的 β 和 γ 羧基、C 末端氨基酸和羧基通常带有负电荷;赖氨酸的 ε 氨基、N 末端氨基酸的 α 氨基、精氨酸的胍基和组氨酸的咪锉基等带有正电荷。静电相互作用能量范围为 $42 \sim 84$ kJ/mol。

某些离子-蛋白质的相互作用有利于蛋白质四级结构的稳定,蛋白质-Ca^{2+}-蛋白质型的静电相互作用力对维持酪蛋白胶束的稳定性起着重要作用。在某些情况下,离子-蛋白质的复合物还可产生生物活性,像铁的运载或酶活性。通常,离子在蛋白质分子一定的位点上结合,过渡金属离子(Cr、Mn、Fe、Cu、Zn、Hg 等)可同时通过部分离子键与几种氨基酸的咪锉基和巯基结合。

5.疏水作用力

蛋白质分子的极性相互作用是非常不稳定的,蛋白质的稳定性取决于能否保持在一个非极性的环境中。驱动蛋白质折叠的重要力量来自于非极性基团的疏水作用力。

在水溶液中,非极性基团之间的疏水作用力是水与非极性基团之间热力学上不利的相互作用的结果。在水溶液中非极性基团倾向于聚集,使得与水直接接触的面积降至最低。水结构诱导的水溶液中非极性基团的相互作用被称为疏水相互作用。在蛋白质中,氨基酸残基非极性侧链之间的疏水作用力是蛋白质折叠成独特的三维结构的主要因素。

6.二硫键

二硫键是天然存在于蛋白质中唯一的共价侧链交联,它们既能存在于分子内,也能存在于分子间。在单体蛋白质中,二硫键的形成是蛋白质折叠的结果。当两个 Cys 残基接近并适当定向时,在分子氧的氧化作用下形成二硫键。二硫键的形成能帮助稳定蛋白质的折叠结构。

某些蛋白质含有半胱氨酸和胱氨酸残基,能够发生巯基和二硫键的交换反应。

总之,一个独特的三维蛋白质结构的形成是各种排斥和吸引的非共价相互作用以及几个共价二硫键作用的结果。

三、蛋白质在食品加工中的功能性质

蛋白质的功能性质是指在食品加工、储藏和销售过程中蛋白质对食品功能特征做出贡献的那些物理和化学性质。

(一)蛋白质的水合作用

蛋白质的水合作用也叫蛋白质的水合性质,是蛋白质的肽键和氨基酸的侧链与水分子间发生反应的特性。

蛋白质在溶液中的构象很大程度上与它和水合特性有关。蛋白质的水合作用是一个逐步的过程,即首先形成化合水和邻近水,再形成多分子层水,如若条件允许,蛋白质将进一步水化,这时表现为:①蛋白质吸水充分膨胀而不溶解,这种水化性质通常叫膨润性。②蛋白质在继续水化中被水分散而逐渐变为胶体溶液,具有这种水化特点的蛋白质称为可溶性蛋白。大多数食品为水合的固态体系。食品蛋白质及其他成分的物理化学和流变学性质,不仅强烈地受到体系中水的影响,而且还受水分活度的影响。干的浓缩蛋白质或离析物在应用时必须水合,因此食品蛋白质的水合和复水性质具有重要的实际意义。

环境因素对水合作用有一定的影响,如蛋白质的浓度、pH 值、温度、水合时间、离子强度和其他组分的存在都是影响蛋白质水合特性的主要因素。蛋白质的总水吸附率随蛋白质浓度的增加而增加。

pH 值的改变会影响蛋白质分子的解离和带电性,从而改变蛋白质的水合特性。在等电点下,蛋白质荷电量净值为零,蛋白质间的相互作用最强,呈现最低水化和肿胀。例如,在宰后僵直期的生牛肉中,当 pH 值从 6.5 下降至 5.0(等电点)时,其持水力显著下降,并导致生牛肉的多汁性和嫩度下降。高于或低于等电点 pH 值时,由于净电荷和排斥力的增加使蛋白质肿胀并结合较多的水。

温度在 0~40℃或 50℃之间,蛋白质的水合特性随温度的提高而提高,更高温度下蛋白质高级结构破坏,常导致变性聚集。结合水的含量虽受温度的影响不大,但氢键结合水和表面结合水随温度升高一般下降,可溶性也可能下降。另一方面,结构很紧密和原来难溶的蛋白质被加热处理时,可能导致内部疏水基团暴露而改变水合特性。对于某些蛋白质,加热时形成不可逆凝胶,干燥后网眼结构保持,产生的毛细管作用力会提高蛋白质的吸水能力。

离子的种类和浓度对蛋白质吸水性、肿胀和溶解度也有很大的影响。盐类和氨基酸侧链基团通常同水发生竞争性结合,在低盐浓度时,离子同蛋白质荷电基团相互作用而降低相邻分子的相反电荷间的静电吸引,从而有助于蛋白质水化和提高其溶解度,这叫盐溶效应。当盐浓度更高时,由于离子的水化作用争夺了水,导致蛋白质"脱水",从而降低其溶解度,这叫做盐析效应。在食品中用于提高蛋白质水化能力的中性盐主要是 NaCl,但也常用其他如 $(NH_4)_2SO_4$ 和 NaCl 来沉淀蛋白

盐溶效应、盐析效应与聚磷酸盐嫩化肉的机理各是什么?有何异同之处?　　动脑筋

质。食品中也常用磷酸盐改变蛋白质的水化性质,其作用机制与前两种盐不同,它是与蛋白质中结合或络合的 Ca^{2+}、Mg^{2+} 等离子结合而使蛋白质的侧链羧基转为 Na^+、K^+ 和 NH_4^+ 盐基或游离负离子的形式,从而提高蛋白质的水化能力,例如在肉制品中添加 0.2% 左右的聚磷酸盐可增加其持水力。

蛋白质吸附和保持水的能力对各种食品的质地和性质起着重要的作用,尤其是对碎肉和面团。如果蛋白质不溶解,则因吸水性会导致膨胀,这会影响它的质构、黏度和黏着力等特性。蛋白质的其他功能性质(如乳化、胶凝)也可使食品产生良好的食用特性。

蛋白质的水合性质主要用溶解度、吸水能力和持水性表示。但这三种性质不是相互一致的,不同食品对这些水合特性的要求不同。

在制作蛋白饮料时,要求溶液透明、澄清或为稳定的乳状液,还要求黏度低。这就要求蛋白质溶解度高,pH、离子强度和温度必须在较大范围内稳定,在此范围内蛋白质的水合性质应相对稳定而不聚集沉淀。

当向肉制品、面包或干酪等食品中添加大豆蛋白时,蛋白质的吸水性便成为一个重要问题。应通过改变 pH 或加入中性盐及控制添加量以确保制品即使受热也能保持充足水分,因为只有保持肉汁,肉制品才能有良好的口感和风味。

(二)蛋白质的溶解度

蛋白质的溶解度是蛋白质-蛋白质和蛋白质-溶剂相互作用达到平衡的热力学表现形式。Bigelow 认为蛋白质的溶解度与氨基酸残基的疏水性有关,疏水性越小蛋白质的溶解度越大。蛋白质的溶解性,可用水溶性蛋白(WSP)、水可分散蛋白(WDP)、蛋白质分散性指标(PDI)、氮溶解性指标(NSI)来评价;其中 PDI 和 NSI 已是美国油脂化学家协会采纳的法定评价方法。

蛋白质的溶解度大小还与 pH 值、离子强度、温度和蛋白质浓度有关。

由于蛋白质的溶解度与它们的结构状态紧密相关,因此,在蛋白质的提取、分离和纯化过程中,它常被用来衡量蛋白质的变性程度。它还是判断蛋白质潜在的应用价值的一个指标。

(三)蛋白质流体的黏度

液体的黏度(viscosity)反映它对流动的阻力。蛋白质流体的黏度主要由蛋白质粒子在其中的表观直径决定(表观直径越大,黏度越大)。表观直径又依下列参数而变:①蛋白质分子的固有特性(如摩尔浓度、大小、体积、结构及电荷等);②蛋白质和溶剂间的相互作用,这种作用会影响膨胀、溶解度和水合作用;③蛋白质和蛋白质之间的相互作用会影响凝集体的大小。

当大多数亲水性溶液的分散体系(匀浆或悬浊液)、乳浊液、糊状物或凝胶(包括蛋白质)的流速增加时,它的黏度系数降低,这种现象称为剪切稀释(shear thi-ning)。剪切稀释可以用下面的现象来解释:①分子在流动的方向逐步定向,因而使摩擦阻力下降。②蛋白质水化球在流动方向变形。③氢键和其他弱键的断裂导致蛋白质聚集体或网络结构的解体。这些情况下,蛋白质分子或粒子在流动方向的表观直径减小,因而其黏度系数也减小。当剪切处理停止时,断裂的氢键和其他次级键若重新生成而产生同前的聚集体,那么黏度又重新恢复,这样的体系称为触变(thixotropic)体系。例如大豆分离蛋白和乳清蛋白的分散体系就是触变体系。

黏度和蛋白质的溶解度无直接关系,但和蛋白质的吸水膨润性关系很大。一般情况下,蛋白质吸水膨润性越大,分散体系的黏度也越大。

蛋白质体系的黏度和稠度是流体食品如饮料、肉汤、汤汁、沙司和奶油的主要功能性质。蛋白质分散体的主要功能性质对于最适加工过程也同样具有实际意义,例如,在输送、混合、加热、冷却和喷雾干燥中都包括质量或热的传递。

(四)蛋白质的胶凝作用

蛋白质的胶凝作用同蛋白质的缔合、凝集、聚合、沉淀、絮凝和凝结等分散性的降低是不同的。蛋白质的缔合一般是指亚基或分子水平上发生的变化;聚合或聚集一般是指较大复合物的形成;沉淀作用指由于溶解度全部或部分丧失而引起的一切凝集反应;絮凝是指没有变性时的无序凝集反应,这种现象常常是因为链间静电排斥力的降低而引起的;凝结作用是指发生变性的无规则聚集反应和蛋白质-蛋白质的相互作用大于蛋白质-溶剂的相互作用引起的聚集反应。变性的蛋白质分子聚集并形成有序的蛋白质网络结构的过程称为胶凝作用。

(五)蛋白质的质构化

蛋白质的质构化或者叫组织形成性,是在开发利用植物蛋白和新蛋白质中重要的一种功能性质。这是因为这些蛋白质本身不具有像畜肉那样的组织结构和咀嚼性,经过质构化后可使它们变为具有咀嚼性和持水性良好的片状或纤维状产品,从而制造出仿造食品或代用品。另外,质构化加工方法还可用于动物蛋白质的"重质构化"或"重整",如牛肉或禽肉的"重整"。蛋白质质构化的方法:

1.热凝结和形成薄膜

浓缩的大豆蛋白质溶液能在滚筒干燥机等同类型机械的金属表面热凝结,产生薄而水化的蛋白质膜,能被折叠压缩在一起切割。豆乳在95℃下保持几小时,表面水分蒸发,热凝结而形成一层薄的蛋白质-脂类膜,将这层膜被揭除后,又形成一层膜,然后又能重新反复几次再产生同

腐竹、人造肉是利用了蛋白质质构化的功能性质加工而成的,查阅一下,如何加工腐竹和人造肉?　　动脑筋

样的膜,这就是我国加工腐竹(豆腐衣)的传统方法。

　　2.纤维的形成

　　大豆蛋白和乳蛋白液都可喷丝而组织化,就像人造纺织纤维一样,这种蛋白质的功能特性就叫做蛋白质的纤维形成作用。利用这种功能特性,将植物蛋白或乳蛋白浓溶液喷丝、缔合、成形、调味后,可制成各种风味的人造肉。

　　3.热塑性挤压

　　目前用于植物蛋白质质构化的主要方法是热塑性挤压,采用这种方法可以得到干燥的纤维状多孔颗粒或小块,当复水时具有咀嚼性质地。进行这种加工的原料不需用蛋白质离析物,可用价格低廉的蛋白质浓缩物或粉状物(含 45%～70% 蛋白质)即可,其中酪蛋白或明胶既能作为蛋白质添加物又可直接质构化,若添加少量淀粉或直链淀粉就可改进产品的质地,但脂类含量不应超过 5%～10%,氯化钠或钙盐添加量应低于 3%,否则,将使产品质地变硬。

　　热塑性挤压可产生良好的质构化,但要求蛋白质具有适宜的起始溶解度、大的分子质量以及蛋白质-多糖混合料在管芯内能产生适宜的可塑性和黏稠性。含水量较高的蛋白质同样也可以在挤压机内因热凝固而质构化,这将导致水合、非膨胀薄膜或凝胶的形成,添加交联剂戊二醛可以增大最终产物的硬度。这种技术还可用于血液、机械去骨的鱼、肉及其他动物副产品的质构化。

(六)面团的形成

　　小麦胚乳面筋蛋白质于室温下与水混和、揉搓,能够形成黏稠、有弹性和可塑性的面团,这种作用就称为面团的形成。黑麦、燕麦、大麦的面粉也有这种特性,但是较小麦面粉差。小麦面粉中除含有面筋蛋白质(麦醇溶蛋白和麦谷蛋白)外,还含有淀粉粒、戊聚糖、极性和非极性脂类及可溶性蛋白质,所有这些成分都有助于面团网络和面团质地的形成。麦醇溶蛋白和麦谷蛋白的组成及大分子体积使面筋富有很多特性。由于它们可解离氨基酸含量低,使面筋蛋白质不溶于中性水溶液。面筋蛋白质富含谷氨酰胺(超过 33%)、脯氨酸(15%～20%)和丝氨酸及苏氨酸,它们倾向于形成氢键,这在很大程度上解释了面筋蛋白的吸水能力(面筋吸水量为干蛋白质的 180%～200%)和黏着性质;面筋中还含有较多的非极性氨基酸,这与水化面筋蛋白质的聚集作用、黏弹性和与脂肪的有效结合有关;面筋蛋白质中还含有众多的二硫键,这是面团物质产生坚韧性的原因。

　　麦醇溶蛋白(70%乙醇中溶解)和麦谷蛋白构成面筋蛋白质。麦谷蛋白分子质量比麦醇溶蛋白分子质量大,前者分子质量可达数百万,既含有链内二硫键,又含有大量链间二硫键;麦醇溶蛋白仅含有链内二硫键,相对分子质量在 35 000～75 000。麦谷蛋白决定着面团的弹性、黏合性和抗张强度,而麦醇溶蛋白促进面团的流动性、伸展性和膨胀性。在制作面包的面团时,两类蛋白质的适当平衡是很重要的。过度黏结(麦谷蛋白过多)的面团会抑制发酵期间所截留的 CO_2 气泡的膨胀,抑制面团发起和成品面包中的空气泡,加入还原剂半胱氨酸、偏亚硫酸氢盐可打断部分二硫键而降低面团的黏弹性。过度延展(麦醇溶蛋白过多)的面团产生的气泡膜是易破裂的和可渗透的,不能很好地保留 CO_2,从而使面团和面包塌陷,加入溴酸盐、脱氢抗坏血酸氧化剂可使二硫键形成而提高面团的硬度和黏弹性。面团揉搓不足时因网络还来不及形成而使"强度"不足,但过多揉搓时可能由于二硫键断裂使"强度"降低。面粉中存在的氢醌类、超氧离子和易被氧化的脂类也被认为是促进二硫键形成的天然因素。

焙烤不会引起面筋蛋白质大的再变性,因为麦醇溶蛋白和麦谷蛋白在面粉中已经部分伸展,在捏揉面团时更加被伸展,而在正常温度下焙烤面包时面筋蛋白质不会再进一步伸展。当焙烤温度高于 $70\sim80℃$ 时,面筋蛋白质释放出的水分能被部分糊化的淀粉粒所吸收,因此即使在焙烤时,面筋蛋白质也仍然能使面包柔软和保持水分(含 $40\%\sim50\%$ 水),但焙烤能使面粉中可溶性蛋白质(清蛋白和球蛋白)变性和凝集,这种部分的胶凝作用有利于面包心的形成。

(七)蛋白质的乳化作用

许多传统食品,像牛乳、蛋黄酱、冰淇淋、奶油和蛋糕面糊等是乳状液;许多新的加工食品,像咖啡增白剂等则是含乳状液的多相体系。天然乳状液靠脂肪球"膜"来稳定,这种"膜"由三酰甘油、磷脂、不溶性脂蛋白和可溶性蛋白的连续吸附层所构成。

蛋白质既能同水相互作用,又能同脂相互作用,因此蛋白质是天然的两亲物质,从而具有乳化性质(emulsifying properties),在油/水体系中,蛋白质能自发地迁移至油-水界面和气-水界面,到达界面上以后,疏水基定向到油相和气相而亲水基定向到水相并广泛展开和散布,在界面形成一蛋白质吸附层,从而起到稳定乳状液的作用。

很多因素影响蛋白质的乳化性质,它们包括内在因素,如 pH、离子强度、温度、低分子质量的表面活性剂、糖、油相体积分数、蛋白质类型和使用的油的熔点等;外在因素,如制备乳状液的设备类型和几何形状,能量输入的强度和剪切速度。这里仅讨论内在的影响因素。

一般来说,蛋白质疏水性越强,在界面吸附的蛋白质浓度越高,界面张力越低,乳状液越稳定。

蛋白质的溶解度与其乳化容量或乳状液稳定性之间通常存在正相关,不溶性蛋白质对乳化作用的贡献很小,但不溶性蛋白质颗粒常常能够在已经形成的乳状液中起到加强稳定作用。

　　pH 影响由蛋白质稳定的乳状液的形成和稳定,在等电点溶解度高的蛋白质(如血清清蛋白、明胶和蛋清蛋白),具有最佳乳化性质。由于大多数食品蛋白质(酪蛋白、商品乳清蛋白、肉蛋白、大豆蛋白)在它们的等电点 pH 时是微溶和缺乏静电推斥力的,因此在此 pH 时它们一般不具有良好的乳化性质。

　　加入低分子的表面活性剂,由于降低了蛋白质膜的硬度及蛋白质保留在界面上的作用力,因此,通常有损于依赖蛋白质稳定的乳状液的稳定性。

　　加热处理常可降低吸附在界面上的蛋白质膜的黏度和硬度,因而降低了乳状液的稳定性。加入小分子的表面活性剂,如磷脂和甘油一酰酯等,它们与蛋白质竞争地吸附在界面上,从而降低了蛋白质膜的硬度和削弱了使蛋白质保留在界面上的作用力,也使蛋白质的乳化性能下降。

　　由于蛋白质从水相向界面缓慢扩散和被油滴吸附,将使水相中蛋白质的浓度降低,因此只有蛋白质的起始浓度较高时才能形成具有适宜厚度和流变学性质的蛋白质膜。

(八)蛋白质的发泡作用

　　蛋白质能作为发泡剂主要决定于蛋白质的表面活性和成膜性,例如鸡蛋清中的水溶性蛋白质在鸡蛋液搅打时可被吸附到气泡表面来降低表面张力,又因为搅打过程中的变性,逐渐凝固。

　　具有良好起泡性质的蛋白质包括蛋清蛋白质、血红蛋白和球蛋白部分、牛血清蛋白、明胶、乳清蛋白、酪蛋白胶束、β-酪蛋白、小麦蛋白质(特别是谷蛋白)、大豆蛋白质和一些水解蛋白质(低水解)。对于蛋清,泡沫能快速形成,然而泡沫密度、稳定性和耐热性低。

　　蛋白质的浓度与起泡性相关,当起始液中蛋白质的浓度在 2% ~ 8% 范围内,随着浓度的增加起泡性有所增加。当蛋白质浓度增加到 10% 时则会使气泡变小,泡沫变硬。这是由于蛋白质在高浓度下溶解度变小的缘故。

　　pH 值影响蛋白质的荷电状态,因而改变了其溶解度、相互作用力和持水力,也就改变了蛋白质的起泡性质和泡沫的稳定性。当蛋白质处于或接近等电点 pH 时,有利于界面上蛋白质-蛋白质的相互作用和形成黏稠的膜,被吸附至界面的蛋白质的数量也将增加,这两个因素均提高了蛋白质的起泡能力和泡沫稳定性。

　　盐类影响蛋白质的溶解度、黏度、伸展和聚集,因而改变其起泡性质。这取决于盐的种类、浓度和蛋白质的性质,如氯化钠通常能增大泡沫膨胀率和降低泡沫稳定性,而钙离子由于能与蛋白质的羧基形成桥键从而使泡沫稳定性提高。在低浓度时,盐提高了蛋白质的溶解度,在高浓度时产生盐析效应,这两种效应都会影响蛋白质的起泡性质和泡沫稳定性。一般来说,在指定的盐溶液中蛋白质被盐析时则显示较好的起泡性质,被盐溶时则显示较差的起泡性质。

　　由于糖类能提高整体黏度,因此,抑制泡沫的膨胀,但却改进了泡沫的稳定性。所以,在加工蛋白甜饼、蛋奶酥和蛋糕等含糖泡沫型甜食产品时,如在搅打后加入糖,能使蛋白质吸附、展开和形成稳定的膜,从而提高泡沫的稳定性。

　　脂类使泡沫稳定性下降,这是由于脂类物质,尤其是磷脂,具有比蛋白质更大的表面活性,它将以竞争方式在界面上取代蛋白质,于是减少了膜的厚度和黏合性。

　　发泡方法对蛋白质的起泡性也有影响。为了形成足够的泡沫,搅拌、搅打时间和强度必须足够,使蛋白质充分地展开和吸附,然而过度激烈搅打也会导致泡沫稳定性降低,因为剪切力使吸附膜及泡沫破坏和破裂。搅打鸡蛋清如超过 $6\sim8$ min,将引起气/水界面上的蛋白质部分凝结,使得泡沫稳定性下降。

　　在产生泡沫前,适当加热处理可提高大豆蛋白质($70\sim80℃$)、乳清蛋白质($40\sim60℃$)、卵清蛋白质(卵清蛋白和溶菌酶)、血清白蛋白等蛋白质的起泡性能,但过度的热处理则会损害起泡能力。将已形成的泡沫进行加热,个别情况下可能会使得蛋白质吸附膜因胶凝作用而产生足够的刚性从而稳定气泡,但大多数情况下会导致空气膨胀、黏性降低、气泡破裂和泡沫崩溃。

(九)蛋白质与风味物质的结合

　　风味物质能够部分被吸附或结合在食品的蛋白质中,对于豆腥味、酸败味和苦涩味物质等不良风味物质的结合常降低了蛋白质的食用性质,而对肉的风味物质和其他需宜风味物质的可逆结合,可使食品在保藏和加工过程中保持其风味。

　　蛋白质与风味物质的结合包括物理吸附和化学吸附。前者主要通过范德华力和毛细管作用吸附,后者包括静电吸附、氢键结合和共价结合。

四、各种食品中蛋白质的分布及含量

(一)肉类蛋白质

　　肉类是食物蛋白质的主要来源。肉类蛋白质主要存在于肌肉组织中,以牛、羊、鸡、鸭肉等最为重要,肌肉组织中蛋白质含量为 20％左右。肉类中的蛋白质可分为肌原纤维蛋白质、肌浆蛋白质和基质蛋白质。这三类蛋白质在溶解性质上存在着显著的差别,采用水或低离子强度的缓冲液(0.15 mol/L 或更低浓度)能将肌浆蛋白质提取出来,提取肌原纤维蛋白质则需要采用更高浓度的盐溶液,而基质蛋白质则是不溶解的。

(二)胶原和明胶

　　胶原蛋白分布于动物的筋、腱、皮、血管、软骨和肌肉中,一般占动物蛋白质的 1/3 强,在肉蛋白的功能性质中起着重要作用。胶原蛋白含氮量较高,不含色氨酸、胱氨酸和半胱氨酸,酪氨酸和蛋氨酸含量也比较少,但含有丰富的羟脯氨酸(10%)和脯氨酸,甘氨酸含量更丰富(约33%),还含有羟赖氨酸。因此胶原属于不完全蛋白质。这种特殊的氨基酸组成是胶原蛋白特殊结构的重要基础,现已发现,I型胶原(一种胶原蛋白亚基)中96%的肽段都是由Gly-X-Y三联体重复顺序组成,其中X常为Pro(脯氨酸),而Y常为Hyp(羟脯氨酸)。

胶原蛋白可以链间和链内共价交联,从而改变了肉的坚韧性,陆生动物比鱼类的肌肉坚韧,老动物肉比小动物肉坚韧就是其交联度提高造成的。在胶原蛋白肽链间的交联过程中,首先是胶原蛋白肽链的末端非螺旋区的赖氨酸和羟赖氨酸残基的ϵ-氨基在赖氨酸氧化酶作用下氧化脱氨形成醛基,醛基赖氨酸和醛基羟赖氨酸残基再与其他赖氨酸残基反应并经重排而产生脱氢赖氨酰正亮氨酸和赖氨酰-5-酮正亮氨酸,而赖氨酰-5-酮正亮氨酸还可以继续缩合和环化形成三条链间的吡啶交联。这些交联作用的结果形成了具有高抗张强度的三维胶原蛋白纤维,从而使肌腱、韧带、软骨、血管和肌肉的强韧性提高。

天然胶原蛋白不溶于水、稀酸和稀碱,蛋白酶对它的作用也很弱。它在水中膨胀,可使重量增加0.5~1倍。胶原蛋白在水中加热时,由于氢键断裂和蛋白质空间结构的破坏,胶原变性(三股螺旋分离),变成水溶性物质-明胶。

(三)乳蛋白质

乳是哺乳动物的乳腺分泌物,其蛋白质组成因动物种类而异。牛乳由三个不同的相组成:连续的水溶液(乳清),分散的脂肪球和以酪蛋白为主的固体胶粒。乳蛋白质同时存在于各相中。

1.酪蛋白

酪蛋白(casein)以固体微胶粒的形式分散于乳清中,是乳中含量最多的蛋白质,约占乳蛋白总量的80%~82%。酪蛋白属于结合蛋白质,是典型的磷蛋白。酪蛋白虽然是一种两性电解质,但是具有明显的酸性,所以在化学上常把酪蛋白看成是一种酸性物质。酪蛋白含有4种蛋白亚基,即α_{s1}-,α_{s2}-,β,κ-酪蛋白,它们的比例约为3∶1∶3∶1,随遗传类型不同而略有变化。

酪蛋白与钙结合形成酪蛋白酸钙,再与磷酸钙构成酪蛋白酸钙-磷酸钙复合体,复合体与水形成悬浊状胶体(酪蛋白胶团)存在于鲜乳(pH 6.7)中。酪蛋白胶团在牛乳中比较稳定,但经冻结或加热等处理,也会发生凝胶现象。130℃加热经数分钟,酪蛋白变性而凝固沉淀。添加酸或凝乳酶,酪蛋白胶粒的稳定性被破坏而凝固,干酪就是利用凝乳酶对酪蛋白的凝作用而制成的。

2.乳清蛋白

牛乳中酪蛋白凝固以后,从中分离出的清液即为乳清(whey),存在于乳清中的蛋白质称为乳清蛋白,乳清蛋白有许多组分,其中最主要的是 β 乳球蛋白和 α-乳清蛋白。

(1) β 乳球蛋白　约占乳清蛋白质的 50%,仅存在于 pH 3.5 以下和 7.5 以上的乳清中,在 pH 3.5~7.5 则以二聚体形式存在。β 乳球蛋白是一种简单蛋白质,含有游离的—SH 基,牛奶加热产生气味可能与它有关。加热、增加钙离子浓度或 pH 值超过 8.6 等都能使它变性。

(2) α 乳清蛋白　α 乳清蛋白在乳清蛋白中占 25%,比较稳定。分子中含有 4 个二硫键,但不含游离—SH 基。

乳清中还有血清清蛋白、免疫球蛋白和酶等其他蛋白质。血清蛋白是大分子球形蛋白质,相对分子质量 66 000,含有 17 个二硫键和 1 个半胱氨酸残基,该蛋白结合着一些脂类和风味物,而这些物质有利于其耐变性力的提高。免疫球蛋白相对分子质量大到 150 000~950 000,它是热不稳定球蛋白,对乳清蛋白的功能性质有一定影响。

3.脂肪球膜蛋白质

乳脂肪球周围的薄膜是由蛋白质、磷脂、高熔点甘油三酸酯、甾醇、维生素、金属、酶类及结合水等化合物构成,其中起主导作用均是卵磷脂-蛋白质络合物。这层膜控制着牛乳中脂肪-水分散体系的稳定性。

(四)卵蛋白质

鸡蛋可以作为卵类的代表,全蛋中蛋白质约占 9%,蛋清中蛋白质约占 10.6%,蛋黄中蛋白质约占 16.6%。

鸡蛋清中由于存在溶菌酶、抗生物素蛋白、免疫球蛋白和蛋白酶抑制剂等,能抑制微生物生长,这对鸡蛋的储藏是十分有利,因为它们将易受微生物侵染的蛋黄保护起来。我国中医外科常用蛋清调制药物用于贴疮的膏药,正是这种功能的应用实例之一。

鸡蛋清中的卵清蛋白、伴清蛋白和卵类黏蛋白都是易热变性蛋白质,这些蛋白质的存在使鸡蛋清在受热后产生半固体的胶状,但由于这种半固体胶体不耐冷冻,因此不要将煮制的蛋放在冷冻条件下储存。

鸡蛋清中的卵黏蛋白和球蛋白是分子质量很大的蛋白质,它们具有良好的搅打起泡性,食品中常用鲜蛋或鲜蛋清来形成泡沫。在焙烤过程中还发现,仅由卵黏蛋白形成的泡沫在焙烤过程中易破裂,而加入少量溶菌酶后却对形成的泡沫有保护作用。

皮蛋的加工,利用了碱对卵蛋白质的部分变性和水解,产生黑褐色并透明的蛋清凝胶,蛋黄这时也变成黑色稠糊或半塑状。

蛋黄中的蛋白质也具有凝胶性质,这在煮蛋和煎蛋中最重要,但蛋黄蛋白更重要的性质是它们的乳化性,这对保持焙烤食品的网状结构具有重要意义。蛋黄蛋白质作乳化剂的另一个典型例子是生产蛋黄酱,蛋黄酱是色拉油、少量水、少量芥茉和蛋黄及盐等调味品的均匀混合物,在制作过程中通过搅拌,蛋黄蛋白质就发挥其乳化作用而使混合物变为均匀乳化的乳状体系。

(五)鱼肉中的蛋白质

鱼肉中蛋白质的含量因鱼的种类及年龄不同而异,含10%～21%。鱼肉中蛋白质与畜禽肉类中的蛋白质一样,可分为3类:肌浆蛋白、肌原纤维蛋白和基质蛋白。

鱼的骨骼肌是一种短纤维,它们排列在结缔组织(基质蛋白)的片层之中,但鱼肉中结缔组织的含量要比畜禽肉少,而且纤维也较短,因而鱼肉更为嫩软。鱼肉的肌原纤维与畜禽肉类中相似,为细条纹状,并且所含的蛋白质如肌球蛋白、肌动蛋白、肌动球蛋白等也很相似,但鱼肉中的肌动球蛋白十分不稳定,在加工和储存过程中很容易发生变化,即使在冷冻保存中,肌动球蛋白也会逐渐变成不溶性的而增加了鱼肉的硬度。如肌动球蛋白当储存在稀的中性溶液中时很快发生变性并可逐步凝聚而形成不同浓度的二聚体、三聚体或更高的聚合体,但大部分是部分凝聚,而只有少部分是全部凝聚,这可能是引起鱼肉不稳定的主要因素之一。

(六)谷物类蛋白质

成熟、干燥的谷粒,其蛋白质含量依种类不同,在6%～20%。谷类又因去胚、麸及研磨而损失少量蛋白质。种核外面往往包着一层保护组织,不易为人消化,而要将其中的蛋白质分离出来也很困难,故仅宜用作饲料,而内胚乳蛋白常被用作人类食品。

1. 小麦蛋白

面粉主要成分是小麦的内胚乳,其淀粉粒包埋在蛋白质基质中。麦醇溶蛋白和麦谷蛋白占蛋白质总量的80%～85%,比例约为1∶1,两者与水混合后就能形成具有黏性和弹性的面筋蛋白,它能使面包中的其他成分如淀粉、气泡粘在一起,是形成面包空隙结构的基础。非面筋的清蛋白和球蛋白占面粉蛋白质总量的15%～20%,它们能溶于水,具凝聚性和发泡性。小麦蛋白缺乏赖氨酸,所以与玉米一样,不是一种良好的蛋白质来源。但若能配以牛乳或其他蛋白,就可补其不足。

小麦面筋中的二硫键在多肽链的交联中起着重要的作用。

2. 玉米蛋白质

玉米胚乳蛋白主要是基质蛋白和存在于基质中的颗粒蛋白体两种,玉米醇溶蛋白(Zein)就在蛋白体中,约占蛋白质总量的15%～20%,它缺乏赖氨酸和色氨酸两种必须氨基酸。

3. 稻米蛋白质

稻米蛋白主要存在于内胚乳的蛋白体中,在碾米过程中几乎全部保存,其中80%为碱溶性蛋白——谷蛋白。稻米是唯一具有高含量谷蛋白和低含量醇溶谷蛋白(5%)的谷类,因此其赖氨酸的含量也比较高。

(七)大豆蛋白质

大豆蛋白可分为两类:清蛋白和球蛋白。清蛋白一般占大豆蛋白的5%(以粗蛋白计)左右,球蛋白约占90%。大豆球蛋白可溶于水、碱或食盐溶液,加酸调pH至等电点4.5或加硫酸铵至饱和,则沉淀析出,故又称为酸沉蛋白,而清蛋白无此特性,则称为非酸沉蛋白。

大豆蛋白制品在食品加工中的调色作用表现在两个方面,一是漂白,二是增色。如在面包加工过程中添加活性大豆粉后,一方面大豆粉中的脂肪氧合酶能氧化多种不饱和脂肪酸,产生氧化脂质,氧化脂质对小麦粉中的类胡萝卜素有漂白作用,使之由黄变白,形成内瓤很白的面包;另一方面大豆蛋白又与面粉中的糖类发生美拉德反应,可以增加其表面的颜色。

为什么有些人喝豆奶会引起食物中毒?

大豆是优质的蛋白资源,豆奶也是人们公认的营养品。然而却有人因为喝豆奶而导致腹痛、恶心、呕吐等中毒症状。造成中毒的原因是活性豆粉中的胰蛋白酶抑制素等抗营养因子未彻底灭活。由于部分人群对此类物质较为敏感,饮用含有这类物质的豆奶后会引起以上消化道为主的刺激症状。为了避免这种现象发生加工豆奶时应以煮熟为标准,煮熟后再加热5 min。这样就可以破坏大豆中的有毒因素,保证食用安全。

第二节　氨 基 酸

一、氨基酸的结构与分类

(一)基本氨基酸

组成蛋白质的20种氨基酸称为基本氨基酸。它们中除脯氨酸外都是α-氨基酸,即在α-碳原子上有一个氨基。基本氨基酸都符合通式,都有单字母和三字母缩写符号。

按照氨基酸的侧链结构,可分为三类:脂肪族氨基酸、芳香族氨基酸和杂环氨基酸。

1.脂肪族氨基酸

共 15 种。

侧链只是烃链:Gly,Ala,Val,Leu,Ile 后三种带有支链,人体不能合成,是必需氨基酸。

侧链含有羟基:Ser,Thr 许多蛋白酶的活性中心含有丝氨酸,它还在蛋白质与糖类及磷酸的结合中起重要作用。

侧链含硫原子:Cys,Met 两个半胱氨酸可通过形成二硫键结合成一个胱氨酸。二硫键对维持蛋白质的高级结构有重要意义。半胱氨酸也经常出现在蛋白质的活性中心里。甲硫氨酸的硫原子有时参与形成配位键。甲硫氨酸可作为通用甲基供体,参与多种分子的甲基化反应。

侧链含有羧基:Asp,Glu

侧链含酰胺基:Asn,Gln

侧链显碱性:Arg,Lys

2.芳香族氨基酸

包括苯丙氨酸(Phe)和酪氨酸(Tyr)两种。酪氨酸是合成甲状腺素的原料。

3.杂环氨基酸

包括色氨酸(Trp)、组氨酸(His)和脯氨酸(Pro)三种。其中的色氨酸与芳香族氨基酸都含苯环,都有紫外吸收(280 nm)。所以可通过测量蛋白质的紫外吸收来测定蛋白质的含量。组氨酸也是碱性氨基酸,但碱性较弱,在生理条件下是否带电与周围内环境有关。它在活性中心常起传递电荷的作用。组氨酸能与铁等金属离子配位。脯氨酸是唯一的仲氨基酸,是 α-螺旋的破坏者。

基本氨基酸也可按侧链极性分类:

非极性氨基酸:Ala,Val,Leu,Ile,Met,Phe,Trp,Pro 共八种

极性不带电荷:Gly,Ser,Thr,Cys,Asn,Gln,Tyr 共七种

带正电荷:Arg,Lys,His

带负电荷:Asp,Glu

(二)不常见的蛋白质氨基酸

某些蛋白质中含有一些不常见的氨基酸,它们是基本氨基酸在蛋白质合成以后经羟化、羧化、甲基化等修饰衍生而来的。也叫稀有氨基酸或特殊氨基酸。如4-羟脯氨酸、5-羟赖氨酸、锁链素等。其中羟脯氨酸和羟赖氨酸在胶原和弹性蛋白

中含量较多。在甲状腺素中还有 3,5-二碘酪氨酸。

(三)非蛋白质氨基酸

自然界中还有 150 多种不参与构成蛋白质的氨基酸。它们大多是基本氨基酸的衍生物,也有一些是 D-氨基酸或 β、γ、δ-氨基酸。这些氨基酸中有些是重要的代谢物前体或中间产物,如瓜氨酸和鸟氨酸是合成精氨酸的中间产物,β-丙氨酸是遍多酸(泛酸,辅酶 A 前体)的前体,γ-氨基丁酸是传递神经冲动的化学介质。

表 4-1　组成蛋白质的主要氨基酸

分类	名称	常用缩写符号		R 基结构
		三字符号	单字符号	
R 非极性	丙氨酸	Ala	A	$-CH_3$
	缬氨酸	Val	V	$-CH\begin{array}{l}CH_3\\CH_3\end{array}$
	亮氨酸	Leu	L	$-CH_2-CH\begin{array}{l}CH_3\\CH_3\end{array}$
	异亮氨酸	Ile	I	$\begin{array}{c}CH_3\\|\\-CH-CH_2-CH_3\end{array}$
	蛋氨酸	Met	M	$-CH_2-CH_2-S-CH_3$
	脯氨酸	Pro	P	
	苯丙氨酸	Phe	F	$-CH_2-$⬡
	色氨酸	Trp	W	
R 不带电荷具极性	甘氨酸	Gly	G	$-H$
	丝氨酸	Ser	S	$-CH_2-OH$
	苏氨酸	Thr	T	$\begin{array}{c}OH\\|\\-CH-CH_3\end{array}$
	半胱氨酸	Cys	C	$-CH_2-SH$
	酪氨酸	Try	Y	$-CH_2-$⬡$-OH$

续表 4-1

分类	名称	常用缩写符号		R 基结构
		三字符号	单字符号	
R 不带电荷具极性	天冬酰胺	Asn	N	$-CH_2-CO-NH_2$
	谷氨酰胺	Gln	Q	$-CH_2-CH_2-CO-NH_2$
介质近中性时 R 带电荷	赖氨酸	Lys	K	$-CH_2-CH_2-CH_2-CH_2-NH_3^+$
	精氨酸	Arg	R	$-CH_2-CH_2-CH_2-NH-\overset{\overset{\displaystyle NH_2^+}{\|}}{C}-NH_2$
	组氨酸	His	H	
	天冬氨酸	Asp	D	$-CH_2-COO^-$
	谷氨酸	Glu	E	$-CH_2-CH_2-COO^-$

二、氨基酸的性质

(一)物理性质

α-氨基酸都是白色晶体,每种氨基酸都有特殊的结晶形状,可以用来鉴别各种氨基酸。除胱氨酸和酪氨酸外,都能溶于水中。脯氨酸和羟脯氨酸还能溶于乙醇或乙醚中。

除甘氨酸外,α-氨基酸都有旋光性,α-碳原子具有手性。苏氨酸和异亮氨酸有两个手性碳原子。从蛋白质水解得到的氨基酸都是 L-型。但在生物体内特别是细菌中,D-氨基酸也存在,如细菌的细胞壁和某些抗菌素中都含有 D-氨基酸。

三个带苯环的氨基酸有紫外吸收,F:257 nm,$\varepsilon=200$;Y:275 nm,$\varepsilon=1\,400$;W:280 nm,$\varepsilon=5\,600$。通常蛋白质的紫外吸收主要是后两个氨基酸决定的,一般在 280 nm。

氨基酸分子中既含有氨基又含有羧基,在水溶液中以偶极离子的形式存在。所以氨基酸晶体是离子晶体,熔点在 200℃以上。氨基酸是两性电解质,各个解离基的表观解离常数按其酸性强度递降的顺序,分别以 K_1、K_2 来表示。当氨基酸分子所带的净电荷为零时的 pH 称为氨基酸的等电点(pI)。等电点的值是它在等电点前后的两个 pK 值的算术平均值。

氨基酸完全质子化时可看作多元弱酸,各解离基团的表观解离常数按酸性减弱的顺序,以 pK_1、pK_2、pK_3 表示。氨基酸可作为缓冲溶液,在 pK 处的缓冲能力最强,pI 处的缓冲能力最弱。

(二)化学性质

1.氨基的反应

(1)酰化 氨基可与酰化试剂,如酰氯或酸酐在碱性溶液中反应,生成酰胺。该反应在多肽合成中可用于保护氨基。

(2)与亚硝酸作用 氨基酸在室温下与亚硝酸反应,脱氨,生成羟基羧酸和氮气。因为伯胺都有这个反应,所以赖氨酸的侧链氨基也能反应,但速度较慢。常用于蛋白质的化学修饰、水解程度测定及氨基酸的定量。

(3)与醛反应 氨基酸的 α-氨基能与醛类物质反应,生成西佛碱—C ═N—。西佛碱是氨基酸作为底物的某些酶促反应的中间物。赖氨酸的侧链氨基也能反应。氨基还可以与甲醛反应,生成羟甲基化合物。由于氨基酸在溶液中以偶极离子形式存在,所以不能用酸碱滴定测定含量。与甲醛反应后,氨基酸不再是偶极离子,其滴定终点可用一般的酸碱指示剂指示,因而可以滴定,这叫甲醛滴定法,可用于测定氨基酸。

(4)与异硫氰酸苯酯(PITC)反应 α-氨基与 PITC 在弱碱性条件下形成相应的苯氨基硫甲酰衍生物(PTC-AA),后者在硝基甲烷中与酸作用发生环化,生成相应的苯乙内酰硫脲衍生物(PTH-AA)。这些衍生物是无色的,可用层析法加以分离鉴定。这个反应首先为 Edman 用来鉴定蛋白质的 N-末端氨基酸,在蛋白质的氨基酸顺序分析方面占有重要地位。

(5)磺酰化 氨基酸与 5-(二甲胺基)萘-1-磺酰氯(DNS-Cl)反应,生成 DNS-氨基酸。产物在酸性条件下(6NHCl)100℃ 也不破坏,因此可用于氨基酸末端分析。DNS-氨基酸有强荧光,激发波长在 360 nm 左右,比较灵敏,可用于微量分析。

(6)与 2,4-二硝基氟苯(DNFB)反应 氨基酸与 2,4-二硝基氟苯(DNFB)在弱碱性溶液中作用生成二硝基苯基氨基酸(DNP 氨基酸)。这一反应是定量转变的,产物黄色,可经受酸性 100℃ 高温。该反应曾被英国的 Sanger 用来测定胰岛素的氨基酸顺序,也叫桑格尔试剂,现在应用于蛋白质 N-末端测定。

(7)转氨反应 在转氨酶的催化下,氨基酸可脱去氨基,变成相应的酮酸。

2.羧基的反应

羧基可与碱作用生成盐,其中重金属盐不溶于水。羧基可与醇生成酯,此反应常用于多肽合成中的羧基保护。某些酯有活化作用,可增加羧基活性,如对硝基苯酯。将氨基保护以后,可与二氯亚砜或五氯化磷作用生成酰氯,在多肽合成中用于活化羧基。在脱羧酶的催化下,可脱去羧基,形成伯胺。

3 茚三酮反应

在加热条件下,氨基酸或肽与茚三酮反应生成紫色(与脯氨酸反应生成红色)化合物的反应。

茚三酮反应,即:所有氨基酸及具有游离 α-氨基的肽与茚三酮反应都产生蓝紫色物质,只有脯氨酸和羟脯氨酸与茚三酮反应产生黄色物质。

此反应十分灵敏,根据反应所生成的蓝紫色的深浅,在 570 nm 波长下进行比色就可测定样品中氨基酸的含量,也可以在分离氨基酸时作为显色剂对氨基酸进行定性或定量分析。在法医学上,使用茚三酮反应可采集嫌疑犯在犯罪现场留下来的指纹。因为手汗中含有多种氨基酸,遇茚三酮后起显色反应。

4. 侧链的反应

丝氨酸、苏氨酸含羟基,能形成酯或苷。

半胱氨酸侧链巯基反应性高:

(1)二硫键(disulfide bond)　半胱氨酸在碱性溶液中容易被氧化形成二硫键,生成胱氨酸。胱氨酸中的二硫键在形成蛋白质的构象上起很大的作用。氧化剂和还原剂都可以打开二硫键。在研究蛋白质结构时,氧化剂过甲酸可以定量地拆开二硫键,生成相应的磺酸。还原剂如巯基乙醇、巯基乙酸也能拆开二硫键,生成相应的巯基化合物。由于半胱氨酸中的巯基很不稳定,极易氧化,因此利用还原剂拆开二硫键时,往往进一步用碘乙酰胺、氯化苄、N-乙基丁烯二亚酰胺和对氯汞苯甲酸等试剂与巯基作用,把它保护起来,防止它重新氧化。

(2)烷化　半胱氨酸可与烷基试剂,如碘乙酸、碘乙酰胺等发生烷化反应。

半胱氨酸与丫丙啶反应,生成带正电的侧链,称为 S-氨乙基半胱氨酸(AECys)。

(3)与重金属反应　极微量的某些重金属离子,如 Ag^+、Hg^{2+},就能与巯基反应,生成硫醇盐,导致含巯基的酶失活。

5. 以下反应常用于氨基酸的检验

酪氨酸、组氨酸能与重氮化合物反应(Pauly 反应),可用于定性、定量测定。组氨酸生成棕红色的化合物,酪氨酸为橘黄色。

精氨酸在氢氧化钠中与 1-萘酚和次溴酸钠反应,生成深红色,称为坂口反应。用于胍基的鉴定。

酪氨酸与硝酸、亚硝酸、硝酸汞和亚硝酸汞反应,生成白色沉淀,加热后变红,称为米伦反应,是鉴定酚基的特性反应。

色氨酸中加入乙醛酸后再缓慢加入浓硫酸,在界面会出现紫色环,用于鉴定吲哚基。在蛋白质中,有些侧链基团被包裹在蛋白质内部,因而反应很慢甚至不反应。

第三节　蛋白质的性质

一、两性电离和等电点

蛋白质是两性电解质，分子中的可解离基团主要是侧链基团，也包括末端氨基和羧基。蛋白质也有等电点，即所带净电荷为零的 pH 值。多数蛋白等电点为中性偏酸，约 5 左右。偏酸的如胃蛋白酶，等电点为 1 左右；偏碱的如鱼精蛋白，约为 12。

蛋白质在等电点时净电荷为零，因此没有同种电荷的排斥，所以不稳定，溶解度最小，易聚集沉淀。同时其黏度、渗透性、膨胀性以及导电能力均为最小。

天然球状蛋白的可解离基团大部分可被滴定，因为球状蛋白的极性侧链基团大都分布在分子表面。有些蛋白的部分可解离基团不能被滴定，可能是由于埋藏在分子内部或参与氢键形成。通过滴定发现可解离基团的 pK' 值与相应氨基酸中很接近，但不完全相同，这是由于受到邻近带电基团的影响。

蛋白质的滴定曲线形状和等电点在有中性盐存在的情况下，可以发生明显的变化。这是由于分子中的某些解离基团可以与中性盐中的阳离子如钙、镁或阴离子如氯、磷酸根等相结合，因此观察到的等电点在一定程度上决定于介质中的离子组成。没有其他盐类存在下，蛋白质质子供体解离出的质子与质子受体结合的质子数相等时的 pH 称为等离子点。等离子点对每种蛋白质是一个常数。

各种蛋白的等电点不同，在同一 pH 时所带电荷不同，在同一电场作用下移动的方向和速度也不同，所以可用电泳来分离提纯蛋白质。

二、蛋白质的胶体性质

蛋白质是大分子，在水溶液中的颗粒直径在 1～100 nm，是一种分子胶体，具有胶体溶液的性质，如布朗运动、丁达尔现象、电泳、不能透过半透膜及吸附能力等。利用半透膜如玻璃纸、火胶棉、羊皮纸等可分离纯化蛋白质，称为透析。蛋白质有较大的表面积，对许多物质有吸附能力。多数球状蛋白表面分布有很多极性基团，亲水性强，易吸附水分子，形成水化层，使蛋白溶于水，又可隔离蛋白，使其不易沉淀。一般每克蛋白可吸附 0.3～0.5 g 水。分子表面的可解离基团带相同电荷时，可与周围的反离子构成稳定的双电层，增加蛋白质的稳定性。蛋白质能形成稳定胶体的另一个原因是不在等电点时具有同种电荷，互相排斥。因此在等电点时易沉淀。

三、蛋白质的变性作用

1. 定义

天然蛋白因受物理或化学因素影响,高级结构遭到破坏,致使其理化性质和生物功能发生改变,但并不导致一级结构的改变,这种现象称为变性,变性后的蛋白称为变性蛋白。二硫键的改变引起的失活可看作变性。

能使蛋白变性的因素很多,如强酸、强碱、重金属盐、尿素、胍、去污剂、三氯乙酸、有机溶剂、高温、射线、超声波、剧烈振荡或搅拌等。但不同蛋白对各种因素的敏感性不同。

2. 表现

蛋白质变性后分子性质改变,黏度升高,溶解度降低,结晶能力丧失,旋光度和红外、紫外光谱均发生变化。

变性蛋白易被水解,即消化率上升。同时包埋在分子内部的可反应基团暴露出来,反应性增加。

蛋白质变性后失去生物活性,抗原性也发生改变。

这些变化的原因主要是高级结构的改变。氢键等次级键被破坏,肽链松散,变为无规卷曲。由于其一级结构不变,所以如果变性条件不是过于剧烈,在适当条件下还可以恢复功能。如胃蛋白酶加热至 $80 \sim 90℃$ 时,失去活性,降温至 $37℃$,又可恢复活力,称为复性(renaturation)。但随着变性时间的增加,条件加剧、变性程度也加深,就达到不可逆的变性。

3. 影响因素

(1)温度　多数酶在 $60℃$ 以上开始变性,热变性通常是不可逆的,少数酶在 pH 6 以下变性时不发生二硫键交换,仍可复性。多数酶在低温下稳定,但有些酶在低温下会钝化,其中有些酶的钝化是不可逆的。如固氮酶的铁蛋白在 $0 \sim 1℃$ 下 15 h 就会失活一个可能的原因是寡聚蛋白发生解聚如 TMV 的丙酮酸羧化酶。

(2)pH　酶一般在 pH 4~10 范围较稳定。当 pH 超过 pK 几个单位时,一些蛋白内部基团可能会翻转到表面,造成变性。如血红蛋白中的组氨酸在低 pH 下会出现在表面。

(3)有机溶剂　能破坏氢键,削弱疏水键,还能降低介电常数,使分子内斥力增加,造成肽链伸展、变性。

(4)胍、尿素等　破坏氢键和疏水键。硫氰酸胍比盐酸胍效果好。

(5)某些盐类　盐溶效应强的盐类,如氯化钙、硫氰酸钾等,有变性作用,可能是与蛋白内部基团或溶剂相互作用的结果。

(6)表面活性剂　如 SDS⁻、CTAB⁺、triton 等，triton 因为不带电荷，所以比较温和，经常用来破碎病毒。

4.变性蛋白的构象

胍和尿素造成的变性一般生成无规卷曲，如果二硫键被破坏，就成为线性结构。胍的变性作用最彻底。热变性和酸、碱造成的变性经常保留部分紧密构象，可被胍破坏。高浓度有机溶剂变性时可能发生螺旋度上升，称为重构造变性。

5.复性

根据蛋白质结构与变性程度和复性条件不同，复性会有不同结果。有时可以完全复性，恢复所有活力；有时大部分复性，但保留异常区；有些蛋白结构复杂，有多种折叠途径，若无适当方法，会生成混合物。

6.变性的防止和利用

研究蛋白质的变性，可采取某些措施防止变性，如添加明胶、树胶、酶的底物和抑制剂、辅基、金属离子、盐类、缓冲液、糖类等，可抑制变性作用。但有些酶在有底物时会降低热稳定性。有时有机溶剂也可起稳定作用，如猪心苹果酸脱氢酶，在 25℃下保温 30 min，酶活为 50%；加入 70%甘油后，经同样处理，活力为 109%。

变性现象也可加以利用，如用酒精消毒，就是利用乙醇的变性作用来杀菌。在提纯蛋白时，可用变性剂除去一些易变性的杂蛋白。工业上将大豆蛋白变性，使它成为纤维状，就是人造肉。

四、蛋白质的显色反应

蛋白质中的一些基团能与某些试剂反应，生成有色物质，可作为测定根据。常用反应如下：

1.双缩脲反应

双缩脲是有两分子尿素缩合而成的化合物。将尿素加热到 180℃，则两分子尿素缩合，放出一分子氨。双缩脲在碱性溶液中能与硫酸铜反应生成红紫色络合物，称为双缩脲反应。蛋白质中的肽键与之类似，也能起双缩脲反应，形成红紫色络合物。此反应可用于定性鉴定，也可在 540 nm 比色，定量测定蛋白含量。

2.黄色反应

含有芳香族氨基酸特别是酪氨酸和色氨酸的蛋白质在溶液中遇到硝酸后，先产生白色沉淀，加热则变黄，再加碱颜色加深为橙黄色。这是因为苯环被硝化，产生硝基苯衍生物。皮肤、毛发、指甲遇浓硝酸都会变黄。

3.米伦反应

米伦试剂是硝酸汞、亚硝酸汞硝酸和亚硝酸的混合物，蛋白质加入米伦试剂后即产生白色沉淀,加热后变成红色。酚类化合物有此反应,酪氨酸及含酪氨酸的化合物都有此反应。

4.乙醛酸反应

在蛋白溶液中加入乙醛酸,并沿试管壁慢慢注入浓硫酸,在两液层之间就会出现紫色环,凡含有吲哚基的化合物都有此反应。不含色氨酸的白明胶就无此反应。

5.坂口反应

精氨酸的胍基能与次氯酸钠(或次溴酸钠)及 α-萘酚在氢氧化钠溶液中产生红色物质。此反应可用来鉴定含精氨酸的蛋白质,也可定量测定精氨酸含量。

6.费林反应

(Folin-酚)酪氨酸的酚基能还原费林试剂中的磷钼酸及磷钨酸,生成蓝色化合物。可用来定量测定蛋白含量。它是双缩脲反应的发展,灵敏度高。

第四节　食品加工对蛋白质功能和营养价值的影响

在蛋白质分离和含蛋白食品的加工和储藏中,常涉及到加热、冷却、干燥、化学试剂处理、发酵和辐照或其他各种处理,在这些处理中不可避免地将引起蛋白质的物理、化学和营养成分的变化,了解这些变化有利于科学地选择食品加工和储藏的条件。

一、热处理的影响

热处理是对蛋白质质量影响较大的处理方法,影响的程度与结果取决于热处理的时间、温度、湿度以及有无其他物质存在等因素。

从有利方面看,绝大多数蛋白质加热后营养价值得到提高,因为在适宜的加热条件下,蛋白质发生变性以后,肽链因受热而造成副键断裂,使肽和蛋白质原来折叠部分的肽链松散,容易受到消化酶的作用,从而提高消化率和必需氨基酸的生物有效性。热烫或蒸煮能使酶失活,例如脂酶、脂肪氧合酶、蛋白酶、多酚氧化酶和醇解酶类,酶失活能防止食品产生不应有的颜色,也可防止风味、质地变化和维生素的损失。菜籽经过热处理可使黑芥子硫苷酸酶(myrosinase)失活,因而阻止内源硫葡萄糖苷形成致甲状腺肿大的化合物,即 5-乙烯基-二硫噁烷酮。食品中天然存在的大多数蛋白质毒素或抗营养因子均可通过加热使之变性和钝化,例如大豆中的胰蛋白酶抑制剂和胰凝乳蛋白酶抑制剂,在一定条件下加热,可消除其毒性。

赖氨酸、精氨酸、色氨酸、苏氨酸和组氨酸等,在热处理中很容易与还原糖(如葡萄糖、果糖、乳糖)发生羰氨反应,使产品带有金黄色以至棕褐色,如小麦面粉中虽然清蛋白仅占 6%～12%,但由于清蛋白中色氨酸含量较高,它对面粉焙烤呈色起较大的作用。

但是,不适当的热处理对食品质量产生很多不利的影响,涉及到的化学反应有:氨基酸分解、蛋白质分解、蛋白质交联等。

(一)单纯热处理

对食品进行单纯热处理,既不添加任何其他物质的条件下加热,食品中的蛋白质有可能发生各种不利的化学反应。最典型的是导致蛋白质中的氨基酸残基脱硫、脱氨、异构化及产生其他中间分解产物。

热处理温度高于100℃就能使部分氨基酸残基脱氨,释放的氨主要来自于谷氨酰氨和天冬酰氨残基,这类反应不损失蛋白质的营养,但是由于氨基脱除后,在蛋白质侧链间会形成新的共价键,一般会导致等蛋白质电点和功能特性的改变。

食品杀菌的温度大多在 115℃以上,在此温度下半胱氨酸及脱氨酸会发生部分不可逆的分解,产生硫化氢、二甲基硫化物、磺基丙氨酸等物质。如加工动物源性食品时,烧烤的肉类风味就是由氨基酸的分解的硫化氢及其他挥发性成分组成。这种分解反应一方面有利于食品特征风味的形成,另一方面严重的损失含硫氨酸,色氨酸残基在有氧的条件下加热,也会部分结构破坏。

高温(200℃)处理可导致氨基酸残基的异构化(图 4-3),在这类反应中首先是β 消去反应形成负炭离子,然后负炭离子的平衡混合物再质子化,在这一反应过程中部分 L-构型氨基酸转化为 D-构型氨基酸,最终产物是内消旋氨基酸残基混合物,既 D-构型和 L-构型氨基酸各占 1/2,由于 D-氨基酸基本无营养价值,另外 D-构型氨基酸的肽键难水解,因此导致蛋白质的消化性和蛋白质的营养价值显著降低。此外,某些 D 型-氨基酸被人体吸收后还有一定毒性。因此在确保安全的前提下,食品蛋白质应尽可能避免高温加工。

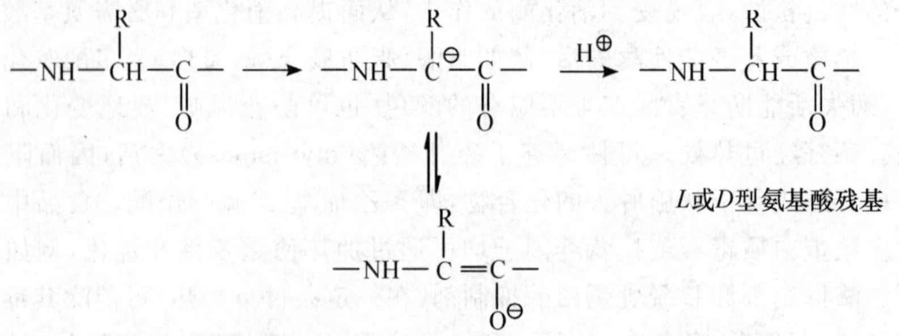

图 4-3 非氨基酸残基的异构化反应

　　色氨酸是一种不稳定的氨基酸,高于 200℃ 处理时,会产生强致突变作用的物质咔啉(Carboline)。从热解的色氨酸中可分离出 α-咔啉(R_1＝NH_2;R_2＝H 或 CH_3)β-咔啉(R_3＝H 或 CH_3)γ-咔啉(R_3＝H 或 CH_3;R_5＝NH_2;R_6＝CH_3)。见图 4-4。

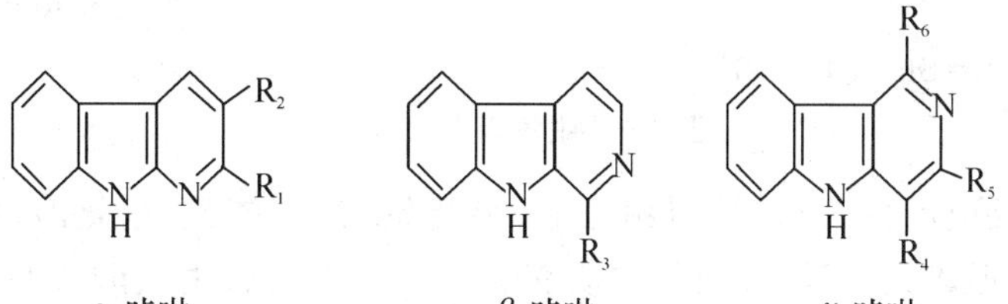

α-咔啉　　　　　　　β-咔啉　　　　　　　γ-咔啉

图 4-4　色氨酸的热解产物

　　高温处理蛋白质含量高而碳水化合物含量低的食品,如:畜肉、鱼肉等,会形成蛋白质之间的异肽键交联。异肽键是指由蛋白质侧链的自由氨基和自由羧基形成的肽键,蛋白质分子中提供自由氨基的氨基酸有:赖氨酸残基、精氨酸残基等,提供自由羧基的氨基酸有:谷氨酸残基、天冬氨酸残基等(图 4-5)。从营养学角度考虑,形成的这类交联,不利于蛋白质的消化吸收,另外也使食品中的必需氨基酸损失,明显降低蛋白质的营养价值。

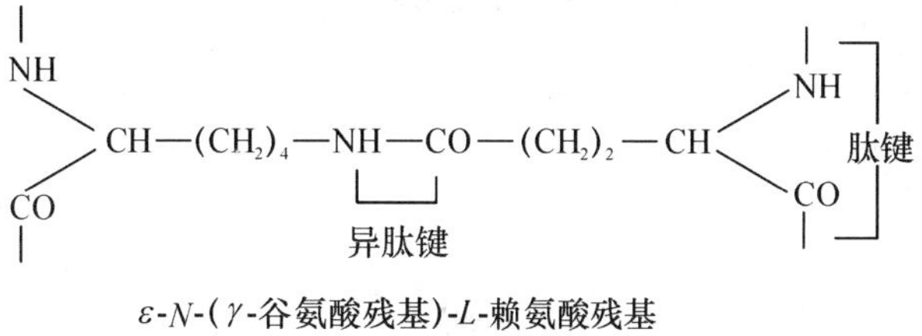

ε-N-(γ-谷氨酸残基)-L-赖氨酸残基

图 4-5　蛋白质分子中形成的异肽键

(二)碱性条件下的热处理

　　食品加工中碱处理常常与加热同时进行,蛋白质在碱性条件下处理,一般是为了植物蛋白的增溶,制备酪蛋白盐、油料种子除去黄曲霉毒素、煮玉米等。如若改变蛋白质的功能特性,使其具有或增强某种特殊功能如起泡、乳化或使溶液中的蛋白质连成纤维状,也要靠碱处理。

　　该种条件下处理食品,典型的反应是蛋白质的分子内及分子间的共价交联。这种交联的产生首先是由于半胱氨酸和磷酸丝氨酸残基通过 β-消去反应形成脱氢丙氨酸残基(dehydroalanine DHA)(图 4-6)。

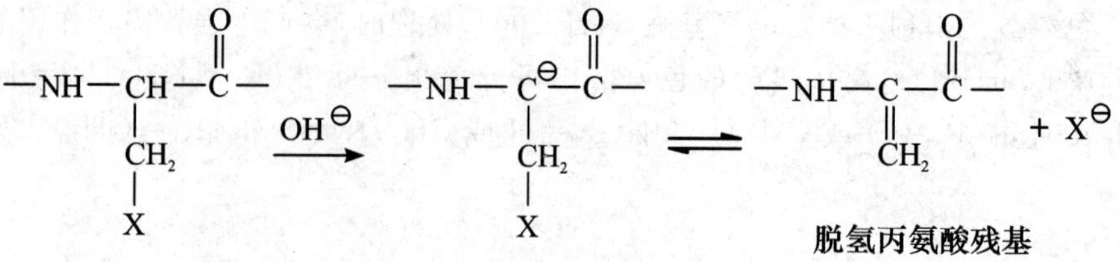

式中:X=SH 或 OPO₃H₂

图 4-6 脱氢丙氨酸的产生

该物质反应活性很高,易与赖氨酸、半胱氨酸、鸟氨酸、精氨酸、酪氨酸、色氨酸、丝氨酸等形成共价键,导致蛋白质交联。如产生的赖丙氨酸残基、鸟丙氨酸残基、羊毛硫氨酸残基见图 4-7。

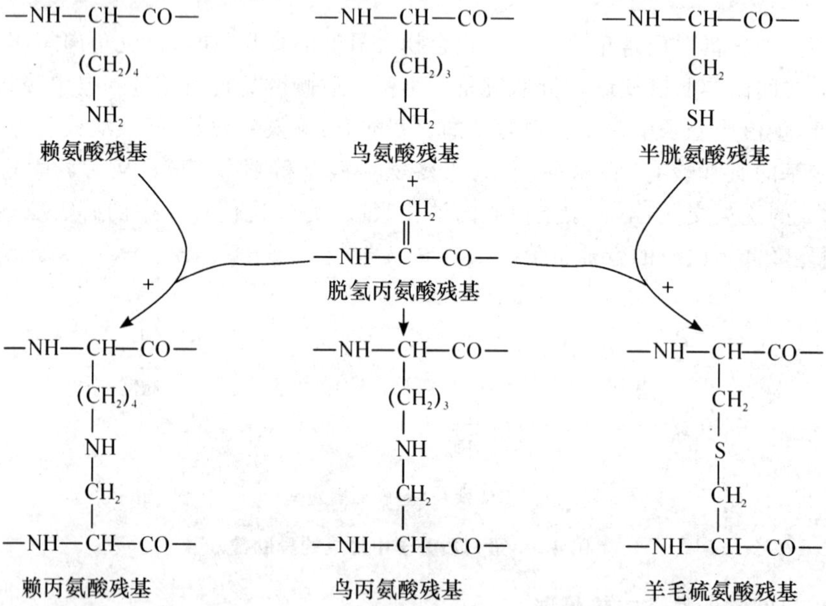

图 4-7 DHA 与几种氨基酸残基形成的交联

这类交联反应对食品营养价值的损坏也较严重,不光降低了蛋白质的消化吸收率,降低含硫氨基酸与赖氨酸,有些产物还危害人体健康。一项研究指出:小白鼠摄入含赖丙氨酸残基的蛋白质,出现腹泻、胰腺增生、脱毛等现象。如制备大豆分离蛋白时,若以 pH 12.2,40 ℃处理 4 h,就会产生赖丙氨酸残基,温度越高,时间越长,生成的赖丙氨酸残基就越多。

二、低温处理的影响

食品的低温储藏,可延缓或阻止微生物的生长并抑制酶的活性及化学变化。低温处理有:

①冷却(冷藏):即将温度控制在稍高于冻结温度之上,蛋白质较稳定,微生物生长也受到抑制。

②冷冻(冻藏):即将温度控制在低于冻结温度之下(一般为−18℃),对食品的风味多少有些损害,但若控制得好,蛋白质的营养价值不会降低。

肉类食品经冷冻、解冻,细胞及细胞膜被破坏,酶被释放出来,随着温度的升高酶活性增强致使蛋白质降解,而且蛋白质-蛋白质间的不可逆结合,代替了水和蛋白质间的结合,使蛋白质的质地发生变化,保水性也降低,但对蛋白质的营养价值影响很少。鱼蛋白质很不稳定,经冷冻和冻藏后,使肌肉变硬,持水性降低,因此解冻后鱼肉变得干而强韧,而且鱼中的脂肪在冻藏期间仍会进行自动氧化作用,生成过氧化物和自由基,再与肌肉蛋白作用,使蛋白聚合,氨基酸破坏。蛋黄能冷冻并贮于−6℃,解冻后呈胶状结构,黏度也增大,若在冷冻前加10%的糖或盐则可防止此现象。而牛乳经巴氏低温杀菌,以−24℃冷冻,可储藏4个月,但加糖炼乳的储藏,期却很短,这是因为酪蛋白在解冻后形成不易分散的沉淀。

关于冷冻使蛋白质变性的原因,主要是由于蛋白质质点分散密度的变化而引起的。由于温度下降,冰晶逐渐形成,使蛋白质分子中的水化膜减弱甚至消失,蛋白质侧链暴露出来,同时加上冰晶的挤压,使蛋白质质点互相靠近而结合,致使蛋白质质点凝集沉淀。这种作用主要与冻结速度有关,冻结速度越快,冰晶越小,挤压作用也越小,变性程度就越小。食品工业根据这原理常采用快速冷冻法以避免蛋白质变性,保持食品原有的风味。

三、脱水处理的影响

脱水是食品加工的一个重要的操作单元,其目的在于保藏食品、减轻食品重量及增加食品的稳定性,但脱水处理也会给食品加工带来许多不利的变化。当蛋白质溶液中的水分被全部除去时,由于蛋白质-蛋白质的相互作用,引起蛋白质大量聚集,特别是在高温下除去水分时可导致蛋白质溶解度和表面活性急剧降低。干燥处理是制备蛋白质配料的最后一道工序,应该注意干燥处理对蛋白质功能性质的影响;干燥条件直接影响粉末颗粒的大小以及内部和表面孔率,这将会改变蛋白质的可湿润性、吸水性、分散性和溶解度,从而影响这类食品的功能性质。

食品工业中常用的脱水方法有多种,引起蛋白质变化的程度也不相同:

①传统的脱水方法:以自然的温热空气干燥脱水的畜禽肉、鱼肉会变得坚硬、萎缩且回复性差,烹调后感觉坚韧而无其原来风味。

②真空干燥:这种干燥方法较传统脱水法对肉的品质损害较小,因无氧气,所以氧化反应较慢,而且在低温下还可减少非酶褐变及其他化学反应的发生。

③冷冻干燥:冷冻干燥的食品可保持原形及大小,具有多孔性,有较好的回复性,是肉类脱水的最好方法。但会使部分蛋白质变性,肉质坚韧、保水性下降。与通常的干燥方法相比,冷冻干燥肉类其必需氨基酸含量及消化率与新鲜肉类差异不大,冷冻干燥是最好的保持食品营养成分的方法。

④喷雾干燥:蛋乳的脱水常用此法。喷雾干燥对蛋白质损害较小。

四、氧化剂的影响

在食品加工过程中常使用一些氧化剂,如过氧化氢、过氧化苯甲酰、次氯酸钠等。过氧化氢在乳品工业中用于牛乳冷灭菌;还可以用来改善鱼蛋白质浓缩物、谷物面粉、麦片、油料种子蛋白质离析物等产品的色泽;也可用于含黄曲霉毒素的面粉,豆类和麦片脱毒以及种子去皮。氧化苯甲酰用于面粉的漂白,在某些情况下也可用作乳清粉的漂白剂。次氯酸钠具有杀菌作用,在食品工业上应用也非常广泛,例如肉品的喷雾法杀菌,黄曲霉毒素污染的花生粉脱毒等。

很多食品体系中也会产生各种具有氧化性的物质,如脂类氧化产生的过氧化物及其降解产物,它们通常是引起食品蛋白质成分发生交联的原因。很多植物中存在多酚类物质,在氧存在时的中性或碱性 pH 条件下容易被氧化成醌类化合物,这种反应生成的过氧化物属于强氧化剂。

蛋白质中一些氨基酸残基有可能被各种氧化剂所氧化,其反应机理一般都很复杂,对氧化最敏感的氨基酸残基是含硫氨基酸和芳香族氨基酸,易氧化的程度可排列为:蛋氨酸>半胱氨酸>胱氨酸>色氨酸,其氧化反应见图 4-8。

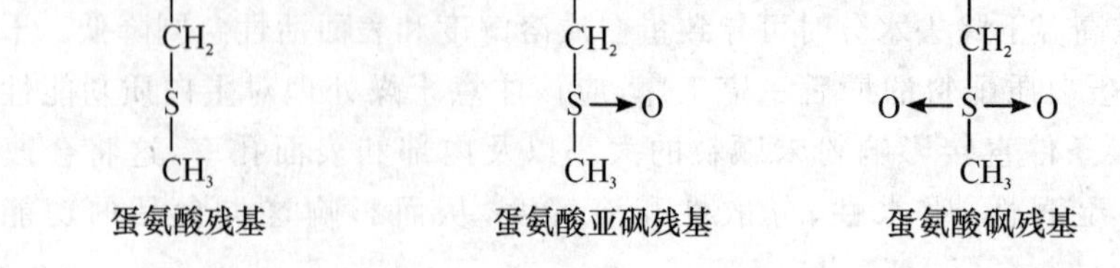

(1) 蛋氨酸残基　　蛋氨酸亚砜残基　　蛋氨酸砜残基

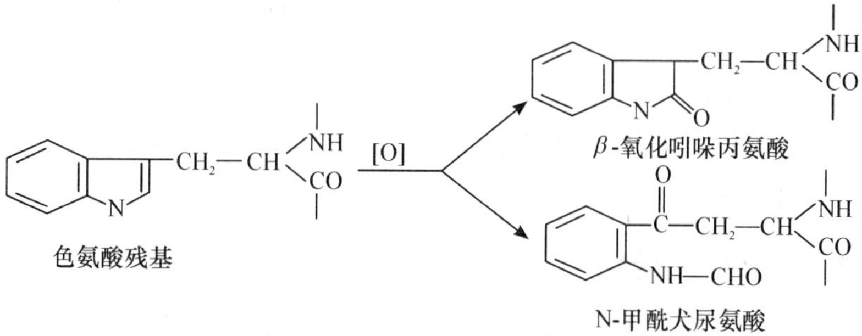

图 4-8 蛋白质中几种氨基酸残基的氧化反应

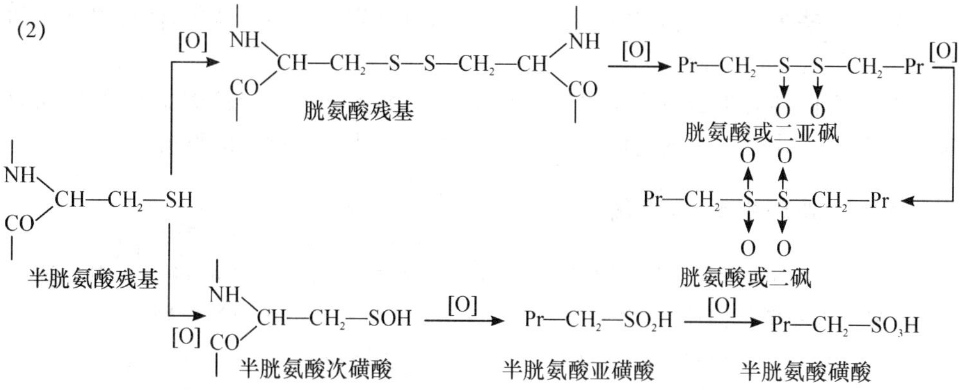

蛋氨酸氧化的主要产物为亚砜、砜,亚砜在人体内还可以还原被利用,但砜就不能利用。半胱氨酸的氧化产物按氧化程度从小到大依次为半胱氨酸次磺酸、半胱氨酸亚磺酸与半胱氨酸磺酸,以上产物中半胱氨酸次磺酸还可以部分还原被人体所利用,而后两者则不能被利用。胱氨酸的氧化产物亦为砜类化合物。色氨酸的氧化产物由于氧化剂的不同而不同,其中已发现的氧化产物之一,甲酰犬尿氨酸是一种致癌物。氨基酸残基的氧化明显的改变蛋白质的结构与风味,损失蛋白质营养,形成有毒物质,因此显著氧化了的蛋白质不宜食用。

五、机械处理的影响

机械处理对食品中的蛋白质有较大的影响,如充分干磨的蛋白质粉或浓缩物可形成小的颗粒和大的表面积,与未磨细的对应物相比,它提高了吸水性、蛋白质溶解度、脂肪的吸收和起泡性。

蛋白质悬浊液或溶液体系在强剪切力的作用下(例如牛乳均质)可使蛋白质聚集体(胶束)碎裂成亚单位,这种处理一般可提高蛋白质的乳化能力。在空气/水界面施加剪切力,通常会引起蛋白质变性和聚集,而部分蛋白质变性可以使泡沫变得更稳定。某些蛋白质,例如过度搅打鸡卵蛋白时会发生蛋白质聚集,使形成泡沫的能力和泡沫稳定性降低。

机械力同样对蛋白质质构化过程起重要作用,例如面团受挤压加工时,剪切力能促使蛋白质改变分子的定向排列、二硫键交换和蛋白质网络的形成。

六、酶处理引起的变化

食品加工中常常用到酶制剂对食物原料进行处理,例如,从油料种子中分离蛋白质;制备浓缩鱼蛋白质;改进明胶生产工艺;凝乳酶和其他蛋白酶应用于干酪生产;从加工肉制品的下脚料中回收蛋白质和对猪(牛)血蛋白质进行酶法改性脱色等。

蛋白质经蛋白酶的作用最终可水解为氨基酸。蛋白酶可以作为食品添加剂用来改善食品的质量。如以蛋白酶为主要成分配制的肉类嫩化剂;啤酒生产的浸麦过程中,添加蛋白酶(主要为木瓜蛋白酶和细菌蛋白酶),提高麦汁 α-氨基氮的含量,从而提高发酵能力,加快发酵速度,加速啤酒成熟;用羧肽酶 A 来除去蛋白水解物中的苦味肽等等。

七、专一的化学改性

改变天然动、植物蛋白质的物化性和功能性,以满足食品加工和食品营养性的需要,已成为食品科学家研究的课题。目前,用于蛋白质改性的方法大致有如下几种:①选择合适的酶水解蛋白质为肽化合物;②用醋酸酐或琥珀酸酐进行酰基化反应;③增加蛋白质分子中亲水性基团。

(一)蛋白质有限水解处理

水解蛋白质为肽化合物有三条途径:即酸水解、碱水解和酶水解。三种方法相比,酶水解蛋白质具有水解时间短,产物颜色浅,容易控制水解产物分子质量的大小等优点。常用于水解蛋白质的酶有木瓜蛋白酶、胰蛋白酶和胃蛋白酶。从食品角度考虑,蛋白质水解产物不要求生成氨基酸,只要水解为平均分子质量 900 u 的低聚肽即可。

为了提高果汁饮料的营养价值,常常添加牛奶水解蛋白。牛奶水解蛋白与原料奶相比,营养价值略有下降,但其在中性或酸性介质中都是 100% 溶解的。因此用它制的果汁饮料仍是透明清澈的。牛奶水解蛋白还可以作为胃和食道疾病严重的病人的疗效食品,牛奶本身营养价值较高,水解后成为极易消化和吸收的食物,非常适合于上述病人使用。

(二)蛋白质的酰基化反应

蛋白质的酰基化反应是在碱性介质中,用醋酸酐或琥珀酸酐完成的,此时中性的乙酰基或阴离子型的琥珀酸酰基结合在蛋白质分子中亲核的残基（如δ-氨基、巯基、酚基、咪锉基等）上。引入大体积的乙酰基或琥珀酸根后，由于蛋白质的净负电荷增加、分子伸展，离解为亚单位的趋势增加，所以，溶解度、乳化力和脂肪吸收容量都能获得改善。如燕麦蛋白质经酰基化后，功能性大为改善，结果见表4-2。

表 4-2　酰基化的燕麦蛋白质功能性比较

样品密度/(g/mL)	乳化活性指数/(m^2/g)	乳液稳定性/%	持水能力	脂肪结合力	堆积
燕麦蛋白	32.3	24.6	1.8~2.0	127.2	0.45
乙酰化燕麦蛋白	40.2	31.0	2.0~2.2	166.4	0.50
琥珀酰化燕麦蛋白	44.2	33.9	3.2~3.4	141.9	0.52
乳清蛋白	52.2	17.8	0.8~1.0	113.3	—

燕麦蛋白酰基化后，乳化活性指数和乳液稳定性都比没有酰基化后大，其中琥珀酰化的又比乙酰化后大。酰基化能提高蛋白质的持水性和脂肪结合力，这是由于所接上去的羧基与邻近原存在的羧基之间产生了静电排斥作用，引起蛋白质分子伸展，增加与水结合的机会。类似情况，在酰基化的豌豆蛋白质中也同样观察到。

酰基化燕麦蛋白质的溶解度一般比未酰基化后大，但在 pH 3.0 的介质中，接入酰基量多的样品溶解度低于酰基化前的样品。另外琥珀酰化时无论加入酰基试剂多少，此时溶解度比原始样的低。

蛋白质酰基化反应还能除去一些抗营养因子，如豆类食物中的植酸，主要是因为蛋白质接入酰基试剂后对蛋白质-植酸的结合产生了较大位阻，植酸-蛋白质-矿物质三元结合物的稳定性遭到破坏，其离解为可溶性的蛋白质盐和不溶性的植酸钙。

蛋白质酰基化处理的方法：取豆类蛋白质分离物加水调成 10%（W/V）分散体系，加入琥珀酸酐（0.018 3~0.186 g/g 蛋白质）或乙酰酐（0.018 3~0.186 g/g 蛋白质），用氢氧化钠调整 pH 8.5，室温下进行酰基化反应 1 h，离心，取上清液，用盐酸调整 pH 3.0~3.5，搅拌 15 min，使蛋白质析出。然后于 1 000×g 下离心 25 min，弃去上清液，沉淀用去离子水洗涤两次，离心，弃去洗涤水。沉淀物用冷冻干燥或真空干燥，粉碎成能通过 100 目的粉末即为植酸含量低且功能性得到改善的豆类蛋白质。

（三）蛋白质分子中添加亲水性基团

在蛋白质分子中增加亲水性基团的方法有两种：一是在蛋白质本身分子中脱去氨基，如将谷氨酰氨和天冬酰氨基转化为谷氨酰基和天冬酰基；二是在蛋白质分子中接入亲水性氨基酸残基、糖基或磷酸根。

在小麦和谷类食物的蛋白质分子中谷氨酰基可占总氨基酸量的很大比例，有的多到 1/3。它对蛋白质性质有很大影响。在高温下,保持 pH 8～9,可完成天冬氨酰氨的脱氨作用。

蛋白质的磷酸化也可用于改善蛋白质功能性。大豆分离蛋白用 3‰三磷酸钠于 35℃下保温 3.5 h 处理后,大豆蛋白的等电点由 pH 4.5 变化为 3.9,大豆蛋白的功能特性如水溶性、乳化能力、发泡能力和持水能力也有了很大的改善。

实验 4-1　氨基酸的纸层析

一、目的要求

通过氨基酸的分离,学习纸层析法的基本原理及操作方法。

二、实验原理

纸层析法是用滤纸作为惰性支持物的分配层析法。层析溶剂由有机溶剂和水组成。物质被分离后在纸层析图谱上的位置是用 R_f 值(迁移率)来表示的:

$$R_f = \frac{\text{原点到层析斑点中心的距离}(r)}{\text{原点到溶剂前沿的距离}(R)}$$

在一定的条件下某种物质的 R_f 值是常数。R_f 值的大小与物质的结构、性质、溶剂系统、层析滤纸的质量和层析温度等因素有关。本实验利用纸层析法分离氨基酸。

三、仪器和试剂

(一)器材

电子天平、层析缸、热吹风机、毛细管、喷雾器、烘干箱、刻度吸管 1 mL、10 mL、量筒 25 mL、100 mL、培养皿、层析滤纸、橡胶手套、铅笔、直尺。

(二)试剂

①0.1 mol/L 盐酸:吸取浓盐酸 0.84 mL,加入适量的蒸馏水中,再加蒸馏水定容到 100 mL。

②氨基酸混合液:称取 100 mg 甘氨酸、100 mg 酪氨酸、50 mg 亮氨酸,共同加入一个小烧杯中,加入 0.1 mol/L 盐酸 10 mL。

③氨基酸标准液:称取 100 mg 甘氨酸、100 mg 酪氨酸、50 mg 亮氨酸,各加入一个小烧杯中,分别加入 0.1 mol/L 盐酸 10 mL。

④扩展剂:正丁醇:冰醋酸:蒸馏水＝4∶1∶5(体积比)。混匀,静置 2 h,待

分层后取出上层液备用。

⑤显色剂:50～l00 mL 0.1％茚三酮无水乙醇溶液。

四、分析步骤

(一)点样

操作者戴上手套,取 10 cm×15 cm 层析滤纸 1 张,在一端距边缘 2.5 cm 处,用铅笔轻轻划一直线。在此线上用微量吸管或毛细管分别点上氨基酸标准溶液和氨基酸混合液,每一点的直径不超过 0.5 cm,用热吹风机吹干。

(二)展开

将适量展开剂倒入培养皿中,将培养皿放到层析缸底部,加盖密闭,保持 10 min,使缸中展开剂蒸气达到饱和。

将滤纸点样端朝下悬挂于层析缸盖中心的挂钩上,放入层析缸,使点样端浸入展开剂中 0.5 cm,不要使点样点直接与溶液接触,加盖密闭,进行层析。待展开剂上升至距滤纸上端 2 cm 处时,取出滤纸,用铅笔划上溶液前沿,室温干燥或吹干。

(三)显色

用喷雾器向滤纸均匀喷洒 0.1％茚三酮无水乙醇溶液,待乙醇挥干后,置于 80～100℃烘干箱中 5 min,即出现被染成紫红色的氨基酸斑点。

五、结果与计算

用铅笔画出各斑点的位置,测量 r 和 R,计算其 R_f 值。

六、考核要点

①溶液配制。②点样。③展开。④显色。⑤结果计算正确。

实验 4-2　蛋白质的颜色反应

一、目的要求

学习蛋白质颜色反应的基本原理。

掌握鉴定蛋白质的方法。

二、实验原理

蛋白质中分子中的某种或某些基团与显色剂作用,可产生特定的颜色反应,不同蛋白质所含氨基酸不完全相同,颜色反应亦不同。颜色反应不是蛋白质的专一反应,一些非蛋白质物质亦可产生相同颜色反应,因此不能仅根据颜色反应的结果来决定被测物是否是蛋白质。颜色反应是一些常用蛋白质定量测定的依据。

双缩脲反应:将尿素加热,两分子尿素放出一分子氨而形成双缩脲。双缩脲在碱性环境中,能与硫酸铜结合成红紫色的络合物,此反应称为双缩脲反应。蛋白质分子中含有肽键与缩脲结构相似,故能呈此反应。

黄色反应:蛋白质分子中含有苯环结构的氨基酸(如酪氨酸、色氨酸等)。遇硝酸可消硝化成黄色物质,此物质在碱性环境中变为黄色的硝苯衍生物。

茚三酮反应:蛋白质与茚三酮共热,则产生蓝紫色的还原茚三酮、茚三酮和氨的缩合物。此反应为一切蛋白质及 α-氨基酸所共有。含氨基酸的其他物质亦呈此反应。

三、仪器和试剂

(一)实验器材

鸡蛋清、吸管、滴管、试管、水浴锅、酒精灯等。

(二)实验试剂

①卵清蛋白溶液:鸡蛋清用蒸馏水稀释 10 倍,通过 2～3 层纱布滤出不溶物;②0.1％甘氨酸溶液;③0.01％精氨酸溶液;④10％NaOH 溶液;⑤1％硫酸铜溶液;⑥尿素;⑦0.5％茚三酮乙醇溶液;⑧浓硝酸;⑨20％NaOH;⑩0.1％石碳酸溶液。

四、分析步骤

(一)双缩脲反应

①取少许结晶尿素放在干燥试管中,微火加热,尿素熔化并形成双缩脲,释出之氨可用红色石蕊试纸试之。至试管内有白色固体出现,停止加热,冷却。然后加10％NaOH 溶液 1 mL 摇匀,再加 2 滴 1％CuSO$_4$ 溶液,混匀,观察有无紫色出现。

②观察现象:另取三支试管,分别加蛋白质溶液、甘氨酸溶液、精氨酸溶液各1 mL,再加 10％NaOH 溶液 2 mL 及 1％ CuSO$_4$ 溶液 2 滴,混匀,观察是否出现紫玫瑰色。

(二)黄色反应

①取 1％石碳酸溶液 1 mL 放在试管内,加入浓硝酸 5 滴,用微火小心加热,观察结果。

②取干燥洁净试管 1 支,加蛋白质样液 1 mL 和浓硝酸 5 滴,出现沉淀,加热,不必沸腾,则沉淀变成黄色,待冷却后,向两支试管中各加入 20％NaOH 溶液使成碱性,观察颜色变化,记录结果并解释现象。

（三）茚三酮反应

取试管两支,分别加入 1 mL 卵清蛋白溶液及 0.1％甘氨酸溶液 1 mL,再加入 0.5 mL 0.5％的茚三酮乙醇溶液,混合后放于沸水中加热,观察溶液颜色变化。

五、结果与计算

观察记载各试验反应的颜色变化。

六、考核要点

①溶液配制。②显色反应现象明显、记录准确。

实验 4-3　血清蛋白醋酸纤维薄膜电泳

一、实验目的

①掌握醋酸薄膜电泳的原理及操作。
②定量测定人血清中各种蛋白质的相对百分含量。

二、实验原理

采用醋酸纤维薄膜为支持物的电泳方法,叫做醋酸纤维薄膜电泳。醋酸纤维素,是纤维素的羟基乙酰化所形成的纤维素醋酸酯。将它溶于有机溶剂(如丙酮、氯仿、氯乙烯、乙酸乙酯等)后,涂抹成均匀的薄膜则成为醋酸纤维素薄膜。该膜具有均一的泡沫状的结构,有强渗透性,厚度约为 120 μm。

醋酸纤维素薄膜电泳是近年来推广的一种新技术。它具有微量、快速、简便、分辨力高、对样品无拖尾和吸附现象等优点。该技术已广泛应用于血清蛋白、糖蛋白、脂蛋白、结合球蛋白、同功酶的分离和测定等方面。目前,醋酸纤维薄膜电泳趋向于代替纸电泳。

三、仪器和试剂

（一）实验器材

①醋酸纤维素薄膜(2 cm×8 cm);②培养皿(直径 9～10 cm);③血色素吸管或点样器;④直尺和铅笔;⑤镊子;⑥电泳仪和电泳槽;⑦万用电表;⑧玻璃板(8 cm×12 cm);⑨普通滤纸;⑩试管和试管架;⑪吹风机;⑫单面刀片;⑬擦镜纸;⑭吸量管(2 mL、5 mL)和吸量管架;⑮722 型分光光度计。

(二)实验试剂

①新鲜血清

②巴比妥:巴比妥钠缓冲液(pH 8.6,0.07 M,离子强度 0.06):分别称取巴比妥 1.66 g 和巴比妥钠 12.76 g,溶于少量蒸馏水后定容 1 000 mL。

③染色液:称取氨基黑 10B　0.5g,加入蒸馏水 40 mL,甲醇 50 mL 和冰乙酸 10 mL,混匀,在具塞试剂瓶内储存。

④漂洗液:取 95% 乙醇 45 mL,冰乙酸 5 mL 和蒸馏水 50 mL。混匀,在具塞试剂瓶内储存。

⑤透明液

甲液:取冰乙酸 15 mL 和无水乙醇 85 mL,混匀,装入试剂瓶内,塞紧瓶塞,备用。

乙液:取冰乙酸 25 mL 和无水乙醇 75 mL,混匀,装入试剂瓶内,塞紧瓶塞,备用。

⑥液体石腊。

⑦0.4 mol 氢氧化钠溶液:称取 16 g 氢氧化钠(分析纯)用少量蒸馏水溶解后定容到 1 000 mL。

四、分析步骤

(一)仪器和薄膜的准备

①醋酸纤维素薄膜的润湿的选择:将薄膜小心地放入盛有缓冲液的培养皿内,使它漂浮在液面。迅速润湿,使整条薄膜色泽深浅一致。将选用的薄膜用镊子轻压,使它全部浸入缓冲液内,待膜完全浸透(约半小时)后取出,夹在清洁的滤纸中间,轻轻吸去多余的缓冲液,同时分辨出光泽面和无光泽面。

②制作"滤纸桥":剪裁尺寸合适的滤纸条。取双层附着在电泳槽的支架上,使它的一端与支架的前沿对齐,而另一端浸入电泳槽的缓冲液内。然后,用缓冲液将滤纸全部润湿并驱除气泡,使滤纸紧贴在支架上。按照同样的方法,在另一个电泳槽的支架上制作相同的"滤纸桥"。它们的作用是联系醋酸纤维素薄膜和两极缓冲液之间的中间"桥梁"。

③平衡:用平衡装置(或自制的平衡管),使两个电泳槽内缓冲液的液面彼此处于水平的状态。一般需要平衡 15～20 min。平衡后应将平衡装置的活塞关好(或除去平衡管)。

(二)点样

取少量血清于玻璃板上,用加样器取少量血清(2～3 μL),加在点样线上,待血清渗入膜内,移开加样器。点样时应注意血清要适量,应形成均匀的直线,并避免弄破薄膜。

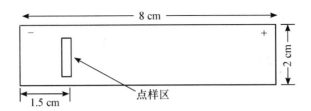

(三)电泳

将点样后的薄膜有光面朝上,点样的一端靠近负极,平直地贴于电泳槽支架的滤纸上,平衡约 5 min。盖上电泳槽盖,通电进行电泳。调节电压为 100～160 V,电流 0.4～0.6 mA/cm 宽,电泳 60 min,待电泳区带展开 2.5～3.5 cm 时断电。

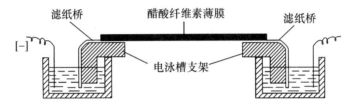

(四)染色

电泳完毕立即取出薄膜,直接浸入染色液中,染色 5 min。然后,用漂洗液浸洗,每隔 10 min 左右换一次漂洗液,连续更换三次,可使背景颜色脱去。将膜夹在干净的滤纸中,吸去多余的溶液。操作中,要注意控制染色和漂洗的时间,防止背景过深或某些区带太浅。

(五)透明

将染色后漂洗干净的薄膜用吹风机吹干,再浸入透明液的甲液中,浸泡 2 min 后立即浸入透明液的乙液中,浸泡 1 min(要准确),然后迅速取出薄膜,将它紧贴在玻璃板上,不要存留气泡。2～3 min 内的薄膜完全透明,放置 10～15 min 后,用吹风机将膜吹干。在水笼头下将玻璃板上透明的薄膜润湿后,用单面刀片从膜的一角撬起,并划开一端,再用手捏住撬起的膜轻轻撕下,可以容易地从玻璃板上取下透明的薄膜。用滤纸吸干,浸入液体石蜡中,约 3 min 后取出。再用干净的滤纸吸干,压平,则成为色泽鲜艳而又透明的血清蛋白醋酸纤维薄膜电泳图谱,可长期保存不褪色。

五、结果与计算

采用将电泳图谱的各区带剪下,分别浸入盛有 0.4 mol 氢氧化钠溶液的试管中,清蛋白管加入 4 mL,其余每管各加 2 mL,摇匀,放入 37℃ 恒温水浴上浸提 30 min,每隔 10 min,充分摇动一次,以便将色泽完全洗脱下来。该溶液颜色较稳定,在室温下 24 h 内颜色强度无显著变化。然后在 620 nm 波长处比色,测定各管的光密度值为 A_A、$A_{\alpha1}$、$A_{\alpha2}$、A_β、A_γ。按下列方法计算血清各部分蛋白质所占百分率。

(1)先计算光密度值总和(简写为 A_T):

$$A_T = 2A_A + A_{\alpha1} + A_{\alpha2} + A_\beta + A_\gamma$$

(2)再计算血清各部分蛋白质所占百分率(即相对百分含量):

$$清蛋白 = \frac{2 \times A_A}{A_T} \times 100 \qquad \alpha_1\text{-球蛋白} = \frac{2 \times A_A}{A_T} \times 100$$

$$\alpha_2\text{-球蛋白} = \frac{2 \times A_{\alpha2}}{A_T} \times 100 \qquad \beta_2\text{-球蛋白} = \frac{2 \times A_\beta}{A_T} \times 100$$

$$\gamma\text{-球蛋白} = \frac{2 \times A_\gamma}{A_T} \times 100$$

六、考核要点

①电泳仪使用。
②电泳操作过程。
③洗脱比色。
④数据处理。

复习思考题

1.名词解释:氨基酸的疏水性　肽键和肽链　异肽键　蛋白质的一级、二级、三级和四级结构　蛋白质的絮凝作用　蛋白质的胶凝作用?

2.试比较甘氨酸(Gly)、脯氨酸(Pro)与其他常见蛋白质氨基酸结构的异同,它们对多肽链二级结构的形成有何影响?

3.蛋白质如何分类?

4.蛋白质的功能性质有哪些?简述蛋白质功能性质产生的机理、影响因素。举例说明蛋白质功能性质在食品工业的应用。

5.食品中蛋白质与氧化剂反应,对食品有哪些不利影响?

6.食物蛋白质在碱性条件下热处理,会产生哪些理化反应?

7.蛋白质在加工和储藏,中会发生哪些物理、化学和营养变化?说明在食品加工和储藏,中如何利用和防止这些变化。

8.说明肉和乳蛋白质的特点。

第五章 维 生 素

学习目标

● 明确维生素在人体生理中的重要性及缺乏症状和危害。

● 掌握维生素的种类、特性、在不同食物中存在量和存在形式。

● 重点掌握维生素在食品储藏,加工过程中的变化以及防止维生素损失的措施。

维生素是维持人体正常生命活动所必需的一类有机物。在体内含量极微,但在机体的代谢、生长发育等过程中起到重要的生理调节作用。从广义看,凡是存在于细胞中含量虽微,但却是细胞维持正常生理功能所必需的天然有机物都可归属于维生素。在生物体内,有的有机物能转化成维生素,称为维生素原或维生素前体。化学结构类似,具有同维生素一样功效的物质称为同效维生素。

目前已知的维生素有 30 多种,其中 10 多种研究已经非常深入。缺乏时有特异的缺乏症状出现,严重不足时可致命。不同维生素的化学结构和性质各异,但有其共同点:

①均以维生素本身,或可被机体利用的前体化合物形式存在于天然食物中。

②大多数维生素在人体内不能合成,或合成量少而不能满足机体需要,也不能充分储存于组织中,必须经常由食物来供给。

③它们不提供能量,也不是机体的组成成分,但担负着特殊的代谢功能。

④参与维持机体正常生理功能,需求量极少,通常以微克或毫克计,但绝对不能缺少,当膳食中缺乏维生素或吸收不良时可产生特异的营养缺乏症。

维生素一般按发现的先后顺序命名(个别除外),常见的有维生素 A、维生素 B、维生素 C、维生素 D 等;或按它们的生理功能命名,如抗佝偻病维生素、防脚气病维生素、抗坏血酸维生素等;有的则赋予化学名称,例如硫胺素、吡哆醇、烟酸、泛酸等。同一类维生素,不同种的就用下标如 B_1、B_2、B_3…B_{12} 表示。其中易缺乏的是维生素 A、维生素 D、维生素 B_1、维生素 B_2 及维生素 C。

维生素种类很多,化学结构和生理功能差异很大,因此无法按照结构或功能分类。一般按其溶解性分为脂溶性维生素和水溶性维生素两大类。脂溶性维生素有 A、D、E、K，其余为水溶性维生素。

第一节　脂溶性维生素

维生素 A、D、E、K 均不溶于水，而能溶于脂肪和有机溶剂（乙醇、乙醚等）中，称脂溶性维生素。在食物中，常与脂类同时存在，在肠道吸收也与脂类吸收相关联。因此，脂溶性维生素可以在体内，尤其在肝脏中储存。

一、维生素 A

维生素 A 的化学名称为视黄醇（retinol）或抗干眼病维生素，存在于动物脂肪、肝脏及鱼肝油及植物中。维生素 A 的末端羟基在体内氧化生成醛基，称视黄醛（retinal），或进一步养成羧基成为视黄酸（retinoic acid）。视黄酸是维生素 A 在体内吸收代谢后最具生物活性的产物，维生素 A 的许多功能是通过视黄酸的形式发生作用的。

植物来源的胡萝卜素也是人类维生素 A 的重要来源。胡萝卜素中最具维生素 A 生物活性的是 β-胡萝卜素。蔬菜中的许多类胡萝卜素可在人体小肠壁里转化为维生素 A，称维生素 A 原。

维生素 A 是不饱和的一元醇类，是具有视黄醇生物活性的多种物质的统称，通常说的维生素 A 包括两种，即维生素 A_1 和维生素 A_2，维生素 A_1 即视黄醇，维生素 A_2 又称脱氢视黄醇，是维生素 A_1 的 3-脱氢衍生物，是在脂环的第 3 位和第 4 位原子之间多一个双键，活性只有 A_1 的 1/2，日常所说的维生素 A 常指维生素 A_1。维生素 A_1 主要存在于海水鱼的肝脏中，维生素 A_2 主要存在于淡水鱼的肝脏中。

维生素 A 为淡黄色针状结晶，熔点 $62 \sim 64 \text{℃}$，不溶于水，溶于脂肪及有机溶剂。分子中含多个不饱和双键，对热、酸、碱相当稳定，极易氧化，易被空气中的氧、氧化剂、紫外光及金属氧化物破坏而损失其生理活性，尤其在高温下，紫外线照射可加速氧化进程。

维生素 A 在动物性食品中与脂肪酸结合成脂，在动物内脏、鱼类、蛋类、乳类中含量丰富，尤其是鱼类。在植物性食品中，富含胡萝卜素的深色蔬菜如西兰花、胡萝卜、菠菜、苋菜、生菜、油菜、紫菜等含量丰富。水果中以芒果、橘子等含量丰富。

维生素 A 与视觉关系紧密，缺乏维生素 A，降低眼的暗适应能力，严重时可致夜盲或失明。缺乏维生素 A 会使人眼眼膜干燥,角膜软化,表皮细胞角化。维生素 A 也维持鼻、喉和气管的黏膜形态完整和功能健全,防止皮肤干燥起鳞,缺乏可提高消化道和呼吸道感染几率,同时影响机体的免疫功能。

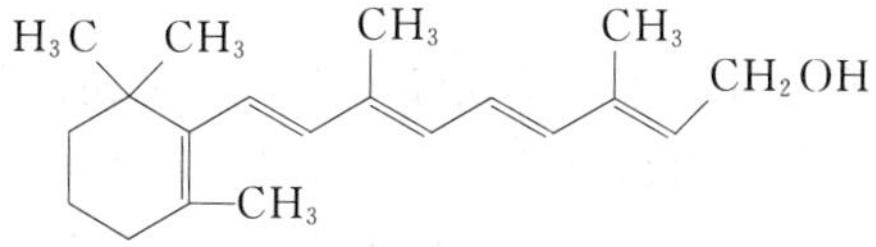

维生素 A₁

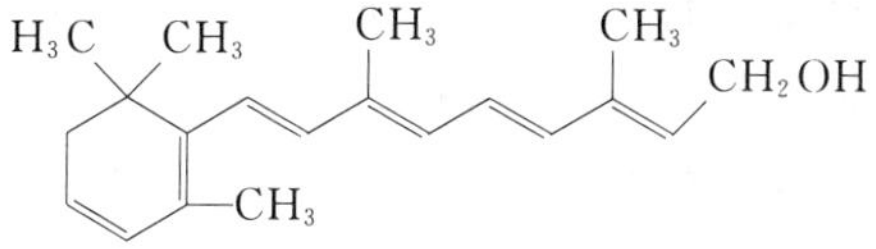

维生素 A₂

二、维生素 D

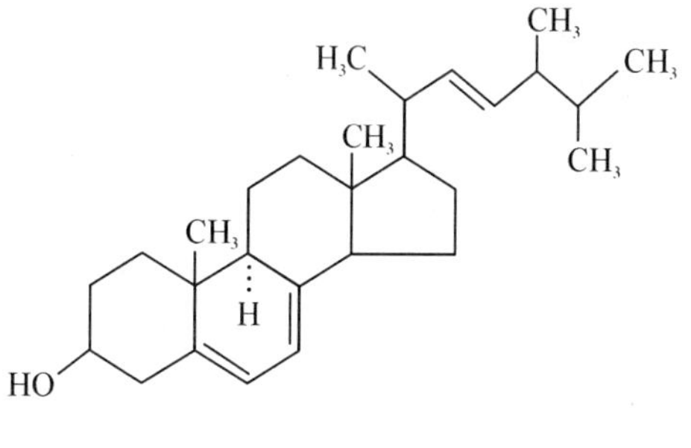

麦角固醇(维生素D₂原)

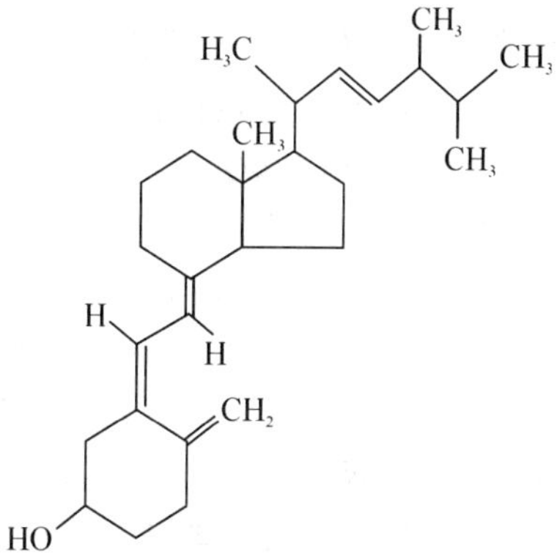

麦角钙化醇(维生素D₂)

维生素 D 一族指含环戊氢烯菲环结构的类固醇衍生物,具有钙化醇生物活性的一大类物质。功能上可防治佝偻病,所以又称抗佝偻病维生素。目前已知的维生素 D 至少有 10 种,维生素 D₁ 并不存在,有维生素 D₂(麦角钙化醇)、维生素 D₃(胆钙化醇)、维生素 D₄(双氢麦角钙化醇)、维生素 D₅(谷钙化醇)、维生素 D₆(豆钙化醇)、维生素 D₇(菜子钙化醇)等。但最重要的是维生素 D₂ 及维生素 D₃,二者对人体的作用和作用机制完全相同,植物性来源的为 D₂,动物性来源的为 D₃,维生素 D₃ 比维生素 D₂ 少一个甲基和双键。维生素 D 最早从鱼肝油中发现,只存在动物体内。植物中的麦角固醇和动物中的 7-脱氢胆固醇经日光或紫外光照射后可转化成维生素 D,因此,凡经常接受阳光照射者不会发生维生素 D 缺乏症。能转化为维生素 D 的固醇称为维生素 D 原。

　　纯的维生素 D 为无色结晶,溶于脂肪溶剂而不溶于水,维生素 D 在空气中易氧化,对日光较敏感,在油脂中能长期保存,温度超过 115℃ 失活。在中性或碱性溶液中耐热耐氧化,但不耐酸,酸性条件下易被破坏。

　　维生素 D 在肝和各种组织中均有分布,特别在脂肪组织中有较高的浓度,但代谢较慢。维生素 D 在人体内调节磷、钙的代谢,促进肠道对钙、磷的吸收,促进骨骼与牙齿钙。对因此对骨骼的生长发育很重要,缺乏时,骨患骨软化症,或骨骼畸形生长或膨大,儿童胸部发育不良,两腿细小、弯曲,走路不稳,医学上称为佝偻病。妇女难产、老人受损伤时易骨折。但维生素 D 过多亦不宜,在体内会引起磷、钙的沉积,造成血管硬化和肾结石。

三、维生素 E

　　维生素 E 又叫生育酚,是具有 6-羟基苯并二氢吡喃结构的衍生物。具有生物活性的生育酚已知有 10 多种,它们的差异在于环状结构上的甲基数目和位置不同,但都具有相同的生理功能。以 α-生育酚的生物效价最大。

　　维生素 E 为浅黄色黏稠油状物质。无臭、无味。溶于乙醇、脂肪和脂溶剂,对热和酸稳定,但对碱不稳定,易受氧、紫外光破坏,金属离子(如铁离子、铜离子等)、脂肪酸败可加速其氧化分解。

　　维生素 E 是一种高效抗氧化剂,能抑制不饱和脂肪酸的氧化,与硒协同作用清除自由基,保持细胞膜的完整性。维生素 E 具有抗细胞恶变的作用,维生素 E 的存在可保护维生素 A、防止胡萝卜素的氧化。可以降低血清胆固醇,调节血小板的黏附力和聚集作用,具有抗动脉粥样硬化的功能。维护骨骼肌、心肌、平滑肌和心血管系统的正常功能,防止肌肉萎缩。此外,维生素 E 还能提高机体免疫力,预防衰老,并与动物生殖有关。维生素 E 人体缺乏维生素 E 的主要症状是不能生育,所以称维生素 E 为生育酚。

　　维生素 E 广泛分布在天然食物中,含量受食物种类、收获时间和加工储存方法等的影响。含量丰富的有各种植物油脂、麦胚、豆类、坚果类及绿色植物,人体肠道内能合成一部分,一般情况下不致缺乏。维生素 E 几乎储存于人体所有的组织中,又可在体内保留比较长的时间,正常情况下很少出现维生素 E 缺乏症。长期缺乏者血浆中维生素 E 浓度下降,引起红细胞寿命缩短,发生溶血性贫血,补充维生素 E 后会显著好转。

　　在一般烹调温度下损失不大,但油炸时损失较多。凡引起类脂部分分离、脱除的加工方法与脂肪氧化都可能造成维生素 E 的损失。维生素 E 在食品加工中是一种很好的抗氧化剂,常作为油脂中抗氧化剂使用。

α-生育酚

四、维生素 K

维生素 K 是凝血酶原的重要组成成分,故又称凝血维生素。维生素 K 是 α-甲基萘醌衍生物。天然维生素 K 分为维生素 K_1 和维生素 K_2,维生素 K_1(叶绿醌)存在于植物中,维生素 K_2 主要存在于动物性食品中,也存在于发酵食品中。另一类来自人工合成,包括有维生素 K_3 和维生素 K_4、维生素 K_5 等 70 余种新型维生素 K,为甲基萘醌衍生物。二者都具有维生素 K 的生理活性。

维生素 K_1 为浅黄色黏稠油状液体,维生素 K_2 为黄色晶体。维生素 K 为脂溶性,对热、空气、水分稳定,易被光和碱破坏。人工合成的维生素 K,性质较维生素 K_1、维生素 K_2 稳定,且溶于水。一般食品加工中很少损失。其萘醌式结构可被还原剂还原为无色氢醌结构,但不影响其生理活性。

绿色蔬菜中含量丰富。与其他脂溶性维生素一样,维生素 K 在小肠中吸收有赖于胆盐和胰脂酶的存在,经淋巴吸收进入血液中,主要储存在肝、肾等组织中。在体内储存时间很短,经代谢排出。

维生素 K 是良好的止血剂,人体血液中的纤维蛋白原是溶解性的蛋白质,当人体受损伤后,维生素 K 能使凝血酶出现生理活性。肝脏中存在的凝血酶原前体没有生理活性,维生素 K 的生理功能主要是促进凝血酶原前体转变为凝血酶原,从而具有促进凝血的作用。也有人认为它参与骨钙化,能影响平滑肌功能,还可能与动脉粥状硬化有关。

维生素 K 在食物中分布很广,以绿叶蔬菜中最丰富,大豆、动物肝脏、鱼肉也是维生素 K 良好的食物来源,但鱼肝油中含量很少。人体肠道细菌也可合成维生素 K_2,但不是维生素 K 的主要来源。

维生素 K 缺乏时,引起低凝血酶原血症,且其他维生素 K 依赖凝血因子浓度下降,可使血液凝固发生障碍,轻者凝血时间延长,重者有出血现象。

维生素K

第二节　水溶性维生素

一、维生素 C

维生素 C 又名 L-抗坏血酸,维生素 C 是六碳糖的衍生物,按性质分还原型和氧化型两种,一般指的维生素 C 是还原型的。

维生素 C 按构型分有四种异构体,天然存在的 L-抗坏血酸效价最高,D-异抗坏血酸的效价仅是 L-抗坏血酸的 5%,其余两种为零。

维生素 C 为白色或微黄色片状晶体或粉末,无臭,熔点为 190～192℃。维生素 C 虽然不含羧基,但仍具有有机酸的性质。极易溶于水,微溶于乙醇,不溶于有机溶剂,具有很强的还原性。干燥纯品在空气中稳定,不纯品存在于天然产物中时稳定。维生素 C 水溶液不稳定,易发生氧化分解,在氧、光、热、某些重金属离子、氧化酶和碱性物质存在下易被破坏,在酸性溶液中稳定。因此,维生素 C 在加碱处理或加水蒸煮时流失较多,而在酸性溶液、冷藏及密闭条件下损失较少。在食品工业中广泛用作抗氧化剂。

维生素 C 参与体内的羟化反应,可促进胶原的合成,促进神经递质的合成,促进类固醇羟化。维生素 C 因为有还原型和氧化型两种,所以在体内既可是供氢体,也可是受氢体,可以促进铁的吸收,促进抗体形成,清除自由基,对维持骨骼、血管、肌肉正常的生理功能以及增强对疾病的抵抗力方面有很大作用。人体中的毛细血管细嫩,牙齿四周、心脏四周的微血管多,缺乏维生素 C 时则易变脆而破裂,造成皮下出血。维生素 C 缺乏,也易引起炎症。所以,人们把维生素 C 又称为抗坏血酸。

维生素 C 有解毒作用,某些重金属离子,如铅、汞、铬等,能与体内含有活性巯基的酶类结合,使酶失活,导致代谢发生障碍而中毒,维生素 C 具有保护巯基酶的活性之功能,可使体内的氧化型谷胱甘肽转变成还原性谷胱甘肽后,与金属离子排出体外,避免机体中毒。

维生素 C 还具有降低食道癌、胃癌的作用。一些腌、烤、熏制的食品中,存在亚硝酸盐,在食物烹调过程中会转化为致癌物质亚硝胺。维生素 C 可阻断 N-亚硝基化合物的合成,可预防癌症。维生素 C 有较强的还原性,在食品加工中广泛用作抗氧化剂。

维生素 C 严重缺乏时,将出现坏血病,出现创口、溃疡不易愈合;骨骼、牙齿等易于折断或脱落,毛细血管通透性增大,引起皮肤、黏膜、肌肉出血。一般缺乏时,易疲劳、嗜睡、牙龈出血等。

　　维生素 C 主要存在于植物性食物中,动物性食品中一般较少。蔬菜中番茄、辣椒、菜花、苦瓜等以及水果类如柑橘、橙、鲜枣、山楂、猕猴桃、草莓等含量较高。维生素 C 在储存、加工、烹调处理中极易破坏,所以蔬菜和水果应尽可能保持新鲜、生吃。

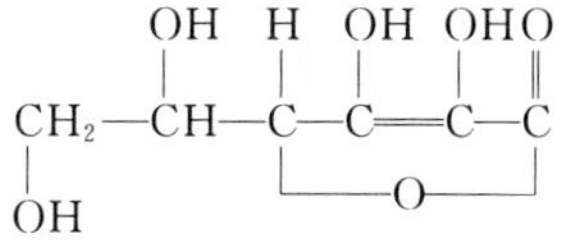

维生素 C 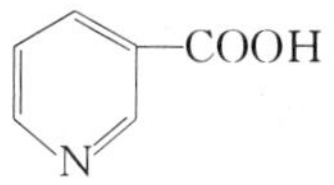　　　　　　　　烟酸

二、B 族维生素

1. 维生素 B_1

　　维生素 B_1 又称抗脚气病维生素,抗神经炎维生素。是由一个嘧啶环通过亚甲基桥连接在一个噻锉环上所组成,分子中含有硫和氨基,故又称硫胺素。维生素 B_1 常以盐酸盐的形式出现,溶于水和甘油。1 g 盐酸硫胺素可溶于 1 mL 水中,但仅 1‰溶于乙醇,不溶于其他有机溶剂。人工合成的维生素 B_1 为白色结晶或粉末,易潮解,略带酵母气味,味苦,熔点 248℃。在酸性溶液中稳定,当 pH 3.5 时,120℃不被破坏,在碱性溶液中加热极易破坏。

　　维生素 B_1 主要存在于植物性食品中,米糠、麦麸、糙米、全麦粉、糙米、豆类中含量较多,动物性食品中肝脏、瘦肉中含量次之,精白米、精面粉中维生素 B_1 含量较低,比全麦粉少几十倍。自然界中,维生素 B_1 常与焦磷酸结合成焦磷酸硫胺素(简称 TPP)。

　　维生素 B_1 在人体内构成辅酶,维持碳水化合物正常代谢,它促进体内糖的转化,释放出能量。TPP 是维生素 B_1 的活性形式。同时抑制胆碱酯酶的活性,促进胃肠蠕动。维生素 B_1 摄入不足或吸收障碍,则易引起代谢中间产物(丙酮酸)的累积以及神经细胞中毒,导致神经炎,表现为健忘、易怒,进一步四肢虚弱、肌肉疼痛、组织萎缩、感觉异常,发生脚气病。

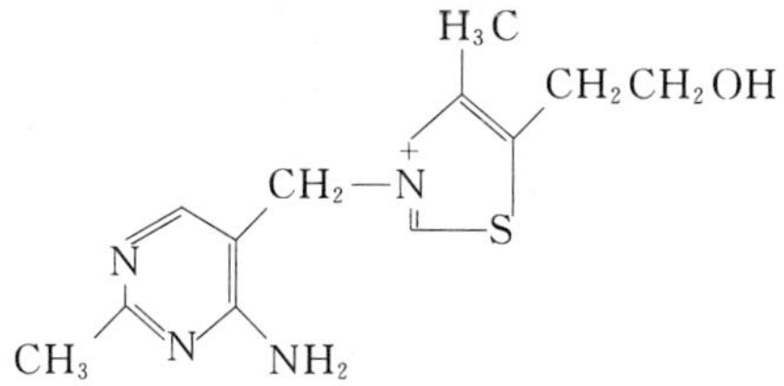

硫胺素 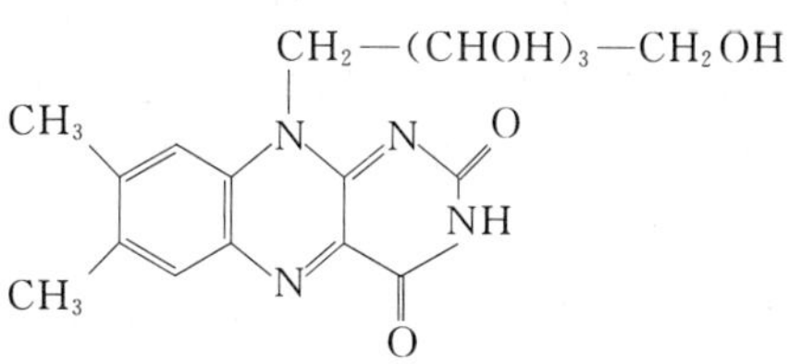　　　　　　　　　　　　核黄素

脚气病与脚气

众所周知,人体缺少维生素 B_1 会患脚气病。但是许多人误认为:脚气病就是发生在脚上的病,即脚气。其实"脚气病"和"脚气"是两类风马牛不相及的疾病,"脚气"并不是"脚气病"。

脚气是"脚癣"的俗称,医学上称为"足癣",是由真菌感染引起的皮肤病。真菌多寄生在足趾部及趾间,表现为两趾间的皮肤浸润、脱皮并伴有裂隙,有难闻的臭味,患者多伴有足部多汗,常常痒感难忍,故经常抓搔,可引起细菌感染,继而红肿、化脓,不易治愈。

而脚气病即维生素 B_1 缺乏症,临床上以消化系统、神经系统及心血管系统的症状为主。多发性周围神经炎最为常见,表现为下肢感觉迟钝,触觉、痛觉减退,肌肉酸痛,肌力下降甚至行走困难,也可侵及循环系统,表现为心慌、气促、继而心动过速、下肢水肿,如不及时治疗可发生右心衰竭,也可突然出现心力衰竭,甚至猝死。该病多发生在以精白米为主食的地区。因为维生素 B_1 在人体内基本不能合成,需要依赖外源供给。含维生素 B_1 最多的是谷物,尤其是麸皮中含量最多。长期食用精白米,即会缺乏维生素 B_1 而患病。因此在日常膳食中,应改变越吃越精的饮食习惯,适量进食些粗粮,注意饮食平衡,以保证身体健康。

2. 维生素 B_2

维生素 B_2 又名核黄素,是由核糖醇侧链与 6,7-二甲基异咯嗪缩合而成。医用维生素多为人工合成。

维生素 B_2 是橙黄色针状结晶,熔点为 280℃,溶于水但溶解度不高,27.5℃时,100 mL 水可溶解 12 mg,但极易溶于碱性溶液。在干燥状态、中性溶液或酸性溶液中对热及氧化稳定,但在碱性环境中易于分解破坏。游离型核黄素对日光照射,尤其是紫外光照射高度敏感,在碱性溶液中可光解为光黄素而丧失生物活性。

维生素 B_2 是机体中许多重要辅酶的组成成分,具有可逆的氧化还原特性,参与体内生物氧化与能量代谢,是蛋白质、脂肪和糖类的代谢所必需的重要物质。维生素 B_2 也参加维生素 B_6 和烟酸的代谢,因此在严重缺乏时常常混有其他 B 族维生素的缺乏症状。

核黄素缺乏时,可引起多种病变,如口角炎、唇炎、舌炎、脂溢性皮炎等。长期缺乏还可导致儿童生长迟缓,轻中度缺铁性贫血。

维生素 B_2 广泛存在于食物中,动物性食品含量更高些。酵母、动物内脏(肝、肾、心等)、乳类、蛋类、豆类及发芽种子及绿叶蔬菜等维生素 B_2 含量丰富。核黄素在食物中多与磷酸和蛋白质以结合型的形式存在,在大多数食品加工条件下都很稳定。

3. 维生素 B_3

维生素 B_3 又称泛酸或遍多酸,它是由泛解酸和 β-丙氨酸以肽键结合而成。天然存在且具有生物活性的为"$D(+)$-泛酸"。

维生素 B_3 是浅黄色黏性油状物。能溶于水和乙醇。泛酸溶于水,在中性溶液中耐热,尤其在 pH 5～7 时稳定,在酸性溶液和碱性溶液中受热易被破坏。对氧化剂及还原剂极为稳定。具有旋光性,但右旋性的维生素 B_3 才具有维生素的效应。

维生素 B_3 是辅酶 A 的主要组成成分。辅酶 A 的功能是合成胆固醇,因此,缺乏维生素 B_3 易引起胆固醇含量缺乏。维生素 B_3 也是酰基载体蛋白的组成成分,参与糖、脂肪和蛋白质代谢的酰基转移过程。人体缺乏维生素 B_3 时可能使代谢速度减慢,出现过敏、疲劳、胃肠道不适等症状。

维生素 B_3 的来源广泛,存在于所有的动物和植物组织中。尤其以酵母、肝脏、肾、蛋黄、新鲜蔬菜、全面粉面包、牛乳等含量丰富。人体肠内细菌也能合成泛酸,因此很少出现典型缺乏症状。

4. 烟酸

烟酸也叫尼克酸、抗癞皮病维生素,又名维生素 B_5 或维生素 PP。是吡啶-3-羧酸及其衍生物的总称,包括烟酸及烟酰胺。烟酸为白色或淡黄色晶体或粉末,无臭或微有臭味。溶于水和乙醇,性质比较稳定,耐热耐光,耐酸耐碱,不易被氧化破坏。一般烹调方法对其影响小,是维生素中最稳定的一种。

维生素 B_5 是细胞代谢作用所必需的,在体内参与蛋白质、脂肪、糖类的代谢,并可维护皮肤系统、消化系统和神经系统正常功能。缺乏则代谢受阻,典型症状为皮炎(dermatitis)、腹泻(diarrhea)、痴呆(dementia),又称"三 D"症状。

烟酸及烟酰胺广泛存在于食物中,植物性食物存在的主要是烟酸,动物性食物中以烟酰胺为主。动物体内,烟酸可由色氨酸转化而成。烟酸又可转变成烟酰胺。富含色氨酸的食物,也富含烟酸。常见的有肝、肾、瘦畜肉、啤酒、酵母、粗粮等。牛乳中烟酸含量不多,但色氨酸含量高。

5. 维生素 B_6

维生素 B_6 是 2-甲基-3-羟基-5-羟甲基吡啶的衍生物,主要以天然形式存在。维生素 B_6 又称吡哆素,包括吡哆醇(PL)、吡哆醛(PN)和吡哆胺(PM)三种。

维生素 B$_6$ 是无色晶体,易溶于水和乙醇。耐热,在空气中稳定,在酸性溶液中对热比较稳定,在碱性介质中对热不稳定,易被碱破坏,在溶液中各种形式的维生素 B$_6$ 对光敏感,但与 pH 密切相关,中性环境中易被光破坏。

维生素 B$_6$ 是机体中有很多重要酶系统的辅酶,参与神经递质、糖原、神经鞘磷脂、血红素、类固醇代谢及所有氨基酸代谢,包括氨基酸的脱羧基作用、氨基转移作用,也参与色氨酸、含硫氨基酸等的合成。维生素 B$_6$ 还有增强人体免疫功能、维持神经系统功能及降低同型半胱氨酸的功能,后者是心血管疾病的可能危险因素。

维生素 B$_6$ 广泛存在于食物中,人体肠道细菌能合成一部分供人体需要,故人体一般不会发生维生素 B$_6$ 缺乏症。如缺乏则出现虚弱、失眠、周围神经病、唇干裂、口炎等,典型症状为脂溢性皮炎,小细胞性贫血,癫痫样惊厥及忧郁和神经错乱。

维生素 B$_6$ 分布很广,肉类、全谷类产品(尤其是小麦)、蔬菜和坚果中最高。谷类食物中的维生素 B$_6$ 几乎多为吡哆醇。人和动物体的维生素 B$_6$ 多为吡哆醛和吡哆胺。维生素 B$_6$ 与蛋白质的代谢密切相关,所以维生素 B$_6$ 的供给量与蛋白质摄入量成正比。

6.叶酸

叶酸也称维生素 B$_{11}$,由蝶酸和谷氨酸结合而成,即蝶酰谷氨酸,因在植物的叶子中提取到的,故名叶酸。

叶酸为黄色或橙色薄片状或针状晶体,微溶于水,其钠盐易溶解,不溶于乙醇、乙醚等有机溶剂。易分解,在中性环境和碱性环境中稳定,易被光、热和酸破坏。叶酸可被还原成二氢叶酸(FH_2)或四氢叶酸(FH_4),FH_2 或 FH_4 在空气中易氧化降解。还原剂硫醇、半胱氨酸或维生素 C 可防止 FH_2 或 FH_4 的氧化作用,所以维生素 C 可保护叶酸。

叶酸吸收后在维生素 C 和还原型辅酶 II 参与下转变为具生物活性的 FH_4,参与一碳单位的转移,与核酸的合成密切相关,在合成体内核蛋白中起到重要作用。对氨基酸代谢、及蛋白质的生物合成均有重要影响。对正常的红细胞形成有促进作用,并具造血功能。

人体肠道细菌能合成一些叶酸,故一般不会发生缺乏。叶酸缺乏时,会引起巨幼红细胞性贫血症,补充叶酸后很快就能恢复。此外,叶酸缺乏还可引发高同型半胱氨酸血症,后者可导致动脉硬化和心血管疾病,也可导致婴儿神经管发育畸形。

叶酸广泛存在于各种动植物食品中,含量最丰富的为绿叶蔬菜,其次是酵母、动物肝脏、牛肉、菜花等食品中。

7. 维生素 B_{12}

维生素 B_{12} 是目前已知的唯一含金属的维生素,是具有氰钴胺素生物活性的类咕啉物质,故名钴胺素。维生素 B_{12} 为红色结晶,熔点 300℃,无臭无味,可溶于水,在 pH 4.5～5.0 弱酸条件下最稳定,在强酸(pH<2)或碱性溶液中分解,遇热有一定程度破坏,但快速高温消毒损失较小,对光、氧化剂及还原剂敏感易被破坏。

维生素 B_{12} 与叶酸的作用相关联,可提高叶酸的利用率,增加核酸和蛋白质合成,促进红细胞的发育和成熟;促进乙酰胆碱的合成,乙酰胆碱在神经细胞之间传递信号,可提高大脑神经细胞的传递速度;胆碱能亲和脂肪,防止脂肪在肝脏中的异常积累而发生脂肪肝,维持血液血脂正常。维生素 B_{12} 对维护人体正常造血功能和神经髓鞘的代谢有重要作用,参与核酸、脂肪、蛋白质和糖蛋白质的代谢。

缺乏维生素 B_{12} 时可导致同型半胱氨酸增加,可引起心脑血管疾病。它是人和动物体内制造红细胞的主要催化剂,如缺乏,可引起巨幼红细胞性贫血症,往往易招致恶性贫血和神经系统损害。

维生素 B_{12} 主要集中于动物组织,主要有动物内脏,其次是贝类、蛋类,在植物性食物中一般不含有维生素 B_{12},但豆类经发酵后可形成一些。在体内主要储存于肝脏,主要由尿、胆汁排出,大部分在回肠被重新吸收,因此维生素 B_{12} 一般不易引起缺乏。

三、维生素 H

维生素 H 又称生物素、维生素 B_7、辅酶 R。由一个脲基环和一个带有戊酸侧链的噻吩环组成。自然界存在的生物素至少有两种:α-生物素(存在于蛋黄中)和 β-生物素(存在于肝脏中)。

生物素为无色针晶体,熔点 232～233℃,溶于水,不溶于有机溶剂。常温下较稳定,在中性或酸性溶液中也稳定。

主要功能是在脱羧-羧化反应中和脱氨反应中起辅酶作用,可以转移 CO_2,生成新的化合物。缺乏者主要是长期生食鸡蛋,主要症状为毛发变细、无光泽、干燥、鳞状皮炎、红色皮疹、恶心、呕吐、疲乏、高胆固醇血症等。

生物素广泛存在于天然食物中。干酪、肝、大豆粉、酵母等含量丰富,其次为蛋类。人人体肠道细菌亦能合成,可满足人体需要。

四、胆碱

胆碱为强有机碱,是卵磷脂的组成成分。胆碱以乙酰胆碱或是磷酸酯形式存在于动植物中。胆碱为无色晶体,易吸湿成黏稠状液体。

　　胆碱在生物合成中是甲基的供给体,在代谢过程中可以循环使用。胆碱被乙酰化后形成乙酰胆碱,保证信息传递,促进脑发育和提高记忆能力。生物膜的组成成分。胆碱能促进磷脂的合成,可促进脂肪代谢,具有抗脂肪肝的作用。

维生素与辅酶

　　辅酶是某些酶催化作用中所必需的非蛋白质小分子有机物质。某些酶如果缺少辅酶,就失去了它的催化功能,直接诱发许多疾病的发生。有许多辅酶是维生素类或维生素衍生物。如:维生素 B_1 是 α-酮酸氧化脱羧酶和转酮醇酶的辅酶,缺乏时可致酮酸氧化脱羧反应和磷酸戊糖代谢障碍,导致脚气病和末梢神经炎。

　　维生素 B_2 也称核黄素,核黄素以 FMN 与 FAD 的形式作为黄素蛋白的辅酶,是氧化还原反应中重要辅酶。维生素 B_2 缺乏时出现口角炎等。

　　维生素 B_3 又称泛酸,是构成辅酶 A 和酰基载体蛋白的成分,参与体内酰基转移和携带乙酰基。人体中一般不缺泛酸。

　　维生素 B_6 包括磷酸吡哆醇、磷酸吡哆醛、磷酸吡哆胺,构成转氨酶和氨基酸脱羧酶的辅酶,也是 ALA 合成酶的辅酶。ALA 合成酶是血红素合成的限速酶,因此,维生素 B_6 缺乏时有可能造成低色素小细胞性贫血和血清铁升高。

　　维生素 B_{12} 也叫钴胺素,它可以构成甲基转换酶的辅基,参与甲基转移,缺乏维生素 B_{12} 可导致巨幼细胞性贫血。

　　维生素 PP 包括尼克酸和尼克酰胺,在体内可转变为 NAD^+ 和 $NADP^+$,构成脱氢酶的辅酶,参与生物氧化体系,缺乏时可出现癞皮病。

　　叶酸以四氢叶酸形式出现,参与一碳单位的转运,与蛋白质、核酸合成以及红细胞和白细胞的成熟有关,缺乏叶酸可患巨幼细胞性贫血。

　　由此可见,维生素是维持人体正常生命活动必不可少的营养物质,生活中不容忽视。

五、肌醇

　　肌醇又名环己六醇,是一种特殊形式的糖醇。广泛存在于微生物、高等植物和动植物内。在植物中以六磷酸酯的形态存在,称为植酸。肌醇为白色粉末晶体,无臭、味甜,熔点在 $225 \sim 227℃$,溶于水,不溶于有机溶剂。主要功能表现为防止毛发脱落和防止脂肪肝。丰富的肌醇可防止肝硬化、肝炎及高胆固醇血症。

第三节　维生素在储藏和加工中的损失

无论是植物性食品还是动物性食品,维生素的含量都受到生态环境和加工条件的影响,维生素含量不断发生变化,不同的处理方法,维生素变化也不同。

一、食品储藏过程中维生素的变化

果蔬类食品储存过程中,由于仍有生命活动,在酶的作用下,使维生素含量下降。其损失大小与储存时间、温度、气体组成、机械损伤及种类、品种等因素有关。食品中的维生素含量随着储存时间的延长而下降,最重要的影响因素是温度,低温条件下的维生素损失比高温环境下储存要低。苹果储存 2～3 个月,维生素可下降到采收时含量的 1/3 左右。绿色蔬菜的维生素 C,在高温条件下储存 1～2 d,含量减少到 30%～40%。禾谷类储藏条件对维生素的影响和水分含量、温度相关,水分越多,温度越高,损失越多。其他影响因素为酸度、光照、空气和包装等。

易被氧化分解的有维生素 A、维生素 B_1、维生素 B_6、维生素 D、维生素 E、维生素 H 等。对光、射线敏感的维生素有维生素 A 和 B 族维生素、维生素 C、维生素 K 等。维生素对辐射敏感,其中以维生素 C 和维生素 E 最为显著。

二、食品在加工过程中维生素的损失

食品加工的主要目的是延长货架期和获得一定得风味及营养价值。食物经过加工以后可进一步改善和提高其营养价值,使食品产生令人愉快的风味,满足人们在色、香、味、质地、形态等各方面的不同需求,并且可以防止食品的腐败变质,延长其保质期。但是很多加工方式会造成维生素的流失,其损失程度取决于特定维生素对加工条件的敏感性。引起维生素损失的主要因素有高温、氧气、阳光、pH、水分、酶、金属离子等。

1. 碾磨

碾磨是谷类加工过程中特有方法。存在于谷类的维生素主要分布在谷皮、谷胚和糊粉层,所以在碾磨过程中易造成损失。加工精度越大,维生素损失越大。以大米中的维生素 B_1 为例,加工标准米时,损失 41.6%,加工中白米则损失 57.6%,加工上白米损失大约 62.8%。小麦面粉的情况也是这样,标准粉含硫胺素 41.6 mg/kg、烟酸 25 mg/k;富强粉含硫胺素 2.4 mg/kg、烟酸 20.7 mg/kg;加工精粉时,制品只含硫胺素 0.6 mg/kg、烟酸 11 mg/kg。所以提倡粗粮、细粮搭配食用。

2. 洗涤和去皮

为保证食用安全,果蔬在食用前要进行洗涤,在此过程中一般很少有维生素的损失。但不恰当的洗涤方法易造成机械损伤,影响色泽并造成水溶性维生素丢失。例如,蔬菜先切后洗,菜切得越碎,洗涤次数越多,在水中浸泡时间越长,水溶性维生素的损失则越大。动物性原料也同样如此。

果蔬的表皮有的粗厚、坚硬,有的具有不良风味,还有的容易在加工中引起不良后果,所以大多数的果蔬在加工时都需要去除表皮。果蔬的表皮和皮下组织的维生素含量比其他部位高,因而在去皮过程中会造成一定的维生素的损失。

3. 热处理

食品加工过程中的热处理包括烫漂、巴氏消毒和杀菌,其主要目的为延长保藏期。不同的热处理方法会造成维生素损失量不同。通常温度越高,加热时间越长,维生素 B_1、维生素 B_{12}、维生素 C 损失越大,维生素 A、维生素 B_2、维生素 B_6、烟酸、维生素 D 损失小。常压加热易引起水溶性、热敏感维生素的较多损失;高温短时处理时,维生素的损失相对较少;油炸熟化时,由于油的沸点高,传热快,加热时间短,热敏感维生素的损失反而较少。

例如果蔬罐头在加工过程中的热处理是将原料用热水或蒸汽进行短时间加热。果蔬在装罐和冷冻前大多需要热烫。热烫的目的主要有钝化酶的活性,防止酶褐变,改善组织,脱除组织内部的部分空气,杀灭部分微生物等。热烫时维生素的损失量受到热烫类型、热烫温度和热烫时间以及冷却方法等因素的影响。总维生素损失一般为 $13\%\sim16\%$,其中维生素 B_1 损失可达 $2\%\sim30\%$,维生素 B_2 损失可达 $5\%\sim40\%$,胡萝卜素损失较少,仅为 1% 左右。

牛奶在进行巴氏灭菌时,维生素 C 和维生素 B_1 损失 $10\%\sim15\%$。面包烘烤中维生素 B_1 可损失 25%。油炸食品中,维生素损失 $70\%\sim90\%$。香肠、灌肠等熏制肉品,维生素损失 $12\%\sim40\%$。

4. 脱水

脱水是食品保藏的重要方法,可应用于多种食品,并且方法很多。如:日晒、滚筒干燥、喷雾干燥及真空冷冻干燥等。其中真空冷冻干燥因其在低温、高真空下进行,对维生素影响最小。其余方法在脱水过程中会给维生素造成不同程度的损失。在脱水过程中最不稳定的是维生素 C。

5. 辐射

辐射是用于食品储藏,的一种新方法。实验表明,在水溶性维生素中,维生素 B_1 和维生素 B_6 对辐射最不敏感,维生素 C 较敏感,并且在水溶液中的敏感程度要高于在食品中或冻结状态下的敏感程度。

脂溶性维生素对辐射也很敏感。其中,维生素 E 最敏感。其次分别是胡萝卜素、维生素 A、维生素 D 和维生素 K。

实验 5-1　维生素 C 的测定

一、目的要求

①学习定量测定维生素 C 的原理和方法。
②进一步掌握滴定法的基本操作技术。
③了解水果及蔬菜中维生素 C 的含量情况。

二、实验原理

维生素 C 具有很强的还原性。它可分为还原型和脱氢型(氧化型)。根据它具有的还原性质可测定其含量。

还原型抗坏血酸能还原染料 2,6-二氯酚靛酚,本身则氧化成脱氢型。在酸性溶液中,2,6-二氯酚靛酚呈红色,还原后变为无色。因此,当用 2,6-二氯酚靛酚滴定含有抗坏血酸的酸性溶液时,在抗坏血酸尚未被全部氧化前,则滴下的染料立即被还原成为无色。当溶液中的抗坏血酸全部被氧化时,则滴下的染料立即使溶液变成粉红色。所以,当溶液从无色转变成微红色时即表示溶液中的抗坏血酸刚刚被全部氧化,此时即为滴定终点。在没有杂质干扰时,一定量的样品提取液还原标准 2,6-二氯酚靛酚的量与样品中所含维生素 C 的量成正比。从滴定时 2,6-二氯酚靛酚标准溶液的消耗量,可以计算出被检物质中抗坏血酸的含量。

三、仪器与试剂

(一)仪器
托盘天平,150 mL 锥形瓶,容量瓶,移液管,漏斗,滴定管等。

(二)试剂
1. 标准抗坏血酸溶液

准确称取 10 mg 纯抗坏血酸(应为洁白色,发黄则不能用)溶于 1% 草酸溶液中,并稀释至 100 mL,贮于棕色瓶中,冷藏。最好临用前配制。

2. 0.1% 2,6-二氯酚靛酚溶液

准确称取 250 mg 2,6-二氯酚靛酚溶于 150 mL 含有 52 mg $NaHCO_3$ 的热水中,冷却后加水稀释至 250 mL,滤去不溶物,贮于棕色瓶中冷藏(4℃)约可保存一周。每次临用时,以标准抗坏血酸标定。

3.2%草酸溶液。

4.1%草酸溶液。

四、分析步骤

(一)提取

用清水洗干净新鲜水果或蔬菜,用吸水纸吸干表面水分。然后用天平准确称取材料约 0.5 g,放在研钵中,加 2% 草酸 5~10 mL,研磨成浆状。滤纸过滤,将滤液滤入 50 mL 容量瓶中。滤渣可用少量 2% 草酸洗 2~3 次。最后用 2%草酸溶液稀释到刻度并混匀。

(二)标准抗坏血酸溶液的标定

准确吸取标准抗坏血酸溶液 1.0 mL(含 0.1 mg 抗坏血酸)置于锥形瓶中,加 9 mL 1%草酸,用 0.1% 2,6-二氯酚靛酚钠溶液滴定至淡红色,并保持 15 s 不褪色,即达终点。由所用染料的体积计算出 1 mL 染料相当于多少毫克抗坏血酸(取 10 mL 1%草酸作空白对照,按以上方法滴定)。

(三)样品的滴定

准确吸取滤液两份,每份 10 mL 分别放入两个锥形瓶内,滴定方法同前。另取两份 10 mL 1%草酸作空白对照滴定。

五、结果与计算

$$维生素 C 含量/(mg/100 g 样品) = \frac{(V_A - V_B) \times c \times T \times 100}{D \times W}$$

式中:V_A—滴定样品提取液所用染料的平均毫升数(mL);

V_B—滴定空白对照所用染料的平均毫升数(mL);

c—样品提取液总的毫升数(mL);

D—滴定时所取样品提取液的毫升数(mL);

W—待测样品的重量(g);

T—1 mL 染料能氧化抗坏血酸的毫克数(mg)。

七、考核要点

①样品提取操作正确,维生素 C 得以保护。

②滴定操作规范,读数正确。

③计算准确,数据可靠。

实验 5-2　胡萝卜素柱层析

一、目的要求

①了解胡萝卜素的种类、颜色及脂溶特性。
②学习吸附层析法分离胡萝卜素的原理和操作方法。

二、实验原理

吸附层析法是利用吸附剂表面对溶液中不同物质所具有不同程度的吸附作用而使溶液中混合物分离的方法。吸附层析通常采用柱型装置。

胡萝卜素存在于胡萝卜和辣椒等植物中，因其在动物体内变成维生素 A，故又被称为维生素 A 原。胡萝卜素可用乙醇、石油醚或丙酮等有机溶剂从食物中提取出来，且能被氧化铝所吸附。由于胡萝卜素与其他植物色素的化学结构不同，它们被氧化铝吸附的强度以及在有机溶剂中的溶解度都不同，故将抽提液通过吸附柱能将其中的 α、β、γ 胡萝卜素分离开来，形成不同的色带。

三、仪器与试剂

(一)仪器

层析柱，100 mL 烧杯，小滤纸片，托盘天平，乳体，剪刀，20 mL 量筒，铁架，100 mL 分液漏斗，胶管。

(二)试剂

①95％乙醇；②石油醚；③1％丙酮石油醚；④三氧化二铝；⑤无水硫酸钠。

四、分析步骤

(一)提取

取干红辣椒皮 2 g，剪碎后放入研钵中，加 95 ％乙醇 4 mL 充分研磨，研磨至提取液呈深红色，再加石油醚 6 mL 研磨 2～3 分钟。取出提取液，置于 40～60 mL 分液漏斗中，用 20 mL 蒸馏水洗涤（分 3 次）。直至水层透明为止，借以除去提取液中的乙醇。将红色石油醚提取液倒入干燥试管中，加少量无水硫酸钠除去水分，用胶塞塞紧以免石油醚挥发。

(二)层析柱的制备

取直径 1 cm，高度 16 cm 的玻璃层析管，装入氧化铝，装柱时要注意：不能断层,均匀,用量为柱长的2/3,柱面要平。将层析管垂直夹在铁架上备用。

(三)层析

用细吸管吸取石油醚提取液1 mL沿管壁加入层析柱上端,待提取液全部进入层析柱时,立即加入含1‰丙酮的石油醚冲洗,使吸附在柱上端的物质逐渐展开成为数条颜色不同的色带。仔细观察色带的位置、宽度与颜色,并绘图记录。

(四)显色

取1支试管收集最前面的色带层,倒入蒸发皿内,于80℃水浴中蒸干,滴入三氯化锑氯仿溶液数滴,可见蓝色反应,即能鉴定此色带层为类胡萝卜素。

六、说明与讨论

1.如氧化铝吸附力不够理想,可先对氧化铝做高温处理(350～400℃烘烤)除去水分,提高吸附力。

2.石油醚提取液中的乙醇必须洗净,否则吸附不好,色素的色带弥散不清。

3.展开溶液中的丙酮可增强洗脱效果,但含量不宜过高,以免洗脱过快使色带分离不清。

七、考核要点

①提取。

②层析柱的制备。

③层析。(1、2、3操作规范、正确。)

④α、β、γ胡萝卜素完全分开,现象明显。

复习思考题

1.简述维生素的概念及分类。

2.维生素的共同特性有哪些?

3.分述脂溶性维生素A、D、E的性质、功能。

4.分述水溶性维生素B_1、B_2、维生素C、叶酸的性质和功能。

5.影响维生素损失的因素有哪些?

6.为何粗粮比细粮营养价值高?

7.食品加工中应如何降低维生素的损失?

8.维生素E的稳定性以及在食品工业中的作用。

第六章　矿物质

学习目标
- 熟悉矿物质的种类和矿物质在机体中的主要作用以及各类食品中的矿物质资源。
- 掌握矿物质元素的生物有效性及其影响因素。
- 明确在食品加工和处理过程中影响矿物质损失的因素,掌握控制矿物质损失的方法。

第一节　概　　述

一、矿物质的种类

食品中的各种元素,除碳、氢、氧、氮四种元素以外,其余元素不论含量多少统称为矿物质,又称为无机盐。食品中的矿物质有 60 多种,一般含量较少,通常以灰分来衡量。矿物质总量虽只然占人体体重的 4%～5%,但却是不可或缺的部分,绝大部分矿物质都具有重要的生理功能。人体内的矿物质一部分来自作为食物的动植物组织,另一部分来自饮水、食盐和食品添加剂。矿物质与其他有机营养素不同,它们既不能在人体内合成,也不能在代谢过程中消失,仅能随排泄物重回环境中去。

(一)按矿物质对人体的生理作用分类

根据矿物质对人体的生理作用可将矿物质分为必需元素、非必需元素和有毒元素三类。

1. 必需元素

必需元素是指存在于一切机体的正常组织中,对机体自身稳定起重要作用,且含量比较固定,缺乏时机体发生组织上和生理上的异常,当补充相应元素后即可恢复正常的一类元素。但必需元素摄取过量也会有害。目前已确定的人体必需的微量元素有铁(Fe)、锌(Zn)、铜(Cu)、碘(I)、锰(Mn)、钴(Co)、硒(Se)、铬(Cr)、镍(Ni)、锡(Sn)、硅(Si)、氟(F)、钒(V)、钼(Mo)等。

2.非必需元素

普遍存在于组织中,有时摄入量很大,并不影响人的生理功能。主要的非必需元素在人体中的含量及摄入量如表 6-1 所示。

表 6-1　主要的非必需元素在人体中的含量及摄入量

元素	铷(Rb)	溴(Br)	铝(Al)	硼(B)	钛(Ti)
在人体中的含量/(mg/kg 体重)	4.6	2.9	0.9	0.7	0.1
摄入量/(mg/d)	1~2	7.5	5~35	1.3	0.9

3.有毒元素

常见的有毒元素有铅(Pb)、镉(Cd)、汞(Hg)、砷(As)等。在正常情况下,它们的分布比较恒定,通常不会对人体构成威胁。若食品受到"三废"污染,或在食品加工过程中受到污染,致使人体大量摄入,会显著毒害机体,对机体生理功能及正常代谢产生阻碍作用,造成中毒。

因此,研究食品中的矿物质目的就在于为建立合理膳食结构提供依据,保证人体摄入适量必须矿物质,减少有毒矿物质,维持生命体系处于最佳平衡状态。

(二)按矿物质在人体内含量分类

根据矿物质在人体内含量不同可将矿物质分为常量元素和微量元素。

1.常量元素

常量元素约占人体矿物质总量的 99% 以上,指在人体内含量在 0.01% 以上的元素,占人体总灰分的 60%~80%,如钾(K)、钙(Ca)、钠(Na)、镁(Mg)、氯(Cl)、硫(S)、磷(P)等。

2.微量元素

微量元素是指在人体内含量在 0.01% 以下的元素,如铁(Fe)、铜(Cu)、碘(I)、硒(Se)、锌(Zn)、锰(Mn)、铬(Cr)等。

无论是常量元素还是微量元素,在适当的范围内对维持人体正常的代谢与健康都具有十分重要的作用。

二、矿物质在体内的作用

(一)构成人体组织的重要成分

人体内的矿物质主要存在于人体的坚硬组织中,并维持组织的刚性结构,如人体中 99% 的钙元素和大量的磷、镁就存在于骨骼、牙齿中,缺乏钙、磷、镁,可能引起骨骼或牙齿不坚固;此外软组织中含较多钾元素;磷和硫则是蛋白质的组成元素。

(二)维持细胞的渗透压及机体的酸碱平衡

矿物质与蛋白质在细胞内外液中调节细胞膜的通透性、控制水分、维持正常的渗透压,对体液的贮留与移动起重要作用;此外,磷、硫、氯等形成的酸性缓冲液和钾、钠、镁等形成的碱性缓冲液与蛋白一起构成机体的酸碱缓冲体系,维持机体的酸碱平衡。

(三)保持神经肌肉的兴奋

钾、钠、钙、镁等离子按一定比例存在时,对维持神经、肌肉的兴奋性具有重要作用。

(四)构成酶的成分或激活酶的活性

如锌是多种酶的组成成分,可参与体内物质代谢,过氧化氢酶含铜,钙可以作为凝血酶的激活剂。

(五)构成某些激素或参与激素的作用

某些矿物质是组成激素的成分,如甲状腺含碘,胰岛素含锌、葡萄糖耐量因子含铬等。

(六)参与核酸代谢

核酸携带大量遗传信息,含有多种微量元素,并需要铬、锰、钴、锌、铜等元素才能维持核酸的正常功能。

(七)对机体具有特殊功能

如铁对于血红蛋白和细胞色素酶系具有重要的意义;碘对甲状腺素具有至关重要的作用。

第二节　食品中的矿物质

食品中的矿物质丰富多样,不同种类的食品所含矿物质的种类及数量也大不相同。食品中矿物质含量的变化主要取决于环境因素:植物从土壤中获得矿物质储存于根、茎和叶中;动物则通过摄食饲料而获得。食物中的矿物质可以离子状态、可溶性盐和不溶性盐的形式存在;有些矿物质在食品中还可以以螯合物或复合物的形式存在。

一、乳中的矿物质

牛乳中含丰富的矿物质,是动物性食品中唯一呈碱性的食品。牛乳中矿物质含量一般为0.7%～0.75%,山羊乳中矿物质含量略高于牛乳为0.8%左右。牛乳中的矿物质含量比较稳定,受季节和饲料的影响较小。牛乳中的矿物质除钙、磷、钾、钠、镁、硫等常量元素外,还含有铁、铜、锌、锰、等微量元素。因牛乳中某些矿物质水平超过了它的溶解度,所以常呈胶体状态。如牛乳的胶体颗粒中就含有钙、镁、磷等。当用凝乳酶凝固时,这些颗粒就会沉淀下来。当加热时,钙和磷可从溶解态变为胶体状态。

牛乳中大部分钙与酪蛋白、磷酸、柠檬酸结合形成复合物呈胶体状态存在,只有小部分呈离子状态。由于牛奶中钙、磷含量比较高,且比例比较适中,钙磷比一般在1.2～2.0,并且牛乳中存在乳糖、蛋白质、维生素 D 等因子,促进了钙的吸收和利用。其次钙的组成及存在状态与人体骨骼相似,易于被人体消化吸收,对人体更安全,因此牛乳是膳食中钙的最佳来源。我国人均食用牛乳较少,直接造成钙摄入不足。发达国家膳食中60%～90%的钙来自于乳和乳制品,乳消费量比较高的国家如爱尔兰、芬兰、瑞士等,仅依靠乳就能满足人们对钙的需要。

牛乳中的钾、钠大部分以氯化物、磷酸盐及柠檬酸盐呈可溶性状态存在,且比例适中。牛乳中铁的含量少,每100 mL 牛奶中含铁量仅 1 mg,且吸收率也很低,这是牛奶在营养上的缺陷。母乳和山羊乳铁含量也不高,只是略高于牛乳。因此,乳及乳制品中所含的铁远远不能满足儿童生长发育的需要。牛乳中铜的含量也很少,用牛乳喂养儿童一定要注意补铜,母乳喂养婴儿不会发生缺铜现象。牛乳中常见矿物质含量见表 6-2。

表 6-2　牛乳中矿物质元素的平均含量　　　　　　　　　　　mg/100 g

元素	Na	K	Ca	Mg	P(总)	P(无机)	Cl	Fe	Zn	Cu	Mn
含量	50	145	120	13	95	75	100	1.0	3.8	0.3	0.02

二、肉中的矿物质

肉可分为畜肉和禽肉两类,作为食物来源为人类提供多种微量元素。其中脏腑类食品所含微量元素非常丰富,如猪肝、鸭肝含有丰富的铁、锌,并且含有铬、硒、钴、钼等微量元素。

肉中矿物质含量一般为0.8%～1.2%,有的成溶解状态,有的则与蛋白质结合在一起呈不容状态。因为矿物质经常和肉中的非脂肪部分连接,所以瘦肉的灰分含量比较高。肉中常量元素以钠、钾和磷的含量较高,钠、钾几乎全部存在于软组织及体液中,在人或动物体中钠主要分布于细胞外液,主要和盐酸盐和碳酸盐在一起,钾主要分布于细胞内液,主要以镁、磷酸盐、硫酸盐在一起,均以游离状态存在。磷一般与蛋白质结合形成非溶性状态而存在,如核蛋白中的磷。所以当肉汁流失后,钠、钾损失较严重,而磷损失相对较少。相对其他食物,肉中微量元素铁的含量较高,是饮食中铁的重要来源。肉中的铁主要与肌红蛋白结合形成螯合物而存在。除此之外,肉中还含有锰、铜、钴、锌、镍等微量元素。肉中常见矿物质元素的含量如表 6-3 所示。

表 6-3 肉类中的矿物质的含量   mg/100 g

种类	灰分	Ca	P	Fe	Na	K	Mg
猪肉	1 200	9	175	2.3	70	285	18
牛肉	800	11	171	2.8	65	355	15
羊肉	1 200	10	147	1.2	75	295	15

三、植物性食品中的矿物质

植物性食品中的矿物质元素,除极少数以无机盐形式存在外,大部分与植物中的有机物相结合而存在,或者本身就是有机物的组成成分。如粮食中含量较高的元素磷,就是磷酸糖类、磷脂、核蛋白、辅酶、核苷酸、植酸盐等有机物的组成成分。植酸盐中的磷不易被机体利用,约 60% 被排除体外。小麦、稻谷及其他谷物类粮食的糠麸中含有丰富的植酸酶,许多微生物(如酵母)也含有较多的植酸酶,植酸盐能在植酸酶的作用下水解成磷酸和肌醇,把磷酸分解成为无机磷,易于被人体吸收。所以粮食在储藏,期间,由于植酸酶的作用,无机磷含量会增加;经过酵母发酵的面团,更有利于人体对磷的吸收。

谷物中的矿物质元素有 30 多种,其中含量较多的有 P、K、Mg、Ca、Fe、Si、Cl 等。矿物质在粮食中分布不均匀,例如谷物类粮食,其壳、皮、糊粉层及胚部含量较多,而胚乳含量较少,因此粮食加工制品中,精度越高,灰分越少。所以通常以灰分含量来评定面粉的精度和等级,灰分含量高,颜色浅黑,反之,颜色发白。普通小麦面粉的灰分含量很低,仅 1.35%~1.8%,小麦面粉中常量矿物质元素含量如表 6-4 所示。

表 6-4 小麦面粉中常量矿物质元素含量   mg/100 g

元素	K	P	Ca	Mg	S
平均含量	400	400	50	150	200

大豆中矿物质的含量与种类非常丰富,灰分接近 5%。其中钾的含量最多,占干物质的 1.81%,比肉蛋奶中钾含量还要。大豆属于碱性食品,可以缓冲因食用肉、蛋、鱼类等酸性食品带来的不良作用。大豆中磷的含量可达 0.571%,同样比

肉蛋奶中磷含量要高。大豆磷的 12% 是以磷脂的形式存在。鸡蛋中含卵磷脂最多,动物脑中含脑磷脂最多,而大豆磷脂中这两者均很丰富。大豆磷脂已被联合国粮农组织(FAO)及世界卫生组织为"重要的营养补助品"和"九大长寿食品之一"。大豆中钙的含量非常丰富,它与牛奶同是膳食钙的良好来源。大豆中常量矿物质元素含量见表 6-5。此外,大豆还含有锌、硒、钼、铬、镍等多种微量元素。

表 6-5　大豆中常量矿物质元素含量　　　　　　　　　　mg/100 g

元素	K	P	Ca	Mg	S	Cl	Na
平均含量	1 830	240	310	780	240	30	240

　　果蔬中含有丰富的矿物质,以硫酸盐、磷酸盐、碳酸盐或与有机物结合的盐的形式存在。果蔬中矿物质元素的含量与产地也有很大的关系。一般来说,蔬菜中的矿物质元素含量比水果中的丰富。但果蔬在生长期间经常使用农药,易造成重金属如铅、砷、铜中毒,所以食用及加工果蔬时应进行清洗或去皮等操作。

酸性食品与碱性食品

　　许多人认为,食品的酸碱性是由食品中所含有的酸味物质的多少决定的,吃起来较酸的食品就是酸性食品,吃起来不酸的食品就是碱性食品。其实,不然。食品的酸碱性是由食品中所含有的矿物质元素的种类和性质所决定的。

　　酸性食品:指含有非金属元素磷、硫、氯较多的食物,在体内氧化后生成带阴离子的酸根如 PO_4^{3-},Cl^-,SO_4^{2-} 等,需要碱性物质去中和,故在生理上称为酸性食品,如肉,鱼,禽,蛋以及粮谷类。

　　碱性食品:含有金属元素钾、钠、钙、镁较多的食物,在体内氧化成带阳离子的碱性氧化物,故在生理上称为碱性食品,如果蔬、豆类、牛奶等。

第三节　矿物元素的生物有效性

一、概述

　　很早人们就认识到食品中某种营养素的含量不一定是该食品作为该营养素来源价值的可靠指标,为此,营养学上提出了生物有效性的概念。矿物质的生物有效性是指在代谢的过程中,食品中矿物质实际被机体吸收、利用的可能性。食品中总的矿物质含量并不能决定人体对矿物质的吸收利用情况,因此评价食品营养价值应从营养素的含量和营养素被机体实际利用的程度两方面考虑。人体对矿物质的吸收利用很大程度上取决于促进和抑制其吸收的因素并与机体的机能状态等有关。

二、影响矿物质生物有效性的因素

(一)食品的可消化性

如果食品不易消化,即使营养素再丰富也得不到利用,如麸皮、米糠中含有很多铁、锌等营养必需元素,但这些物质可消化性很差,因而不能被利用。

(二)矿物质的物理形态和化学形式

在机体中水是营养素代谢的介质,所以矿物质的生物有效性与其溶解性相关,矿物质溶解性越高越容易被吸收。部分矿物质与有机物结合成络合物,能够起到改变矿物质溶解性的作用,从而改变矿物质的生物有效性。其次颗粒的大小也会影响矿物质的吸收,如用难溶物质来补充矿物质时,颗粒的大小就很重要。元素的化学形式同样影响元素的利用,如二价铁盐比三价铁盐更容易被机体吸收利用。

(三)与其他营养物质相互作用

饮食中一种矿物质过量影响另一种矿物质的利用,两种元素竞争蛋白质载体上的结合部位,或者一种矿物质与另一种矿物质化合后一起排泄掉,造成后者缺乏,如:过多的铁就会抑制锌、锰等元素的吸收;矿物质与其他营养素作用也可以促进矿物质的吸收,如钙与乳酸生成乳酸钙,铁与氨基酸成盐,可使这些矿物质成为可溶态,有利于吸收。此外,不同食物组分也会影响矿物质的利用,如食品中的维生素 C 可以将三价铁还原成二价铁,促进铁的吸收,若食品中存在大量氧化剂则对铁的吸收起到抑制作用。

(四)螯合作用

金属离子可以与不同的配位体结合形成相应的配合物或螯合物。在食品体系中螯合作用是非常重要的,不仅可以提高或降低矿物质的生物有效性,还能起到防止铁、铜的助氧化剂作用。螯合作用在食品中所产生的影响主要有:矿物质与可溶性的配位体作用后,提高矿物质的生物有效性,如 EDTA 可以提高铁的利用率;矿物质与很难吸收的高分子化合物(如纤维素)结合降低矿物质的生物有效性;矿物质与配位体结合形成不溶性的螯合物,严重影响其生物有效性,如植酸盐抑制铁、钙、锌的吸收,草酸盐影响钙的吸收等。

(五)加工方法

食品的加工方法对矿物质的生物有效性可有一定的影响。如磨碎的细度可提高难溶元素的生物有效性;添加到液体食物中的难溶的铁化合物,经加工并延长储藏,期可将铁变为具有较高生物活性的形式;发酵后的面团中锌和磷的生物有效性大幅度提高。

(六)人体的生理状态

人体对矿物质的吸收具有调节能力,维持机体环境相对稳定。当机体缺乏某种矿物质时,其吸收率提高,当机体矿物质供应充足时,吸收率降低。此外机体的状态,如疾病、年龄等均会造成机体对矿物质吸收的改变。如缺铁性贫血的病人对铁的需求增多,使得铁更容易被机体吸收,生物有效性增大。儿童随着年龄的增大,铁的生物有效性降低。

注:一般,动物性食品中的矿物质元素的生物有效性优于植物性食品。

三、常量元素的功能及生物有效性

(一)钙(Ca)

钙是人体含量最丰富的矿物质元素,在常量元素中排第一位。成人体内含钙总量约 1 200 g,占体重的 $1.5\%\sim2.0\%$,其中 99% 存在于骨骼和牙齿等硬组织中,主要以羟基磷灰石〔$3Ca_3(PO_4)_2 \cdot Ca(OH)_2$〕的形式存在,是骨骼和牙齿的必需材料,像混凝土一样构成了人体的基本框架;其余 1% 以游离或结合状态存在于机体的软组织和体液中,与骨骼钙保持动态平衡。人体缺钙容易得佝偻病、骨质疏松症、心血管疾病等。人体缺钙比较普遍,补钙最关键的是人体能否吸收,钙能否沉积于骨组织内。

人体对钙的吸收为主动吸收,但吸收很不完全,通常有 $70\%\sim80\%$ 不被吸收而随粪便排出。有许多因素影响钙的吸收,主要原因有:①钙容易与食物中的植酸、草酸、脂肪酸等形成了不溶性的盐,影响钙的吸收。植物含植酸、草酸较多,故植物性食品中钙的吸收率较低。脂肪过高的动物性食品含大量脂肪酸,会与钙生成不溶性皂化物随粪便排出,特别是不饱和脂肪酸含量较多的植物油脂此作用更为明显。②食物纤维也可影响钙的吸收,这可能是食物纤维结构中的糖醛酸残基与钙结合所致。③维生素 D 可促进钙的吸收,从而使血钙升高,并促进骨骼中钙的沉积。④食品中乳糖含量高能提高钙的吸收程度,是因为钙与乳糖螯合,形成了低分子质量可溶性络合物。⑤蛋白质也能促进钙的吸收,因为蛋白质消化后释放出的氨基酸可与钙形成可溶性络合物或螯合物。⑥钙的吸收还与年龄、个体机能状态有关:年龄大,钙吸收率低;胃酸缺乏、腹泻等会降低钙的吸收;若机体缺钙,则钙的生物有效性提高。

　　食物中钙的来源以乳及乳制品为最好,不但含量丰富,吸收率也高,是婴幼儿理想的钙源。水产品(如螃蟹、小虾皮、海带等)和各种蛋类也都含有大量的钙。蔬菜、豆类和油料种子(如杏仁、瓜子、核桃等)含钙也较多。谷类、肉类、水果等食物的含钙量较少,且谷类含植酸较多,影响钙的吸收。为了补充食品中钙的不足,可按规定实行食品的钙营养强化。

钙(Ca)在果蔬储藏、加工中的应用

　　近年来,钙在水果蔬菜储藏,保鲜以及加工方面的应用亦受到重视。

　　钙能调节植物组织呼吸、推迟衰老,防止果蔬代谢病害的发生。例如:叶状蔬菜(如菠菜、油菜、香菜等),很容易失水萎蔫,但采收后将菜在含钙2%~5%的水溶液里浸1 min,或往叶面上喷钙,会大大地提高蔬菜的新鲜度,菜叶不萎蔫,不下垂,且食味和原来的新鲜蔬菜一样。

　　根菜类的土豆、芋头、大蒜等,经过活性钙溶液处理后,可以防止腐败、发芽,延长储藏期。

　　苹果采前喷钙或采后浸钙,可以控制苦陷病和腐烂。经钙处理的大白菜不得干烧心病。

　　另外经钙处理的果实在储藏中可保持果实的硬度,防止软烂。

　　钙在果蔬加工中常用来作硬化剂。如:在泡菜加工中,将原料泡在石灰水或氯化钙溶液中浸泡,处理后腌制的泡菜就能保脆。在果脯加工中为防止煮烂,也用钙盐溶液进行硬化处理。

(二)磷(P)

　　磷在成人体内的总量约600 g,占体重的1%左右。人体中约80%的磷与钙一起构成骨骼和牙齿的主要部分。在骨骼形成过程中,2 g钙需要1 g的磷,即钙与磷的比值约为2:1,因此,钙、磷在人休中具有"孪生兄弟"之称。磷也是软组织结构的重要组分,是细胞中不可缺少的成分。

　　磷的吸收与钙大致相同,但磷的吸收率比钙高,约为食物中磷的43%~46%。婴儿对牛奶中磷的吸收率为65%~75%,对母乳中磷的吸收率可达85%。食物中的磷大多以有机物(如磷蛋白、磷脂等)的形式存在,在肠道磷酸酶的作用下,游离出磷酸盐,磷以无机盐的形式被吸收。以植酸形式存在的磷则不能被机体充分吸

收,如谷物中的磷,主要以植酸形式存在,利用率很低。若预先通过发酵或将谷粒、豆粒浸泡于热水中,植酸会被酶水解成肌醇与磷酸盐,大大降低植酸盐含量,提高谷物中磷的利用率。维生素 D 不仅能促进磷的吸收,还可提高肾小管对磷的重吸收,减少尿磷的排泄。

磷普遍存在于各种动植物食品中,肉、鱼、禽、蛋、乳及其制品中含磷丰富,是磷的良好食物来源;蔬菜和水果含磷较少;谷物中的磷因以植酸的形式存在而难以利用。

常用强化磷的添加剂有正磷酸盐、焦磷酸钠、三聚磷酸钠、偏磷酸钠和骨粉等,也都需经酶水解成正磷酸盐后才能被吸收,而且其水解程度受磷酸聚合程度的影响。

(三)钠(Na)

正常成人体内钠的含量一般为每千克体重含 1 g 左右,其中 44% 在细胞外液,9% 在细胞内液,47% 存在于骨骼之中。钠的摄入主要是通过食物,尤其是食盐。钠能调节细胞外液容量,构成细胞外液渗透压,通过细胞外液钠浓度的持续变化维持人体体液的渗透压。摄入的食盐会被胃肠道吸收,由尿、粪便、汗液排出。通过肾脏随尿排钠是人和动物排钠的主要途径。肾对钠的调节能力很强,多食多排,少食少排,不食不排。通过此原理可以判断机体是否缺盐脱水及缺盐程度。钠对血压有很大影响,如果膳食中钠过多,钾过少,钠钾比值偏高,血压就会升高,出现血压升高的年龄愈轻,寿命可能愈短。从营养观点上:人们经常避免钠的过多摄入,一般选择"低钠盐膳食"。

高钠的食物有海鱼、酱油、食盐、虾米等。我国目前人均盐的日摄入量已经远远超过了世界卫生组织的推荐量,因此机体正常状态下一般不会缺盐。

(四)钾(K)

钾主要存在于组织细胞内,调节细胞内的渗透压,维持体液平衡,调节水分在体内的分布,且激活许多酵解酶和呼吸酶,对神经系统的传导起重要作用。钾由食品供给,并由肾脏、汗、粪排出。肾排钾能力相当强。富含钾的食品有水果,蔬菜等,其次还有面包、油脂、酒、土豆、糖浆。常见的高钾食物有面粉、小米、马铃薯、油菜、番茄、鸡肉和鲤鱼等。

(五)镁(Mg)

许多食品中含镁,尤其是绿色植物中,小麦中镁的含量丰富,但主要集中在胚及糠麸中,胚乳中含量较少,此外一些海产品中镁的含量也很高,如牡蛎。人体中镁的含量较少,成年人体内镁的含量为 25 g,大部分镁存在骨中并结合成磷酸盐或碳酸盐,抑制神经、组织的兴奋性;是许多酶的辅助因子活激活剂。

四、微量元素的功能及生物有效性

(一)铁(Fe)

铁是人体的必需微量元素,也是体内含量最多的微量元素。成人体内含铁量高达 4～5 g,主要存在于血红蛋白与肌红蛋白中,是构成血红素的成分。在机体中通过血红蛋白的形式,参与氧的转运、交换和组织呼吸过程;其余的铁主要储存于肝中,其他器官中也有少量存在,是多种酶(细胞色素氧化酶、过氧化物酶、过氧化氢酶)的组成成分。人体内铁的分布如表 6-6 所示。

表 6-6　人体内铁的分布

名称	总量/g	含铁量/mg	含铁百分率/%
血红蛋白	900	3 100	73
肌红蛋白	40	140	3.3
细胞色素	0.8	3.4	0.08
过氧化氢酶	5.0	4.5	0.11
铁传递蛋白	7.5	3.0	0.07
铁蛋白和血铁黄素	3.0	690	16.4
未鉴定成分		300	7.1

机体代谢损耗的铁,主要来自消化道、泌尿道上皮细胞脱落,这部分铁随粪便或尿液排出体外;其次皮肤与头发的脱落,也会损失一部分铁;另外各种途径的失血也减少体内铁的含量,妇女因月经的关系,铁的损失比男性多一些。一般成年人铁损失量大致为 0.8～1.0 mg/d。人体对铁的需要量因人而异,男性一般 5～10 mg/d,女性在青春期及妊娠期为 12～28 mg/d,铁是唯一一种女性的需要量比男性大的元素。当人体血浆中铁的含量低于 400 mg/L 时,就会导致缺铁性贫血,使人感到体虚无力、免疫功能下降、新陈代谢紊乱等。人体对铁的需要量不大,但正常人体对食物铁的吸收率很低,大多在 5%～10%,肉中铁的吸收率最高为20%～30%,猪肝中铁的吸收率为 6%,植物铁的吸收率更低,为 1%～5%。因此,要保证人体内的铁符合标准,食物中铁的吸收很重要。

食物中的铁元素可分为非血红素铁和血红素铁。非血红素铁主要存在于植物性食品中,必须经解离还原成二价铁离子后,才能被吸收。如果食物中植酸、草酸、磷酸含量较多,则会与铁形成不溶性的铁盐,从而影响吸收,这也是谷物类食品和鸡蛋中铁吸收率低的原因。血红素铁存在于血红蛋白和肌红蛋白中,主要来自于有血的动物食品,这种形式的铁比二价铁离子吸收率还要高,而且能够直接吸收,不受植酸和磷酸等的影响,所以动物性食品中的铁易于吸收。

人体的机能状态对食物铁的吸收利用影响很大。缺铁性贫血患者对食物铁的吸收增加;妇女对铁吸收要比男子多一些;儿童随年龄的增长,铁吸收率逐步下降。虽然食物铁的吸收率不高,但已进入机体的铁利用率却非常高,例如,红血球衰老解体后释放出的血红蛋白铁,可反循环利用,人体每天实际利用的铁,远远超出同一时期内由食物得来的铁。

一些动物性食品含铁较高且易于吸收,如动物的内脏、瘦肉、鱼、禽等。深颜色的蔬菜中也含有较丰富的铁,但大部分以非血红素铁的形式存在,吸收相对较差。铁可作为面粉与其他谷物食品中的强化剂,但两价的铁容易使食品褪色或氧化。

(二)锌(Zn)

人体含锌总量仅次于铁。人体的各种组织均含微量的锌,总含量 $2\sim4$ g,主要集中于肝脏、肌肉、骨骼、皮肤和头发。锌是人体 70 多种酶的组成成分,例如乙醇脱氢酶、碱性磷酸酶、羧肽酶等。锌是胰岛素分子的组成部分,每个胰岛素分子含有两个锌原子。锌还参与蛋白质和核酸的合成。血液锌的 $75\%\sim85\%$ 存在于红血球中,血浆锌多与蛋白质结合在一起。头发中锌的含量,可反映食物锌的长期供给水平。我国规定锌的日供给量为:儿童 $1\sim9$ 岁 9 mg,10 岁以上及成人 15 mg,孕妇、乳母 20 mg。

锌有助于人体维持正常的免疫功能,维护正常骨骼的生长发育,因此对婴儿更为重要。锌还能参与生殖器官的发育和性功能的维持,增强创伤组织再生能力,使受伤和手术部位愈合加快,能使皮肤更健美,使人变得更聪明,还能改善味觉,增加食欲。锌被誉为"生命的火花"、"智慧元素"。人体每日需摄入锌 14.5 mg 左右。当缺锌时可表现为食欲低下,厌食、偏食、生长发育迟缓、味觉功能减低以及免疫功能下降,严重时可表现出智力低下。

在混合膳食中锌的平均吸收率约 20%,锌主要由粪便排出,少量随尿排泄。锌的吸收与铁相似,可受多种因素的影响。植酸、纤维素、草酸、单宁等物质影响锌的吸收,如谷物中锌与植酸形成不溶性盐,使锌的利用率下降,但面粉经发酵可破坏植酸,有利于锌的吸收;当食物中有大量钙存在时,因可形成不溶性的锌钙-植酸盐复合物,对锌的吸收干扰极大;铁与锌的吸收相互干扰,食物中的 Fe/Zn 质量比为 1 时较好,很多肉类的 Fe/Zn 质量比为 $1.5\sim4.5$,故为了锌的利用,肉类制品可强化锌,通常用于强化锌的试剂有:硫酸锌、葡萄糖酸锌等。

锌的食物来源很广,普遍存在于动植物的各种组织中,例如猪肉、牛肉、羊肉等,含锌量 $20\sim60$ mg/kg,鱼类和其他海产品的含锌量也在 15 mg/kg 以上。通常若动物蛋白供给充分,人体不会缺锌。许多植物性食品如豆类、小麦含锌量可达 $15\sim20$ mg/kg,但因植酸的缘故而不易吸收。蔬菜、水果含锌量低,约 2 mg/kg。但经过适当加工,例如豆类发芽、面粉发酵等,也可保证锌的供应。

(三)碘(I)

成人体内含碘 20～50 mg，人体每日需摄入碘 0.2 mg 左右。其中约 20% 集中于甲状腺，成为甲状腺的重要组成部分。甲状腺的聚碘能力很强，碘浓度可比血浆碘高 25 倍；当甲状腺机能亢进时，甚至可高数百倍。在甲状腺中，碘以甲状腺素和三碘甲腺原氨酸的形式存在。血浆中的碘则与蛋白质结合在一起，具有促进蛋白合成、活化多种酶，调节能量转换，加速生长发育，促进伤口愈合，维持和调节体温，保持机体正常新陈代谢等重要生理作用。特别是通过对能量代谢和对蛋白质、脂肪、糖类代谢的影响，促进机体的体力和智力发育，影响神经、肌肉组织的活动。碘是合成甲状腺素的原料，机体缺碘时可出现甲状腺肿大，幼儿期缺碘可引起先天性心理和生理变化，发育停滞，导致克汀病（侏儒呆小症）。

海产品是含碘最丰富的食物资源，其他食品的碘含量则主要取决于动植物生长地区的地质化学状况。远离海洋的内陆山区，土壤和空气含碘量少，水和食品的含碘量也低，可能成为缺碘的地方性甲状腺肿高发区。日本人常吃海藻和各种海产品，因此日本是世界上甲状腺肿发病率最低的国家。碘的含量一般遵循以下的原则：海产品的碘含量大于陆地食物；动物性食物碘含量大于植物性食物；蛋、奶的碘含量高于其他动物性食物。紫菜、海带、虾仁、海参等含碘量较高。一些含碘量比较高的食品见表 6-7。

在食品热加工和淋洗浸泡中碘的损失量很大。一般采用在盐中加入碘化钾或碘酸钾的方法实现普遍补碘，每克碘盐含碘约 70 μg。碘盐是最为方便有效的补碘途径。

表 6-7　一些食品的含碘量

名称	含碘量/(μg /kg)	名称	含碘量/(μg /kg)
海带(干)	240 000	蛏干	1 900
紫菜(干)	18 000	干贝	1 200
发菜(干)	11 000	淡菜	1 200
鱼肝(干)	480	海参(干)	6 000
蚶(干)	2 400	海蜇(干)	1 320
蛤(干)	2 400	龙虾(干)	600

(四)铜(Cu)

成人体内含铜总量约 80 mg，存在于各种组织中，以骨骼和肌肉中含量较高，浓度最高的是肝和脑，其次是肾、心脏和头发。铜在机体内以铜蛋白形式存在，铜具有造血、软化血管、促进细胞生长、壮骨骼、加速新陈代谢的功能，增强机体防御机能，具有抗动脉硬化，降低胆固醇，防辐射和抗癌等作用。

血浆铜的 90% 与蛋白质结合成铜蓝蛋白。铜主要以酶的形式起作用。已知至少有十多种金属氧化酶含铜。血浆铜蓝蛋白即是一种多功能的氧化酶,其最重要的生理功能是催化二价铁氧化成三价铁,影响机体贮备铁的动用和食物铁的吸收,酶促反应式如下:

$$2Fe^{2+} + \frac{1}{2}O_2 + 运铁蛋白 \xrightarrow{\text{血浆铜蓝蛋白}} Fe_2^{3+} + 运铁蛋白 + O^{2+}$$

为此,人们才认识了儿童缺铜性贫血的发病机理,原来有些儿童贫血并不是由于缺铁,而是由于缺铜,血浆铜蓝蛋白不足而影响了机体贮备铁的动用或食物铁的吸收。缺铜能使血液中胆固醇增高,导致冠状动脉粥样硬化,形成冠心病,引发白癜风、白发等黑色脱色病,甚至双目失明、贫血等。

人体每日需摄入铜 1.3 mg 左右。我国对膳食中铜的供给量尚无规定,但推荐了铜的安全和适宜摄入量,半岁前婴儿每天需 0.5~0.7 mg,半岁至 1 岁每天 0.7~1.0 mg,1 岁以上每天 1.0~1.5 mg,4 岁以上每天 1.5~2.0 mg,7 岁以上每天 2.0~2.5 mg,11 岁以上至青年、成年,均为每天 2.0~3.0 mg。

铜的食物来源很广,一般动植物食品都含铜,但其含量随产地土壤的地理化学因素而有差别。动物内脏如肝、肾等含铜丰富。甲壳类、坚果类、干豆等含铜较多,牛奶、绿叶蔬菜含铜较少。

(五)硒(Se)

硒属于剧毒的无机元素之一。过去一直认为硒对人体有毒,到 20 世纪 50~60 年代,才确认硒是动物体的必需微量元素。1980 年在第二届国际硒学术讨论会上,我国学者宣读有关硒可预防克山病的论文之后,开始了硒研究的一个新阶段。成人体内含硒 14~21 mg,分布于肾脏、肝脏、指甲、头发中,肌肉和血液中含硒甚少。硒是谷胱甘肽过氧化物酶的组成成分,以硒胱氨酸的形式存在于该酶分子中,每分子结晶酶含四个原子硒,参与辅酶的合成,保护细胞膜的结构,硒能刺激免疫球白及抗体的产生,增强体液和细胞免疫力,有抗癌作用。硒还有抗氧化作用,使体内氧化物脱氧,具有解毒作用,能抵抗和减低汞、镉、铊、砷的毒性,提高视力。谷胱甘肽过氧化物酶有抗氧化作用,保护细胞膜和血红蛋白免遭过氧化物自由基的氧化破坏。硒(通过其所在的酶)与维生素 E 有协同作用,二者都有抗氧化的作用,其功能的差别在于:维生素 E 是防止不饱和脂肪酸生成过氧化物;硒是使已生成的氢过氧化物迅速分解成醇和水。此外,维生素 E 还可促进六价硒转变为二价,从而提高硒的生物活性。硒还有促进免疫球蛋白生成、保护吞噬细胞完整及降低有毒元素(例如汞)在体内的毒性等多种作用。

　　人体每日需要摄入硒 0.068 mg 左右。目前认为,人体对硒的需要量,不至于得克山病为准。人体血硒含量在 0.03 μg /mL,或发硒在 0.12 μg /g 以下者,属易感克山病人群,必须补充硒。血硒达 0.1 μg /mL,或发硒达 0.2 μg /g 水平,即已足够。我国膳食硒的日供给量规定为:儿童 1～3 岁 20 μg,3～6 岁 40 μg,7 岁以上及成人均为 50 μg。

　　硒的食物来源受地球化学因素的影响,沿海地区食物的含硒量较高,其他地区则随土壤和水中硒含量的不同而差异显著。海产品及肉类是硒的良好食物来源,含硒量一般超过 0.2 mg /kg。肝、肾比肌肉的硒含量高 4～5 倍。蔬菜、水果含硒量低,常在 0.01 mg /kg 以下。在食品加工时,硒可因精制或烧煮而有所损失,越是精制或长时间烧煮过的食品,硒含量就越低。

抗癌之王——硒

　　硒是人体必需的微量元素之一。科学界研究发现,血硒水平的高低与癌的发生息息相关。大量的调查资料说明,一个地区食物和土壤中硒含量的高低与癌症的发病率有直接关系。如一个地区的食物和土壤中的硒含量高,癌症的发病率和死亡率就低,反之亦然。从 1986 年开始,江苏启东市在肝癌高危人群中用硒预防肝癌,可使肝癌发生比例下降,使有肝癌家史者发病率下降。硒水平还与膀胱、大脑、食道、肺、头颈、卵巢、胰腺、甲状腺、胃、前列腺和结肠的癌症以及黑色素瘤等有一定联系。硒被科学家称之为人体微量元素中的"抗癌之王"。

　　硒的防癌功能引起越来越多的人关注,关于硒防癌的机理也在逐步的研究过程中,可能有以下几个方面:①硒能降低癌细胞分裂速率;②硒能减少致癌物质的活性代谢产物;③硒能促进正常细胞 DNA 的损伤修复;④硒能作为抗氧化剂使癌变早期紊乱的基因调节途径正常化并保护正常细胞免受氧化损伤;⑤硒能刺激免疫系统,增强机体免疫力;⑥硒能调节肝脏酶的活性和激活分解酶等。

　　硒可以预防癌症,但在癌症的治疗中,现在多数学者认为硒作为抗癌药物尚需一定时间证明。现在硒用于肿瘤的治疗中,多起辅助作用。服用硒对肿瘤放、化疗导致患者发生腹泻、呕吐、睡眠差、食欲不振、脱发等不良现象有一定的改善,可减轻患者的痛苦,使更容易坚持治疗。该治疗方法对病情的控制有一定的帮助,但不能认为仅仅服用硒就可以治愈肿瘤而拒绝其他的治疗方法。在服用硒来辅助治疗肿瘤的过程中,剂量和服用持续时间需在医生的指导下进行。

第四节　矿物质在食品加工中的损失

　　食品中矿物质的含量有些是相当稳定的，对酸碱、空气、氧气及光线不敏感，一般在加工过程中不会大量损失；有些则变化很大，受到环境因素的影响很大，例如土壤中金属含量、地区分布、季节、水源、施用肥料、杀虫剂和杀菌剂以及膳食特点的影响。加工过程中矿物质元素可作为直接或间接的添加剂加入到食品中，造成食品中矿物质的含量变化很大。食品加工时矿物质的变化，随食品中矿物质的化学组成、分布以及食品加工的不同而异。这种变化既可能是矿物质的损失，也可能是矿物质的增加。

　　食品中矿物质的损失与其他营养素（如维生素）的损失不同，常常不是由化学反应引起的，而是通过矿物质的丢失或与其他物质形成一种不适宜人和动物体吸收利用的化学形式而损失。食品加工中的清洗、整理、去除下脚料、烫漂、蒸煮等手段是矿物质损失的主要途径。食品加工中矿物质的增加，可能是由于加工用水、食品添加剂的加入而导致，或是接触金属容器和包装材料所造成。

一、烫漂对食品中矿物质含量的影响

　　食品在水中经过漂烫、蒸煮、沥滤等一系列过程，对矿物质在很大程度上造成损失，损失的程度和矿物质的溶解度密切相关。菠菜在漂烫的过程中，钾、钠、镁、磷、硝酸盐都有不同程度的损失。菠菜漂烫对矿物质损失情况的影响如表 6-8 所示。

表 6-8　菠菜漂烫对矿物质损失情况的影响

元素	含量/(g/100 g)		损失率/%
	未热烫	热烫	
钾 K	6.9	3.0	56
钠 Na	0.5	0.3	43
钙 Ca	2.2	2.3	0
镁 Mg	0.3	0.2	36
磷 P	0.6	0.4	36
亚硝酸盐 NO_2^-	2.5	0.8	70

二、烹调对食品中矿物质含量的影响

　　烹调对不同食品的不同矿物质含量影响不同。在烹调过程中，矿物质很容易从汤汁内流失,矿物质的损失量与食品的种类、矿物质的性质和烹调方法有关。如豆子煮熟后矿物质的损失非常显著,如表 6-9 所示。而马铃薯在烹调时铜含量随烹调类型的不同而有所差别,如表 6-10 所示。

表 6-9　生的和煮熟的豌豆中矿物质损失情况的影响

元素	含量/(g/100 g)		损失率/%
	未热烫	热烫	
钙 Ca	135	69	49
铜 Cu	0.8	0.33	59
铁 Fe	5.3	2.6	51
镁 Mg	163	57	65
锰 Mn	1.0	0.4	60
磷 P	453	156	65
钾 K	821	298	64
锌 Zn	2.2	1.1	50

表 6-10　加工方法对土豆中铜含量的影响

加工类型	铜/(mg/100 g 新鲜重量)	加工类型	铜/(mg/100 g 新鲜重量)
原料	0.21±0.10	土豆泥	0.10
水煮	0.10	法式炸土豆片	0.27
焙烤	0.18	快餐土豆	0.17
油炸土豆片	0.29	去皮土豆	0.34

三、碾磨对食品中矿物质含量的影响

谷物是矿物质的一个重要来源,谷物的胚芽和糊粉层中富含矿物质,所以谷物在碾磨时会损失大量的矿物质,损失量随碾磨的精度而增加,但各种矿物质的损失有所不同。例小麦碾磨后某些微量元素损失严重,如表 6-11 所示。

表 6-11　碾磨加工中小麦微量元素的损失

矿物质	含量/(mg/kg)				相对全麦损失率/%
	全麦	小麦粉	麦胚	麦麸	
Fe	43	10.5	67	47~78	76
Zn	35	8	101	54~130	77
Mn	46	6.5	137	64~119	86
Cu	5	2	7	7~17	60
Se	0.6	0.5	1.1	0.5~0.8	17

由上表可见,当小麦碾磨成粉后,其铁、锌、锰、铜的损失严重,硒的含量受碾磨的影响不大。

四、罐藏对食品中矿物质含量的影响

罐藏对食品中矿物质含量有较大的影响,如罐藏的菠菜较新鲜的损失 81.7%的锰、70.8%钴和 40.1%的锌,番茄制成罐头后损失 83.8%的锌,胡萝卜、甜菜、青豆制成罐头后,钴分别损失 70%,66.7% 和 88.9%。

五、食品中其他物质的存在对矿物质含量的影响

食品中矿物质损失的另一途径是与食品中其他成分的相互作用而导致生物有效性的下降。一些多价阴离子,如广泛存在于植物性食物中的草酸、植酸等就能与二价金属离子如铁、钙等形成不易溶解的盐,在消化道中被吸收利用的程度很低,造成矿物质营养质量下降。

实验 6-1 钙元素含量的测定
(高锰酸钾滴定法测定钙元素)

一、目的要求

掌握用高锰酸钾滴定法测定食品中的钙含量。

二、实验原理

样品经灰化后,用盐酸溶解,加草酸铵溶液生成草酸钙沉淀。沉淀经洗涤后,溶解于稀硫酸中,游离出的草酸用高锰酸钾标准溶液滴定,则 $C_2O_4^{2-}$ 被氧化为 CO_2,而 Mn^{7+} 被还原为 Mn^{2+}。因为生成的草酸和硫酸钙分子数相等,从而可计算出钙的含量,反应式如下:

$$CaCl_2 + (NH_4)_2C_2O_4 \rightarrow CaC_2O_4 + 2NH_4Cl$$
$$CaC_2O_4 + H_2SO_4 \rightarrow CaSO_4 + H_2C_2O_4$$
$$2KMnO_4 + 5H_2C_2O_4 + 3H_2SO_4 \rightarrow 2MnSO_4 + K_2SO_4 + 10CO_2 + 8H_2O$$

当溶液中存在 $C_2O_4^{2-}$ 时,加入高锰酸钾,发生氧化还原反应,高锰酸钾的红色立即消失,而当 $C_2O_4^{2-}$ 完全被氧化后,高锰酸钾的颜色不再消失,呈现微红色,此时即为滴定终点,可以精确测定钙的含量。

三、仪器与试剂

仪器:滴定管、三角瓶、坩埚、容量瓶、凯氏烧瓶、电炉、离心机等。

试剂:

①1:4 盐酸溶液;

②1:4 醋酸溶液;

③1:4 NH_4OH 溶液;

④0.1% 甲基红指示剂;

⑤4% 草酸铵溶液;

⑥2 mol/L 硫酸溶液;

⑦2% NH_4OH 溶液;

⑧0.02 mol/L 高锰酸钾标准溶液。

四、分析步骤

(一)样品处理

含钙量低的样品适合用干法进行灰化,而含钙量高的样品则适合用湿法消化。

1. 干法灰化

称取固体样品 3~5 g 或液体样品 10 g 左右,放到事先经过高温灼烧并且已经干燥的坩埚中,于高温炉中消化,550℃灼烧 2~4 h,冷却干燥后,再反复灼烧至恒重。加入 1:4 盐酸 5 mL,置水浴锅上蒸干,再加入 1:4 的盐酸 5 mL,溶解并转移到 25 mL 的容量瓶中,用热的去离子水反复洗涤坩埚,洗涤液一并倒入容量瓶中,冷却后用去离子水定容。

2. 湿法消化

称取样品 2~5 g 于凯氏烧瓶中,加入 10 mL 浓硫酸,置电炉上低温加热至黑色黏稠状,继续升温,滴加高氯酸 2 mL,若溶液不透明,再加 1~2 mL 高氯酸,直至溶液澄清透明为止。冷却后加入 10 mL 水稀释,移入 50 mL 容量瓶中,以少量水多次洗涤凯氏烧瓶,洗液合并入容量瓶中,冷却后蒸馏水定容。

(二)测定

准确吸取样品液 5 mL 到 15 mL 离心管中,加入甲基红 1 滴,4%草酸铵溶液 2 mL,1:4 醋酸溶液 0.5 mL,摇匀后用 1:4 氢氧化铵调节至微蓝色,再用醋酸调至微红色。静置 2 h,使沉淀完全析出,离心 15 min 去上清液,倾斜离心管并用滤纸吸干管内溶液,向离心管中加入少量 2% NH_4OH,用手指弹动离心管,使沉淀松动,再加入约 10 mL 2% NH_4OH,离心 20 min 去上清液,向沉淀中加入 2 mL

2 mol/L 的硫酸,摇匀,置于 70～80℃ 水浴中加热,使沉淀全部溶解,用 0.02 mol/L 高锰酸钾溶液滴定至微黄色 30 s 不褪色为终点,记录高锰酸钾标准溶液消耗量。

五、结果与计算

$$钙含量 = \frac{5c \times V \times V_2 \times 40.08}{2m \times V_1} \times 100 (\text{mg}/100 \text{ g})$$

式中:c—高锰酸钾溶液浓度,mol/L;

　　　V—高锰酸钾溶液耗用体积,mL;

　　　V_1—用于测定的样液体积,mL;

　　　V_2—样液定容体积,mL;

　　　m—样品质量,g;

　　　40.08—钙的摩尔质量,g/mol。

六、说明与讨论

①草酸铵应在溶液酸性时加入,然后再加入氢氧化铵,若先加入氢氧化铵再加入草酸铵,则样液中的钙会与样品中的磷酸结合成磷酸钙沉淀,使结果不准确。

②用高锰酸钾滴定时,要不断摇动,并保持滴定在 70～80℃ 温度下进行。

七、考核要点

样品处理 30 分;高锰酸钾溶液滴定 20 分;结果计算 20 分;实验报告 10 分。

复习思考题

1. 矿物质如何分类?
2. 矿物质的生理功能有哪些?
3. 乳、肉及植物性食品中主要矿物质有哪些?
4. 何为矿物质的生物有效性?
5. 影响矿物质生物有效性的因素有哪些?
6. 食品加工中有造成矿物质损失的环节有哪些?

第七章　酶

学习目标

- 理解酶的化学本质、性质、分类。理解酶活力的概念并会测定蛋白酶的活力。
- 明确固定化酶的概念和作用，掌握酶固定化的基本方法。
- 掌握酶促褐变的机理及酶促褐变控制的方法。
- 掌握食品加工中重要的酶类及酶对食品品质的影响，及其在食品加工和储藏中控制和利用酶改进食品品质的途径。

第一节　概　述

一、酶的化学本质

酶是由生物活细胞产生的具有专一性生物催化功能的生物大分子。只要不是处于变性状态，无论是在细胞内还是在细胞外都可发挥催化作用。关于酶的化学本质是否是蛋白质的问题，在 20 世纪初曾有过争论。在 20 世纪 80 年代之前，人们一致认为酶的化学本质是蛋白质。直到 1982 年在生物体内发现了一种具有催化功能的核酸分子即核酸酶，人们对酶的本质又有了新的认识。实际上，在生物体内，除少数几种酶为核酸分子以外，大多数的酶类都是蛋白质。目前在食品工业应用的酶也是蛋白质。下面章节中提及的酶，都专指化学本质为蛋白质的这一类酶。

酶有单纯蛋白酶和结合蛋白酶。结合蛋白酶中的蛋白质部分称为酶蛋白，非蛋白质部分称为辅助因子，酶蛋白和辅助因子单独存在时均无催化活力，仅当两部分结合起来组成全酶才具有催化活性。

在结合蛋白酶中，根据辅助因子与酶蛋白的结合程度，辅助因子又可分为辅酶和辅基。与酶蛋白紧密结合，用透析法不易除去的辅助因子称为辅基；与酶蛋白结合疏松,用透析法容易除去的辅助因子称为辅酶。辅助因子的成分有两类:一类是低分子有机化合物如 NAD、NADP、FAD、FMN 等;一类是无机金属离子,如 Fe、Cu、Zn、Mn 等。

辅助因子对酶活力的影响可以过氧化物酶为例。过氧化物酶是由相对分子质量为 396 00 的蛋白质部分(酶蛋白)和相对分子质量为 652 的铁卟啉(辅助因子)所组成,酶蛋白单独存在时没有活力,铁卟啉单独存在时的活力也只有全酶的 10^{-8}。如果把分离的酶蛋白与铁卟啉重新合在一起,它的活性基本上可以恢复到原来的水平。仅由酶蛋白与底物结合生成的络合物不能转变成产物,辅助因子一般参与组成酶的活性中心。因此在一些情况下,没有辅助因子存在,酶蛋白就不能与底物相结合。

在生物体内,酶的种类很多,而辅助因子的种类很少。通常情况下,一种酶蛋白只能与一种辅助因子结合,构成某种专一性的酶,但一种辅助因子却能与多种酶蛋白结合构成多种专一性的酶。例如 NAD 就能与多种脱氢酶结合构成不同的专一性全酶。在一个全酶中,酶蛋白决定酶的催化特异性,而辅助因子的功能是传递氢、电子或某些化学基团。

二、酶的专一性

酶与非生物催化剂之间最大的区别是酶具有专一性,酶对底物有严格的选择,即一种酶只能作用于一类底物或者指作用于一定的化学键使之发生化学反应生成一定的产物。例如淀粉酶只能催化淀粉水解,脂肪酶只能催化脂肪水解,蛋白酶只能水解蛋白质,这几种酶绝不能互相代替催化对方物质发生反应。酶的专一性是由酶的特定空间结构所决定的。根据酶对底物专一性的程度,可把酶的专一性分成以下几种类型:

1. 绝对专一性

这类酶只能对一种底物起催化作用,底物分子结构只要有微小的改变就不能与之反应了,这称为绝对专一性。大多数酶属于此类。例如脲酶只能催化脲素水解为 NH_3 和 CO_2。若脲素的一个氨基上的氢被氯或甲基取代,它们的化学结构虽然与原脲素相似,可是脲酶与它的反应再也不能进行了。又如麦芽糖酶可以水解麦芽糖生成葡萄糖,但它只能使 α-葡萄糖苷键断裂,不能使 β-葡萄糖苷键断裂,也就是说只能水解 α-麦芽糖不能水解 β-麦芽糖。

2. 相对专一性

有的酶能催化结构相似的一类化合物或者一种化学键发生反应,这种不严格的专一性称为相对专一性。这种类型又可根据专一性程度的不同有两种情况:

(1)键专一性　这种酶只要求底物分子上有合适的化学键就可以起催化作用，而对键两端的基团结构要求不严。例如二肽酶只要求底物具有肽键，至于底物的二肽是由哪两种氨基酸所组成并不重要。又如糖苷酶，只要求底物分子具有糖苷键，对底物是由什么糖构成没有要求。

(2)基团专一性　有些酶除了要求有合适的化学键外，而且对其作用键两端的基团也具有专一性要求，这种专一性称为基团专一性。例如肠麦芽糖酶可水解麦芽糖，它不但要求所催化的键是苷键，而且要求键的两端所连接的是 α-葡萄糖苷。

3. 立体结构专一性

有些酶对底物的空间结构具有高度的选择性，酶的这种催化专一性称为立体结构专一性。许多酶只对某种特殊的旋光或立体异构物起催化作用，而对其对映体则完全没有作用。如单糖和氨基酸都有 L-型和 D-型两种旋光异构体，一种酶就只能对一种立体异构体起催化反应，而对其对映体则不发生反应。又如 D-氨基酸氧化酶与 DL-氨基酸作用时，只有一半的底物（D 型）被氧化，因此，可用此法来分离消旋化合物。利用酶的专一性还能进行食品分析。酶的专一性在食品加工上极为重要。

三、酶的命名与分类

1. 习惯命名法

由于酶的结构相对复杂，种类繁多，因此很难以化学结构为基础来命名。长期以来在利用酶的实践中，自然形成了习惯命名法。

多年来普遍使用的酶的习惯名称是根据以下三种原则来命名的：一是根据酶作用的性质，例如水解酶、氧化酶、转移酶等；二是根据作用的底物并兼顾作用的性质，例如淀粉酶、脂肪酶和蛋白酶等；三是结合以上两种情况并根据酶的来源而命名，例如胃蛋白酶、胰蛋白酶等。习惯命名法没有详细规则，易造成酶名称的混乱。同一种酶往往有几种不同的名称，如 α 淀粉酶、液化酶、糊精淀粉酶都是同一种酶；另一方面不同的酶有时是相同的名字，如 L-乳酸 NAD 氧化还原酶与 L-乳酸，细胞色素 B_2 氧化还原酶都称为乳酸脱氢酶。

2. 系统命名法

1967 年国际生化协会酶学委员会规定了酶的系统命名法，它主要是根据催化反应的类型而将酶分成 6 大类，并以 4 个阿拉伯数字来代表一种酶。例如 α-淀粉酶（习惯命名）的系统命名为 α-1,4-葡萄糖-4-葡萄糖水解酶，其数字为 EC3.2.1.1。

EC 代表国际酶学委员会，第一个数字代表酶的 6 大分类，以 1,2,3,4,5,6 来分别代表如下 6 大酶类：①氧化还原酶类；②转移酶类；③水解酶类；④裂解酶类；⑤异构酶类；⑥连接酶类。第二个数字为大类中的亚类，如在氧化还原酶类中表示氢的供体，转移酶中表示转移的基团，水解酶中表示水解键连接的形式，裂解酶中表示裂解键的形式等。第三个数字是亚类中再进行分类，用来补充第二个数字分类的不足，如表示氧化还原酶中氢原子的受体，转移酶的转移基团再进行细分。前三个数字表示酶作用的方式。第四个数字则表示对相同作用的酶进行流水编号。例如：氧化还原酶的编号为 1,2,3,4，其中的 1 表示其为氧化还原酶类，2 表示其氢原子的供体，3 表示氢原子的受体为氧，4 则表示它是进行这类作用的第四个酶。这种系统命名虽然严格，但因过于复杂，故尚未普遍使用。

第二节　酶的固定化

一、固定化酶

过去使用的酶绝大多数都是水溶性酶，这些水溶性酶催化结束后，极难回收，因而阻碍了酶工业的进一步发展。20 世纪 60 年代后，在酶学研究领域内涌现出新的方向，即通过物理或化学的手段，将水溶性酶束缚在水不溶性载体上，或将酶束缚在一定的空间内，限制酶分子的自由流动，而酶又能充分发挥催化作用，这个过程叫酶的固定化，而这种酶叫固定化酶。

酶从可溶状态转变成固定化状态后，它的稳定性显著提高，它在工艺流程中能反复使用；酶经固定化后，能和反应物分开，因此有可能较好地控制生产过程；固定化酶应用于食品加工后，产物中不含有酶，因此不需要采用热处理方法使酶失活，大大降低生产成本。因此在食品加工中固定化酶的应用是酶的最新最重要的进展。

固定化酶的优点：①提高酶的重新利用率，降低成本。②增加连续性的操作过程，使底物由一端流经固定化酶，另一端流出产物。③可连续地进行多种不同反应，以提高效率。④酶固定化后性质会改变，如最适 pH 值、最适温度，可能更适合食品加工的要求。

但固定化酶也存在缺点：①许多酶固定化时，需利用有毒性的化学试剂促使酶与支持物结合，这些试剂若残留于食品中对人类健康有很大影响。②连续操作时，反应体系中常滋生一些微生物，这些微生物会利用食品中的养分进行生长代谢，污染食品。③酶固定化后，酶的活性、稳定性、最适 pH 值及温度和 K_m 值都会改变，可能影响操作。表 7-1 为食品加工中已应用的和有发展潜力的固定化酶。

表 7-1　食品加工中已应用的和有发展潜力的固定化酶

(引自:阚建全.食品化学.北京:中国农业大学出版社,2002)

酶	在食品加工中的应用
葡萄糖氧化酶	除去食品中的氧气 除去蛋白中的糖
过氧化氢酶	牛奶的巴氏杀菌
脂肪酶	乳脂产生风味
α-淀粉酶	淀粉液化
β-淀粉酶	高麦芽糖浆
葡萄糖淀粉酶	由淀粉生产葡萄糖 淀粉去支链
β-半乳糖苷酶	水解乳制品中的乳糖
转化酶	水解蔗糖转成转化糖
橘皮苷酶	除去柑橘汁的苦味
蛋白酶	牛乳的凝聚 改善啤酒的澄清度 制造蛋白质水解液
氨基酰化酶	分离左旋与右旋氨基酸
葡萄糖异构酶	由葡萄糖制果糖

二、酶固定化的方法

酶固定化的方法有多种,按照用于结合的化学反应的类型分为非共价结合法、包埋法和化学结合法。其中非共价结合法包括结晶法、分散法、吸附法;包埋法包括凝胶包埋法、微囊化法;化学结合法包括共价结合法、交联法。

1. 吸附法

这类方法是将酶吸附在氧化铝、皂土、纤维素、阴离子(或阳离子)交换树脂、玻璃、羟基磷灰石和高岭土等材料上。用吸附法制备固定化酶操作简单,处理条件温和,酶的回收率高。可充分选择不同的载体,吸附过程可以同时纯化酶,固定化酶在使用过程中,失活后可重新活化,载体可以回收再利用。然而,由于酶与载体之间的结合力具有弱键的性质,因此,用吸附法固定酶也有一些缺点。例如,当温度、pH 和离子强度改变或当底物存在时,已经结合的酶可能会解析。

2. 包埋法

包埋法可分为凝胶包埋法和微囊化法。包埋法是将聚合物的单体与酶溶液混合,再借助于聚合助进剂的作用进行聚合,酶被包埋在聚合物中以达到固定化。

(1)凝胶包埋法　凝胶包埋法是将酶分子包埋在凝胶格子中。载体材料有聚丙烯酰胺、聚乙烯醇和光敏树脂等合成高分子化合物以及淀粉、明胶、胶原、海藻酸等天然高分子化合物的方法。

(2)微囊化法　将酶包埋于具有半透性聚合物膜的微囊内,其固定化酶通常的直径是几微米到几百微米,膜厚约 100 nm,膜上孔径约 3.6 nm。酶存在于类似细胞内的环境中,可以防止酶的脱落,防止微囊外环境直接接触,从而增加了酶的稳定性,小分子底物能通过膜与酶作用,产物经扩散而输出。

3.化学键结合法

共价键结合法和交联法都属于此种方法。

共价键结合法是酶蛋白的侧链基团和载体表面上的功能基团之间形成共价键而固定的方法。载体直接关系到固定化酶的性质和形成。载体一般分为三类:天然有机载体(如多糖、蛋白)、无机物(陶瓷、玻璃)、合成聚合物(尼龙、聚酯、聚胺等)。

交联法是利用双功能或多功能试剂在酶分子间或酶与载体之间,或酶与惰性蛋白之间进行交联反应,制备固定化酶的方法。最常用的交联试剂是戊二醛、异氰酸酯、双重氮联苯胺等。交联法反应条件比较激烈,固定化酶的酶活较低,如尽可能降低交联剂浓度和缩短反应时间将有利于固定化酶活力的提高。

第三节　酶促褐变

褐变作用可按其发生机制分为酶促褐变(生化褐变)及非酶褐变(非生化褐变)两大类。酶促褐变发生在水果、蔬菜等新鲜植物性食物中,对其色泽产生不利影响,因此在果蔬加工中要控制褐变的发生。但褐变也可应用于某些食品的加工中,如加工茶叶、可可豆等食品时,适当的褐变则是产品形成良好色泽所必需的。

一、酶促褐变的机理

酶促褐变是多酚氧化酶催化酚类物质形成醌及其聚合物的反应过程。

食物中的多酚类物质在多酚氧化酶的催化下氧化生成无色的邻醌,然后邻醌在酚羟基酶催化下合成三羟基化合物。邻醌具有较强的氧化能力,可将三羟基化合物进一步氧化成羟基醌,羟基醌易聚合而生成黑色素。

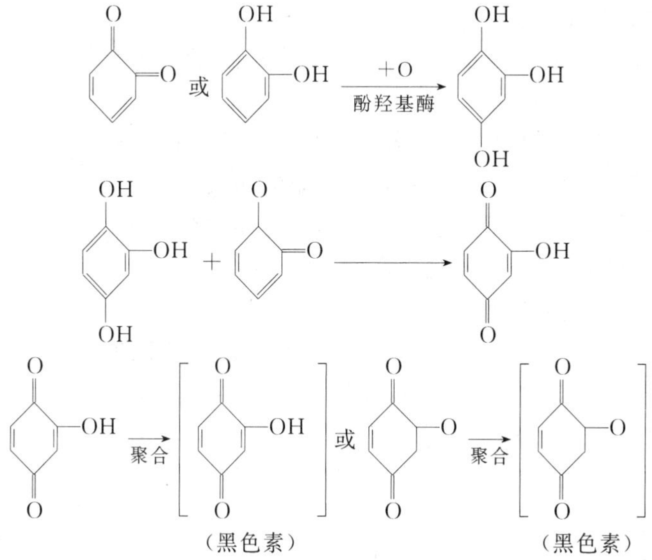

图 7-1　酶促褐变反应机制

多酚氧化酶是一种含铜的以分子氧为受氢体的末端氧化酶,主要在有氧的条件下催化酚类底物形成黑色素类物质。根据其作用可分为两类:多酚氧化酶(或儿茶酚酶);酚羟基酶(或甲酚酶)。

酚酶作用的底物主要有一元酚、邻二酚、单宁类和黄酮类化合物。通常,在酶作用下反应最快的是邻二酚,如儿茶酚、咖啡酸、原儿茶酸、绿原酸。其次是对位二酚。间位二酚不能做底物,甚至对酚酶还有抑制作用,邻二酚的取代衍生物也不能做底物,如愈创木酚、阿魏酸。绿原酸是许多水果特别是桃、苹果等褐变的关键物质。在香蕉中主要的褐变底物是 3,4-二羟基苯乙胺。

多酚氧化酶催化的褐变反应多数发生在新鲜的水果和蔬菜中,例如香蕉、苹果、梨、马铃薯、茄子等。当这些果蔬的组织发生机械性的损伤(如削皮、切开、压伤、虫咬、磨浆等)或处于异常的环境条件下(如受冻、受热等)时,很容易发生褐变。

二、酶促褐变的控制

食品加工过程中发生的酶促褐变,只有少数是我们期望的,而大多数酶促褐变会对食品特别是果蔬的色泽造成不良影响,必须设法加以防止。

酶促褐变的发生,需要三个条件,即适当的多酚类底物、多酚氧化酶和氧。苹果、梨、香蕉、马铃薯等都易发生褐变,而橘子、柠檬、西瓜等则因缺乏多酚氧化酶而不会发生酶促褐变。酶促褐变的程度主要取决于多酚类物质的含量,多酚氧化酶的活性对其没有明显的影响。

　　为防止食品发生酶促褐变,需消除多酚类底物、多酚氧化酶和氧气三者中的任何一个因素。在控制酶促褐变的实践中,除去底物的可能性极小,曾经有人设想过使酚类底物改变结构,例如将邻二酚改变为其取代衍生物,但迄今未取得实用上的成功。所以控制酶促褐变的方法主要从控制酶和氧两方面入手,主要途径有:①钝化酶的活性(热烫、抑制剂等);②改变酶作用的条件(pH 值、水分活度等);③隔绝氧气的接触;④使用抗氧化剂(抗坏血酸、SO_2 等)。

　　常用的控制酶促褐变的方法主要有:

　　(1)热处理法　在适当的温度和时间条件下对新鲜果蔬加热处理,使多酚氧化酶失活,是使用最广泛的控制酶促褐变的方法。如热烫与巴氏消毒都属于这一类方法。虽然来源不同的多酚氧化酶对热的敏感度不同,但在 70～95℃ 加热约 7 s 可使大部分多酚氧化酶钝化。加热处理的关键是在最短时间内达到钝化酶的要求。如过度加热会影响食品质量;相反,如果热处理不彻底,热烫虽破坏了细胞结构,但未使酶钝化,反而会加强酶和底物的接触而促进褐变。例如白洋葱、韭葱如果热烫不足,变粉红色的程度比未热烫的还要厉害。

　　目前使用最广泛的热烫方法是水煮和蒸汽处理。微波加热法是热力钝化酶活性的新方法,可使组织内外迅速一致地受热,能较好地保持食品原有的质地和风味。

　　(2)酸处理法　酚酶的最适作用 pH 值在 6～7,pH 低于 3.0 几乎完全失去活性。例如,苹果的 pH 为 4 时,能发生褐变,在 3.7 时褐变速度大大减小,在 2.5 时,褐变完全被抑制。所以利用酸的作用控制酶促褐变也是广泛使用的方法。常用的酸有柠檬酸、苹果酸、磷酸以及抗坏血酸等。切开后的水果常浸在这类酸的稀溶液中。对于碱法去皮的水果,还有中和残碱的作用。

　　一般来说,酸的作用是降低 pH 值以控制酚酶的活力。柠檬酸是使用最广泛的食用酸,它对抑制酶的氧化有双重作用:既有降低 pH 值的作用,又有螯合酚酶的铜辅基的作用。但作为褐变抑制剂来说,单独使用的效果不大,通常需与抗坏血酸或亚硫酸混合使用,如 0.5% 的柠檬酸与 0.3% 的抗坏血酸合用效果较好。

　　苹果酸是苹果汁中的主要有机酸,在苹果汁中对酚酶的抑制作用要比柠檬酸强得多。

　　抗坏血酸是更加有效的酚酶抑制剂,即使浓度极大也无异味,对金属无腐蚀作用,而且作为一种维生素,其营养价值也是尽人皆知的。抗坏血酸对酚酶褐变的抑制也具有双重作用,除了降低 pH 外,还具有还原作用,使醌还原成酚而阻止醌的聚合。也有人认为,抗坏血酸能使酚酶本身失活。据报导,在每千克水果制品中,加入 660 mg 抗坏血酸,即可有效控制褐变并减少苹果罐头顶隙中的含氧量。

(3)抑制剂处理　二氧化硫及常用的亚硫酸盐(亚硫酸钠、亚硫酸氢钠、焦亚硫酸钠、连二亚硫酸钠等)都是广泛使用于食品工业中的酚酶抑制剂。已广泛应用于蘑菇、马铃薯、桃、苹果等加工中。

用直接燃烧硫磺的方法产生 SO_2 气体处理水果蔬菜,SO_2 渗入组织较快,但亚硫酸盐溶液的优点是使用方便。不管采取什么形式,只有游离的 SO_2 才能起作用。SO_2 及亚硫酸盐溶液在微偏酸性(pH=6)的条件下对酚酶抑制的效果最好。

在实验条件下,10 mg/kg SO_2 即可几乎完全抑制酚酶活性,但在实践中因有挥发损失和与其他物质(如醛类)反应等原因,实际使用量较大,达到 300～600 mg/kg。1974 年我国食品添加剂协会规定:使用量以 SO_2 计不得超过 300 mg/kg,残留量不得超过 20 mg/kg。

二氧化硫和亚硫酸盐对酚酶的抑制,原因主要有三个方面:①能抑制酶的活性;②亚硫酸盐能抑制酪氨酸转变成 3,4-二羟基苯丙氨酸;③亚硫酸盐将已经氧化的醌还原成相应的酚,减少醌的积累和聚合,从而达到防止褐变的目的。此外,二氧化硫和亚硫酸盐还具有一定的防腐作用。

优点:使用方便、效力可靠、成本低;有利于维生素 C 的保存;残存的二氧化硫可用抽真空、炊煮或使用双氧水等方法除去。

缺点:对食品中的色素物质有漂白作用;腐蚀铁罐的内壁;破坏食品中的硫胺素,残留浓度超过 0.064% 即可感觉出来;破坏维生素 B。

(4)驱除或隔绝氧气　具体做法有:①将去皮切开的水果蔬菜浸没在清水、糖水或盐水中;②浸涂抗血坏酸液,使在表面上生成一层氧化态抗坏血酸隔离层;③用真空渗入法把糖水或盐水渗入组织内部,驱出空气。苹果、梨等果肉组织间隙中具有较多气体的水果最适宜用此法。一般在 93.3 kPa 真空度下保持 5～15 min,然后突然破除真空即可。

(5)加酚酶底物类似物　用酚酶底物类似物如肉桂酸、对位香豆酸及阿魏酸等酚酸可以有效地控制苹果汁的酶促褐变。在这三种同系物中,以肉桂酸的效率最高,浓度大于 0.5 mmol/L 时即可有效控制处于大气中的苹果汁的褐变达 7 h 之久。

第四节　酶在食品加工中的应用

一、食品加工中常用的酶

在食品加工中加入酶的目的主要有:①提高食品品质;②制造合成食品;②增

加提取食品成分的速度与产量;④改良食品风味;⑤稳定食品品质;⑥增加副产品的利用率。

下面着重介绍食品加工中常用的几类酶。

(一)水解酶类

1.淀粉酶

淀粉酶是水解淀粉、糖原和多糖衍生物酶类的总称,它广泛存在于自然界,是一类用途十分广泛的酶类。根据水解方式的不同,可将淀粉酶分成四类:有 α 淀粉酶、β 淀粉酶、葡萄糖淀粉酶、脱支酶。

(1)α 淀粉酶 α 淀粉酶,广泛存在于动植物组织及微生物中。如发芽的种子、人的唾液、动物的胰脏内含量尤其多。现在工业上已经能利用枯草杆菌、米曲霉、黑曲霉等微生物制备高纯度 α 淀粉酶。

α-淀粉酶的相对分子质量在 50 000 左右,酶分子含有一个结合得很牢的 Ca^{2+},Ca^{2+} 起着维持酶蛋白最适宜构象的作用,从而使酶具有最高的稳定性和最大的活力。所以在提纯淀粉酶时常加入适量的 Ca^{2+} 促进酶的结晶和稳定。使用 α-淀粉酶在较高温度下进行催化反应时,加入一定量的 Ca^{2+} 尤其重要。

不同来源的 α-淀粉酶可能由于其氨基酸组成上的差别,最适 pH 有不同,但一般在 pH 4.5～7.0。

不同来源的 α-淀粉酶最适温度也不同,一般常在 55～70℃,但也有少数细菌 α-淀粉酶最适温度很高,如被广泛应用于食品加工业的地衣形芽孢杆菌 α-淀粉酶,最适温度为 92℃,当淀粉质量分数为 30%～40% 时,甚至在 110℃ 条件下仍具有短时的催化能力。

α-淀粉酶是一种内切酶,它能随机水解糖链的 α-1,4-糖苷键。因此,使直链淀粉的黏度很快降低,碘液染色迅速消失,而且由于生成还原基团而增加了还原力。α-淀粉酶以类似的方式攻击支链淀粉,因不能水解其中的 α-1,6-糖苷键,最后使淀粉生成麦芽糖、葡萄糖与糊精。由于 α-淀粉酶能快速地降低淀粉糊的稠度,使其流动性增强,又称为液化酶。

(2)β-淀粉酶 β-淀粉酶只存在于高等植物中,哺乳动物中没有发现,不过近年来发现少数微生物中有 β-淀粉酶存在。现在已能从小麦、大麦芽、大豆、甘薯中提取 β-淀粉酶结晶。在水果成熟、马铃薯加工、玉米糖浆、啤酒和面包制作过程中淀粉酶是很重要的。

β-淀粉酶的相对分子质量一般高于 α 淀粉酶,但来源不同,相对分子质量会有不同。热稳定性普遍低于 α 淀粉酶。在使用 β-淀粉酶水解淀粉时的适用温度与耐热温度常有较大差别,例如用甘薯 β-淀粉酶水解淀粉时用 35℃ 温度催化活力最高,而耐热温度可以达到 60~65℃。

β-淀粉酶是一种外切酶,即它只能水解淀粉的 α1,4 糖苷键,不能水解淀粉的 α1,6 糖苷键。当它水解淀粉时,只能攻击淀粉分子的非还原性末端,依次切下一个个麦芽糖单位,并将切下的 α 麦芽糖转变成 β-麦芽糖。因为生成的麦芽糖能增加淀粉溶液的甜度,故 β 淀粉酶又称糖化酶。直链淀粉中偶尔出现的 1,3-糖苷键和支链淀粉中的 α-1,6-糖苷键不能被淀粉酶水解,反应就停止下来,剩下来的化合物称为极限糊精。因此,β 淀粉酶并不能完全水解直链淀粉。若有脱支酶去水解这些键时,β 淀粉酶可继续作用。

此外还有支链淀粉酶和异淀粉酶,它们能水解支链淀粉和糖原中的 1,6-α-D-葡萄糖苷键,生成直链的片段,若与 β 淀粉酶混合使用可生成含麦芽糖丰富的淀粉糖浆。

(3)α1,4-葡萄糖苷酶　也称葡萄糖淀粉酶,是一种外切酶,主要由微生物的根霉、曲霉等生产,最适 pH4~5,最适温度 50~60℃。此酶可以攻击 1,4-α-D-葡萄糖的非还原性末端,不断地将葡萄糖水解下来,形成的产物只有葡萄糖。此外,它还能攻击支链淀粉中的 α1,6-糖苷键,但水解的速率要比对 α1,4-糖苷键低 30倍,这意味着淀粉可全部降解成葡萄糖分子。因此在食品工业上可用来生产玉米糖浆和葡萄糖。在生产葡萄糖苷酶时,重要的是要除去其中的葡萄糖苷转移酶,因后者能催化葡萄糖形成麦芽糖或其他寡糖,从而降低淀粉糖化过程中葡萄糖的产量。

(4)脱支酶　脱支酶在许多动植物和微生物中都有分布,是水解淀粉和糖原分子中 α1,6-糖苷键、将支链剪下的一类酶的总称。根据所催化底物性质的不同,它可分为直接脱支酶和间接脱支酶两类。前者又有支链淀粉酶和异淀粉酶之分,它们都能催化水解未改性支链淀粉和糖原中 α1,6-糖苷键,后者只能催化水解已经被其他酶改性的极限糊精。

2. 果胶酶

在高等植物的细胞壁中和细胞间层中存在一些胶态聚合碳水化合物原果胶、果胶、果胶酸等。果胶酶就是水解这些物质的一类酶的总称。果胶酶广泛地分布于高等植物和微生物中,根据其作用底物的不同,可分为以下三种类型:

(1)果胶酯酶　果胶酯酶存在于细菌、真菌和高等植物中,在柑橘和番茄中含量非常丰富,它对半乳糖醛酸酯具有专一性。它可以水解除去果胶上的甲氧基基团。不同来源的果胶酯酶,其最适 pH 不同,来源于霉菌的果胶酯酶最适 pH 在酸性范围,来源于细菌的果胶酯酶在偏碱性范围(pH 7.8~8),来源于植物的果胶酯酶在中性附近。此外,来源不同的果胶酯酶对热的稳定性也有差异,例如霉菌果胶酯酶在 pH 3.5 时,50℃加热 0.5 h,酶活力几乎不发生变化,当温度提高到 62℃,基本完全失活;而番茄和柑橘果胶酯酶在 pH 6.1 时 70℃加热 1 h,酶活力也只损失 50%。

在一些果蔬的加工中,若果胶酯酶在环境因素影响下被激活,将导致大量的果胶脱去酯基,从而影响果蔬的质构。生成的甲醇也是一种有毒害作用的物质,尤其对视神经特别敏感。在葡萄酒、苹果酒等果酒的酿造中,由于果胶酯酶的作用,可能会引起酒中甲醇的含量超标,因此,在酿造果酒时,应先对水果进行预热处理,使果胶酯酶失活以控制酒中甲醇的含量。

(2)聚半乳糖醛酸酶　聚半乳糖醛酸酶是降解果胶酸的酶,根据对底物作用方式不同,可分为两类:一类是随机地水解果胶酸(聚半乳糖醛酸)的苷键,这是聚半乳糖醛酸内切酶;另一类是从果胶酸链的末端开始逐个切断苷键,这是聚半乳糖醛酸外切酶。聚半乳糖醛酸内切酶存在于高等植物、霉菌、细菌和一些酵母中;聚半乳糖醛酸外切酶存在于高等植物和霉菌中,在某些细菌和昆虫肠道中也有发现。

聚半乳糖醛酸酶来源不同,它们的最适 pH 也稍有不同,大多数内切酶的最适 pH 在 4.0~5.0,大多数外切酶最适 pH 在 5.0 左右。

聚半乳糖醛酸酶的外切酶与内切酶,由于作用方式不同,所以它们作用时对果蔬质构影响或果汁处理效果也有差别。例如同一浓度果胶液,内切酶作用时,只要 3%~5%的果胶酸苷键断裂,黏度就下降;而外切酶作用时,则要 10%~15%的苷键断裂才使黏度下降 50%。

(3)果胶裂解酶　又称果胶转消酶,是内切聚半乳糖醛酸裂解酶、外切聚半乳糖醛酸裂解酶的总称。主要存在于霉菌中。果胶裂解酶是催化果胶或果胶酸的半乳糖醛酸残基的 C_4~C_5 位上的氢进行反式消去作用,使糖苷键断裂,生成含不饱和键的半乳糖醛酸。

为了保持混浊果汁的稳定性,常用高温短时间杀菌法或巴氏消毒法使其中的果胶酶失活,因果胶是一种保护性胶体,有助于维持悬浮溶液中的不溶性颗粒而保持果汁混浊。在番茄汁和番茄酱的生产中,用热打浆法可以很快破坏果胶酯酶的活性。商业上果胶酶可用来澄清果汁、酒等。大多数水果在压榨果汁时,果胶多则水分不易挤出,且榨汁混浊,如以果胶酶处理,则可提高榨汁率而且澄清。加工水果罐头时应先热烫使果胶酶失活,可防止罐头储存时果肉过软。许多真菌和细菌产生的果胶酶能使植物细胞间隙的果胶层降解,导致细胞的降解和分离,使植物组织软化腐烂,在果蔬中称为软腐病。

3.蛋白酶

蛋白酶是生物体系中含量较多的一类酶,在许多食品加工中起着重要的作用,这些酶可以从动物、植物或微生物中提取得到。

蛋白酶的种类很多,根据它们的作用方式可分为两大类:内肽酶(肽链内切酶)和外肽酶(肽链端解酶)。内肽酶是从多肽键内部随机地水解肽键,使之成为肽碎片和少量游离氨基酸。外肽酶是从多肽链的末端开始将肽键水解使氨基酸游离出来的酶。根据开始作用的肽链末端不同,外肽酶又有氨肽酶和羧肽酶之分。前者是从肽链氨基末端开始水解肽键,所以叫氨肽酶;后者是从肽链羧基末端开始水解肽键的,所以叫羧肽酶。

根据最适 pH 不同,蛋白酶可分为酸性蛋白酶、碱性蛋白酶和中性蛋白酶。

根据蛋白酶活性中心的化学性质不同,可分为酸性蛋白酶(酶活性中心含两个羧基)、丝氨酸蛋白酶(酶活性中心含两个丝氨酸残基)、巯基蛋白酶(酶活性中心含有巯基)和金属蛋白酶(酶活性中心含两个羧基)。

蛋白酶还可根据来源不同,分为动物蛋白酶、植物蛋白酶和微生物蛋白酶。

(1)动物蛋白酶　在人和动物的消化道中存在有各种蛋白酶。如胃黏膜细胞分泌的胃蛋白酶,可将各种水溶性蛋白质分解成多肽;胰腺分泌的胰蛋白酶、胰凝乳蛋白酶、弹性蛋白酶和羧肽酶等内肽酶和外肽酶,可将多肽链水解成寡肽和氨基酸;小肠黏膜能分泌氨肽酶,羧肽酶和二肽酶等,将寡肽分解成氨基酸。人体摄取的蛋白质就是在消化道中这些酶的综合作用下,被消化成氨基酸而被吸收的。

在动物组织细胞的溶酶体中有一种组织蛋白酶,最适 pH 5.5,当动物死亡之后,随组织的破坏和 pH 的降低,组织蛋白酶被激活,将肌肉蛋白质水解成游离氨基酸,肌肉产生优良的肉香和风味。但从活细胞中提取和分离组织蛋白酶很困难,因此,限制了其应用。

在犊牛的第四胃中能分泌一种凝乳蛋白酶原,在 pH 5 时可被原有的凝乳蛋白酶激活。凝乳蛋白酶在 pH 5.3～6.3 最稳定,pH 3.5～4.5 可因自溶作用而失活。凝乳蛋白酶可用来制造奶酪等。

在医药上常用胰酶(其主要成分为胰蛋白酶)来制造医用的蛋白质水解物;对钙、铁、锌等二价金属离子的吸收有促进作用的酪蛋白磷酸肽(CPP)即是以牛乳酪蛋白为原料,经动物肠道蛋白酶水解,再经分离纯化而得到的生物活性肽。动物蛋白酶由于来源少,价格昂贵,所以在食品工业中的应用不广泛,现在主要是利用植物蛋白酶,尤其是微生物蛋白酶。

(2)植物蛋白酶　植物中存在的蛋白酶较多,如木瓜蛋白酶、无花果蛋白酶和菠萝蛋白酶已被大量地应用于食品工业。

①木瓜蛋白酶:木瓜蛋白酶是番木瓜胶乳中的一种巯基蛋白酶。在 pH 5 时稳定性最好,低于 3 和高于 11 时,酶会很快失活。最适 pH 因底物不同而有不同,

但一般常在 5～7。与其他蛋白酶比较,热稳定性较高。

②无花果蛋白酶和菠萝蛋白酶:在无花果胶乳和菠萝的汁液中都含有很丰富的蛋白酶,尤其是新鲜的无花果中含量可高达 1%左右。无花果蛋白酶和菠萝蛋白酶也都是巯基蛋白酶,对底物的特异性都较宽。在 pH 6～8 时较稳定,但最适pH 常随底物不同有差异。

上述三种植物蛋白酶在食品工业上常用于肉的嫩化和啤酒的澄清,特别是木瓜蛋白酶的应用,很久以前民间就有用木瓜叶包肉,使肉更鲜美、更香的经验,现在这些植物蛋白酶除用于食品工业外,还常用于医药上作助消化剂。

(3)微生物蛋白酶　细菌、酵母菌、霉菌等微生物中都含有多种蛋白质,是蛋白酶制剂的重要来源。我国目前生产的微生物蛋白酶及菌种主要有:用枯草杆菌1398 和栖土曲霉 3952 生产中性蛋白酶,用地衣芽孢杆菌 2709 生产碱性蛋白酶等。生产用于食品和药物的微生物蛋白酶,其菌种目前主要限于枯草杆菌、黑曲霉、米曲霉三种。

随着酶科学和食品科学研究的深入发展,微生物蛋白酶在食品加工中的用途越来越广泛。微生物蛋白酶通常用于薄脆饼干的制造,在肉类的嫩化,尤其是牛肉的嫩化上运用微生物蛋白酶代替价格较贵的木瓜蛋白酶,可达到较好的效果。像有的国家的厂商将牛排浸泡在微生物蛋白酶溶液(5%真菌蛋白酶、15%葡萄糖、2%味精)中,然后再制成预包装的冰冻牛排在市场上出售。特别是近年来已新发展将蛋白酶溶液注射到血液系统内进行屠宰前的肉嫩化,不过这种肉在食用前须放入冰箱中保存,否则会过度嫩化。

微生物蛋白酶的另一个用途是被广泛运用于啤酒制造以节约麦芽用量。但啤酒的澄清仍以木瓜蛋白酶更好,因为它有很高的耐热性,经巴氏杀菌后,酶活力仍有残存的可能,可以继续作用于杀菌后形成的沉淀物,以保证啤酒的澄清。另外,在酱油的酿造中添加微生物蛋白酶,既能提高产量,又可改善质量。除此之外,常用微生物蛋白酶制造水解蛋白胨液用于医药以及制造蛋白胨、酵母膏、牛肉膏等。细菌碱性蛋白酶还常被日化厂商添加到洗涤剂中以增强去污效果,这种加酶洗涤剂对去除衣物上的奶斑、血斑等蛋白质类污迹的效果特好。

4. 脂肪酶

脂肪酶广泛存在于含有脂肪的组织中。植物的种子里含脂肪酶,一些霉菌、细菌等微生物也能分泌脂肪酶。

脂肪酶的最适 pH 常随底物、脂肪酶纯度等因素而有不同,但多数脂肪酶的最适 pH 在 8～9,也有部分脂肪酶的最适 pH 偏酸性。微生物分泌的脂肪酶最适 pH在 5.6～8.5。脂肪酶的最适温度也因来源、作用底物等条件不同而有差异,大多数脂肪酶的最适温度在 $30\sim40℃$。也有某些食物中脂肪酶在冷冻到$-29℃$时仍有活性。除了温度对脂肪酶的活性有影响外,盐对脂肪酶的活性也有一定影响,对脂肪具有乳化作用的胆酸盐能提高酶活力,重金属盐一般具有抑制脂肪酶的作用,Ca^{2+}能活化脂肪酶并可提高其热稳定性。

脂肪酶能催化脂肪水解成甘油和脂肪酸,但对水解甘油三酯的酯键位置具有特异性,首先水解 1,3 位酯键生成甘油单酯后,再将第二位酯键在非酶异构后转移到第一位或第三位,然后经脂肪酶作用完全水解成甘油和脂肪酸。

脂肪酶能水解油-水界面存在的甘油酯的酯键而生成酸和醇。增加油水界面能提高脂肪酶的活力,所以,在脂肪中加入乳化剂能大大提高脂肪酶的催化能力。

脂肪酶能使脂肪生成脂肪酸而引起食品的酸败,如牛奶、奶油、干果等含脂食品产生的不良风味,主要来自于脂肪的水解产物;而在另一种情况下又需要脂肪酶的活性而产生风味,食品加工中脂肪酶作用后释放一些短链的游离脂肪酸(丁酸、己酸等),当它们浓度低于一定水平时,会产生良好的风味和香气,例如干酪生产中牛乳脂肪的适度水解会产生一种很好的风味。

脂肪酶还包括磷酸酯酶,能水解磷酸酯类;固醇酶水解胆固醇酯;羧酸酯酶能水解甘油三酯如丁酸甘油三酯。

5. 糖苷酶

(1)α-D-半乳糖苷酶　　这种酶和β-D-半乳糖苷酶、β-D-果糖呋喃糖苷酶和α-L-鼠李糖苷酶都能攻击双糖、寡糖和多糖的非还原性末端并水解末端的单糖。其底物专一性可由酶的名称表现出来,如半乳糖苷酶。

豆科植物中的水苏糖能在胃和肠道内生成气体,这是因为肠道中有一些嫌气性微生物生长,它们能将某些寡糖或单糖水解生成 CO_2、CH_4 和 H_2。但当上述水苏糖被 α-D-半乳糖苷酶水解就会消除肠胃中的胀气。

(2)β-D-半乳糖苷酶　　β-D-半乳糖苷酶能水解乳糖,所以又称乳糖酶。这种酶分布广泛,在高等动物、植物、细菌和酵母中均存在。β-D-半乳糖苷酶存在于人体的小肠黏膜细胞中,有些人由于体内缺乏乳糖酶,在饮用牛乳后出现呕吐、腹泻等症状,称为"乳糖不耐症"。故在饮用牛乳的同时应供给 β-D-半乳糖苷酶制剂。当有半乳糖存在时可抑制乳糖酶对乳糖的水解,但葡萄糖则没有这种作用。此外,乳糖的溶解度很低,因而对脱脂奶粉或冰淇淋的生产造成不利影响。利用这种酶制剂可以将乳糖水解使上述食品的加工品质得以改善。

(3)β-D-果糖呋喃糖苷酶　　β-D-果糖呋喃糖苷酶是从特殊酵母菌株中分离出来的一种酶制剂,在制糖或糖果工业上常用来水解蔗糖而生成转化糖。转化糖比蔗糖更易溶解,而且由于含有游离的果糖,故甜度也比蔗糖高。

(4)αL-鼠李糖苷酶 有些橘汁、李子汁和柚汁中含橘皮苷,具有很苦的味道。αL-鼠李糖苷酶和βD-葡萄糖苷酶的混合物处理橘皮苷可以生成一种无苦味的化合物—柚苷配基,4,5,7-三羟黄烷酮。

(5)糖苷酶混合物 这是一种戊聚糖酶制剂,是糖苷酶的混合物(含外-纤维素酶和内-纤维素酶,α、β甘露糖苷酶和果胶酶等),黑麦粉的焙烤品质和黑麦面包的货架期因其中的戊聚糖可受此酶部分水解而得以改善。

由黑曲霉提取的糖苷酶是一种纤维素酶、淀粉酶和蛋白酶混合在一起的制剂。在虾的加工中可用来去壳,使虾壳变松,利用水蒸气即可以洗脱掉。

(二)氧化还原酶类

1. 葡萄糖氧化酶

葡萄糖氧化酶主要来源于黑曲霉,少数来自青霉菌。它可以通过消耗空气中的氧而催化葡萄糖的氧化。因此,它可除去葡萄糖或氧气。

葡萄糖氧化酶以 β-D-葡萄糖作为底物,这并不意味着葡萄糖只能部分地被氧化,α-D-葡萄糖可自发地变旋为 β-D-葡萄糖,这就使得所有的葡萄糖均可作为葡萄糖氧化酶的底物。

葡萄糖氧化酶在很宽的 pH 和温度范围内具有较高的活力,在实际应用中,酶的 pH 稳定性和热稳定性是非常重要的性质。

例如,葡萄糖氧化酶可用在干蛋粉生产中以除去葡萄糖,而防止产品因美拉德反应而产生的变色。此外,它还能使油炸土豆片产生金黄色而不是棕色,后者是由于存在过多的葡萄糖而引起的。葡萄糖氧化酶可除去封闭包装系统中的氧气以抑制脂肪的氧化和天然色素的降解。例如,螃蟹肉和虾肉若浸渍在葡萄糖氧化酶和过氧化氢酶的混合液中可抑制其颜色从粉红色变成黄色。因为葡萄糖氧化酶和过氧化氢酶的混合液中的葡萄糖氧化酶能催化葡萄糖吸收氧而形成葡萄糖酸,而过氧化氢酶能催化过氧化氢分解成水和半分子的氧。

2. 过氧化物酶

过氧化物酶广泛存在于所有高等植物中,另外也存在于牛乳中。在大多数的水果和蔬菜中,过氧化物酶以可溶态、离子结合态和共价结合态形式存在。可直接从植物原料中提取过氧化物酶。在植物过氧化物酶中辣根是过氧化物酶最重要的一个来源。如果不采取适当的措施使食品原料(如蔬菜)中的过氧化物酶失活,那么在随后的加工和保藏中,过氧化物酶会损害食品的质量。未经热烫的冷冻蔬菜所具有的不良风味被认为是与酶活力有关,这些酶包括过氧化物酶、脂肪氧合酶、过氧化氢酶等。

各种不同来源的过氧化物酶都含有一个血色素作为辅基,催化以下反应:

$$ROOH + AH_2 \rightarrow ROH + A + H_2O$$

其中 ROOH 是过氧化氢或有机过氧化物,AH_2 是电子供体,当 ROOH 还原时,AH_2 被氧化,AH_2 可以是抗坏血酸盐、酚、胺类或其他还原性强的有机物。这些还原剂被氧化后多产生颜色,因此可用比色法来测定过氧化物酶的活性。因为过氧化物酶具有很高的耐热性,而且广泛存在植物组织中,灵敏度也极高,比色测定简单易行,当食物进行热处理后,如果过氧化物酶的活性消失,则表示其他的酶也一定受到破坏,所以它在果蔬加工中常被用作热处理是否充分的指标,尤其在冷冻食品中。研究数据表明,只有在充分热烫使过氧化物酶基本失活的情况下,冷冻食品才能在长期保藏中保持良好的质量。

从营养、色泽和风味来看,过氧化物酶也是很重要的。因过氧化物酶能使维生素 C 氧化而破坏其在生理上的功能;过氧化物酶能催化不饱和脂肪酸过氧化物的裂解,产生具有不良气味的羰基化合物,同时伴随产生自由基,这些自由基会进一步破坏食品中的许多成分。如果食品中不存在不饱和脂肪酸,则过氧化物酶能催化类胡萝卜素漂白和花青素脱色。

乳中含有乳过氧化物酶(LP),它是一个天然的、具有实际应用价值的抗菌体系,因此可以通过激活 LP 体系来延长牛乳保质期,采用乳过氧化物酶系统保存生鲜牛乳是迄今为止除了冷贮之外最有效的方法,这对高温地区鲜乳的长时间采集和运输具有实际意义。过氧化物酶系统只适用于生鲜牛乳的保存,不适用于羊乳以及羊乳和牛乳混合物的保鲜,这可能与羊乳中钙、镁离子的含量大大超过牛乳有关。

牛乳中的过氧化物酶有一定的抗热性,但加热到 80℃,过氧化物酶失去活性,其 LP 体系已经遭到破坏,过氧化物酶损失殆尽。此外,由于乳过氧化物酶的活性在加热到 63℃,保持 30 min 的条件下仍存有 75% 的活性,所以对一般的消毒乳仍有延长保鲜期的作用。

过氧化物酶与果蔬烫漂检验

烫漂是果蔬加工中为了防止褐变必经的一道工序。但烫漂必须适度。烫漂过度果蔬营养成分受损,烫漂不够,又达不到目的。因此,要进行烫漂检验。

过氧化物酶耐热性很强,因此在果蔬产品加工中以它为对象来检验烫漂是否

达到要求。烫漂是以果蔬中过氧化物酶活性全部破坏为度。检验方法：用 0.1%
的愈创木酚或联苯胺的酒精溶液与 0.3% 的双氧水等量混合，将原料样品横切，滴
上几滴混合药液，几分钟内不变色，则表明过氧化物酶已破坏，烫漂结束操作；若变
色(褐色或蓝色)，则表明过氧化物酶仍在作用，将愈创木酚或联苯胺氧化生成褐色
或蓝色氧化产物，还需继续加热烫漂。

3. 过氧化氢酶

过氧化氢酶主要是从肝或微生物中提取，它之所以重要是因为它能分解过氧化氢。过氧化氢是食品用葡萄糖氧化酶处理后的一种副产品。例如，用 H_2O_2 可对牛乳进行巴氏消毒，经过该处理的牛乳就比较稳定，其中过剩的 H_2O_2 可用过氧化氢酶消除。

加工猪肝时加热的时间不能太长，否则，成品粗糙，口感不好，但是，如果加热时间太短，可能因寄生虫或病菌不能杀死引起感染，怎么才能确定加热的时间呢? 有人取一只装有 H_2O_2 试管，将煮过的肝块中心处取一点肝泥加到试管中，观察现象，如果有气泡，还需继续加热，如果无气泡，表明猪肝已熟，不用再加热了。为什么呢? 请解释。　动脑筋

4. 乙醛脱氢酶

大豆加工时，由于其中的不饱和脂肪酸会发生酶促氧化而生成具有豆腥味的挥发性降解化合物(正己醛等)，此时若加入乙醛脱氢酶则能使生成的醛转化成羧酸而消除豆腥味。

在各种乙醛脱氢酶中，由牛肝线粒体中提取的酶与 n-正己醛有很高的亲和力，因此被推荐用于豆乳生产中。

5. 抗坏血酸氧化酶

抗坏血酸氧化酶是一种含铜的酶，能氧化抗坏血酸。抗坏血酸氧化酶存在于瓜类、种子、谷物和水果蔬菜中。在柑橘加工中，抗坏血酸氧化酶对抗坏血酸的氧化影响很大。在完整柑橘中氧化酶与还原酶可能处于平衡状态，但是在提取果汁时，还原酶很不稳定，受到很大的破坏，此时抗坏血酸氧化酶的活性显露出来。若在加工过程中采用在低温下进行整理工作，快速榨汁、抽气以减少氧气，最后巴氏消毒使酶失活，就可以减少维生素 C 的破坏。在制作橘子果酱时，橘子皮中抗坏血酸的破坏也是一种酶的反应，若将磨碎的橘子皮置水中煮沸则可以大大降低抗坏血酸的损失。

6. 脂肪氧合酶

脂肪氧合酶广泛地分布于各种动植物体中，主要存在于植物中，如在大豆、绿豆、小麦、燕麦、大麦及玉米中含量较多，另外马铃薯的块茎、花椰菜、紫苜蓿和苹果

等植物的叶中也存在,其中尤以大豆中的酶活力最高。

脂肪氧合酶能催化含顺、顺-1,4-戊二烯的不饱和脂肪酸及其酯的氢过氧化作用,通过分子加氧形成具有共轭双键的氢过氧化衍生物。进行这类反应的多不饱和脂肪酸有亚油酸、亚麻酸、花生四烯酸及水产动物油中的多不饱和脂肪酸。

脂肪氧合酶在食品加工中是很重要的,因为它会影响到食品的色泽、风味、质地和营养价值,如大豆和大豆制品中异味就是由于脂肪氧合酶催化亚麻酸生成的氢过氧化物继续裂解而产生的。在未经热烫而冷冻的豌豆中,羰基化合物的累积就是由于脂肪氧合酶引起的,而且热烫不成功的植物组织中仍含有此酶,同样会产生异味。所以,为了减少储藏,蔬菜中脂肪氧合酶的活性,在冷冻或干燥前必须进行热烫。通心面在加工过程中,其中的脂肪氧合酶能对色素产生一种不良的漂白效果,即它能催化破坏 β-胡萝卜素、叶黄醇、叶绿素及维生素。小麦中的脂肪氧合酶对面粉的流变性质有很大的影响,因为揉面时混入了空气中的氧,使脂肪氧合酶催化蛋白质中的巯基氧化成二硫键,而形成网状结构改善了面团的弹性。此外,面粉中常常加入大豆粉,这不仅可以增加面粉蛋白质含量,而且可利用大豆粉中的脂肪氧合酶加强漂白效果,同时改善面团的流变学特性。

二、酶在食品加工中的应用

酶在食品工业中主要应用于:淀粉加工,乳品加工,水果加工,酒类酿造,肉、蛋、鱼类加工,面包与焙烤食品的制造,食品保藏,以及甜味剂制造等工业。

(一)酶在淀粉加工中的应用

用于淀粉加工的酶有 α-淀粉酶、β-淀粉酶、葡萄糖淀粉酶(糖化酶)、葡萄糖异构酶、脱支酶以及环糊精葡萄糖基转移酶等。淀粉加工的第一步是用 α-淀粉酶将淀粉水解成糊精,即液化。第二步是通过上述各种酶的作用,制成各种淀粉糖浆,例如:高麦芽糖浆、饴糖、果糖、果葡糖浆偶联糖以及环糊精等。各种淀粉糖浆,由于 DE 值不同(DE＝葡萄糖含量(%)/[固形物(%)×比重]),糖成分不同,其性质各不相同,风味各异。

果葡糖浆是由果糖与葡萄糖组成的混合糖浆。以淀粉为原料,先用 α-淀粉酶将淀粉水解成糊精,再用糖化酶将糊精水解成葡萄糖,最后用葡萄糖异构酶将一部分葡萄糖转化成甜度比蔗糖大 1.5～1.7 倍的果糖,从而制得果葡糖浆。

工业生产所用的葡萄糖异构酶实际上都是 D-木糖异构酶,对木糖的亲和力大于葡萄糖,是由游动放线菌、链霉菌、节杆菌等所产生的。通常,用固定化异构酶来生产果葡糖浆。该酶的固定化方法基本上有两种:一种是用壳聚糖吸附戊二醛交联的方法,将含异构酶的细胞制成固定化细胞,亦可将细胞包埋在醋酸纤维的网格中,再交联制成固定化细胞;另一种方法是,用多孔氧化铝、多孔陶土、DEAE-纤维素或阴离子交换树脂吸附部分纯化的异构酶,从而制成高活性的固定化酶。将固定化细胞或固定化酶装进固定床反应器,制成酶柱,让 pH 7.8~8.2,含 Mg^{2+} 的葡萄糖溶液,以一定的流速通过 61℃ 的酶柱。在异构酶的催化下,一部分葡萄糖便转化成果糖,从而产生果葡糖浆。其中,含果糖 42%,葡萄糖 52%。

1 kg 固定化细胞可以生产 2 000~3 000 kg 果葡糖浆(干物重);1 kg 固定化酶可以生产 6 000~8 000 kg 果葡糖浆。生产果葡糖浆是酶工程在食品工业生产中最成功、规模最大的应用。

(二)酶在乳品加工中的应用

用于乳品工业的酶有凝乳酶、乳糖酶、过氧化氢酶、溶菌酶及脂肪酶等。凝乳酶用于制造干酪;乳糖酶用于分解牛奶中的乳糖;过氧化氢酶用于消毒牛奶;溶菌酶添加到奶粉中,可以防止婴儿肠道感染;脂肪酶可增加干酪和黄油的香味。

干酪生产的第一步是用乳酸菌将牛奶发酵成酸奶,第二步是用凝乳酶将可溶性 κ-酪蛋白水解成不溶性 Para-κ-酪蛋白和糖肽,在酸性溶液中,Ca^{2+} 使酪蛋白凝固,再经过切块、加热、压榨、熟化,便制成干酪。

过去凝乳酶取自小牛的皱胃,全世界一年要宰杀 4 000 多万头小牛,来源不足,价格昂贵,现在 85% 的动物凝乳酶已由微生物酶所代替。微生物凝乳酶实为酸性蛋白酶,只是凝乳作用强,而水解酪蛋白弱而已,但多少还会使酪蛋白水解,形成苦味肽。现在,用基因工程将牛凝乳酶原基因转移给大肠杆菌,已成功表达,所以用发酵法已能生产真正的凝乳酶。

牛奶中含有一定数量的乳糖,有些人由于体内缺乏乳糖酶,因而饮牛奶后常发生腹痛、腹泻等症状。由于乳糖难溶于水,常在炼乳、冰淇淋中呈砂样结晶而析出,影响风味,因此需要除去牛奶中的乳糖。现在,用固定化黑曲霉乳糖酶装成酶柱,让牛奶以一定的流速通过酶柱,可以生产脱乳糖的牛奶。

乳清含有大量的乳糖,是干酪生产的副产物。因为乳糖难消化,历来作废水排放。现在,用多孔玻璃固定化黑曲霉乳糖酶可以分解乳清中的乳糖,从而使乳清可以作为饲料和生产酵母的培养基。

(三)酶在水果加工中的应用

用于水果加工保藏的酶有:果胶酶、柚苷酶、纤维素酶、半纤维素酶、橙皮苷酶、葡萄糖氧化酶以及过氧化氢酶等。

果胶是水果中的一部分,它在酸性和高浓度糖溶液中可以形成凝胶,这一特性是制造果冻、果酱等食品的物质基础,但是在果汁加工上,却导致果汁过滤和澄清发生困难。果胶酶可以催化果胶分解,使其失去产生凝胶的能力。工业上用黑曲霉、文氏曲霉或根霉生产的果胶酶处理破碎的果实,可以加速果汁过滤,促进果汁澄清,提高果汁产率。

在制造橘子罐头时,用黑曲霉生产的纤维素酶、半纤维素酶和果胶酶的混合酶处理橘瓣,可以从橘瓣上除去囊衣。

用柚苷酶处理橘汁,可以除去橘汁中带苦味的柚苷。加黑曲霉橙皮苷酶于橘汁中,可以将不溶性的橙皮苷分解成水溶性橙皮素,从而使橘汁澄清,也脱去了苦味。用葡萄糖氧化酶和过氧化氢酶处理橘汁,可以除去橘汁中的 O_2,从而使橘汁在储藏,期间保持原有的色香味。

在苹果汁的提取中,应用果胶酶处理方法生产的汁液具有澄清和淡棕色的外观,如果用直接压榨法生产的苹果汁不经果胶酶处理,则表现为混浊,感官性状差,商品价值受到较大影响;经果胶酶处理生产葡萄汁,不但感官质量好,而且能大大提高葡萄的出汁率;柑橘汁的色泽和风味依赖于果汁中的混浊成分,混浊是由果胶、蛋白质构成的胶态不沉降的微小粒子,若橘汁中果胶酶不失活,其作用结果会导致柑橘汁中的果胶分解,橘汁沉淀、分层,从而成为不受欢迎的饮料,因此柑橘汁加工时必须经热处理,使果胶酶失活。

(四)酶在酒类酿造中的应用

啤酒是以大麦芽为原料,在大麦发芽过程中,由于呼吸使大麦中的淀粉损耗很大,很不经济。因此,啤酒厂常用大麦、大米、玉米等作为辅助原料来代替一部分大麦芽,但这将引起淀粉酶、蛋白酶和 β 葡聚糖酶的不足,使淀粉糖化不充分,使蛋白质和 α 葡聚糖的降解不足,从而影响了啤酒的风味和产率。在工业生产中,使用微生物的淀粉酶、中性蛋白酶和 α-葡聚糖酶等酶制剂来处理上述原料,可以补偿原料中酶活力不足的缺陷,从而增加发酵度,缩短糖化时间。在啤酒巴氏灭菌前,加入木瓜蛋白酶或菠萝蛋白酶或霉菌酸性蛋白酶处理啤酒,可以防止啤酒混浊,延长保存期。糖化酶代替麸曲,用于制造白酒、黄酒、酒精,可以提高出酒率,节约粮食,简化设备等。果胶酶、酸性蛋白酶、淀粉酶用于制造果酒,可以改善果实的压榨过滤,使果酒澄清。

(五)酶在肉、蛋、鱼类加工中的应用

老牛、老母猪的肌肉,由于其结缔组织中胶原蛋白的机械强度很大,烹煮时不易软化,因而难以嚼碎。用木瓜蛋白酶或菠萝蛋白酶、米曲霉蛋白酶等酶制剂,可以水解胶原蛋白,从而使肌肉嫩化。工业上嫩化瘦肉的方法有两种:一种是宰杀前,肌肉注射酶溶液于动物体内;另一种是将酶制剂涂抹于肌肉的表面,或者将肌肉浸泡于酶溶液中。

利用蛋白酶水解废弃的动物血、杂鱼以及碎肉中的蛋白质,然后抽提其中的可

溶性蛋白质,以供食用或饲料。这是开发蛋白质资源的有效措施。其中,以杂鱼的利用最为瞩目。

用葡萄糖氧化酶与过氧化氢酶共同处理以除去禽蛋中的葡萄糖,可以消除禽蛋产品"褐变"的现象。

(六)酶在面包与焙烤食品制造中的应用

由于陈面粉酶活力低,发酵力低,因而用陈旧粉为原料加工的面包,体积小,色泽差。向陈面粉团添加霉菌的 α-淀粉酶和蛋白酶制剂,可以提高面包质量。

添加 β-淀粉酶,可以防止糕点老化;加蔗糖酶,可以防止糕点中的蔗糖从糖浆中析晶;添加蛋白酶,可以使通心面条风味佳,延伸性好。

实验 7-1　　酶的性质实验

一、酶的专一性

(一)目的要求

通过实验加深对酶专一性的认识。

(二)实验原理

酶具有高度的专一性,本实验以蔗糖酶和唾液淀粉酶对蔗糖和淀粉的作用为例,来说明酶的专一性。蔗糖和淀粉无还原性。蔗糖酶能催化蔗糖水解产生还原性葡萄糖和果糖,但不能催化淀粉的水解;唾液淀粉酶水解淀粉生成有还原性的麦芽糖,但不能催化蔗糖的水解。用班氏(Benedict)试剂检查糖的还原性。

(三)仪器与试剂

1.仪器

恒温水浴、沸水浴、试管及试管架。

2.试剂

①2%蔗糖溶液。

②溶于 0.3%氯化钠的 1%淀粉溶液(需新鲜配制)。

③稀释 200 倍的新鲜唾液。

④干酵母 100 g 置于乳钵内添加适量蒸馏水及少量细沙,用力研磨,提取约 1 h 再加蒸馏水,使总体积约为原体积的 10 倍。离心,将上清液保存于冰箱中备用。

⑤班氏(Benedict)试剂:无水硫酸铜 1.74 g 溶于 100 mL 热水中,冷却后稀释至 150 mL,取柠檬酸钠 173 g,无水碳酸钠 100 g 和 600 mL 水共热,溶解后冷却并加水至 850 mL。再将冷却的 150 mL 硫酸铜溶液倾入。本试剂可长久保存。

(四)分析步骤

1.蔗糖酶的专一性按下表操作

管号	1	2	3	4	5	6
1%淀粉溶液/滴	4	—	4	—	4	—
2%蔗糖溶液/滴	—	4	—	4	—	4
蔗糖酶溶液/mL	—	—	1	1	—	—
煮沸过的蔗糖酶溶液/mL	—	—	—	—	1	1
蒸馏水/mL	1	1				
37℃恒温水浴5 min						
Benedict 试剂/mL	1	1	1	1	1	1
沸水浴2～3 min						
现象						

2.淀粉酶的专一性按下表操作

管号	1	2	3	4	5	6
1%淀粉溶液/滴	4	—	4	—	4	—
2%蔗糖溶液/滴	—	4	—	4	—	4
稀释唾液/mL	—	—	1	1	—	—
煮沸过的稀释唾液/mL	—	—	—	—	1	1
蒸馏水/mL	1	1				
37℃恒温水浴15 min						
Benedict 试剂/mL	1	1	1	1	1	1
沸水浴2～3 min						
现象						

二、温度对酶活力的影响

(一)目的要求

通过实验了解温度对酶活力的影响。

(二)实验原理

酶的催化作用受温度的影响,在最适温度下,酶的催化作用最强,大多数动物酶的最适温度在37～40℃,植物酶的最适温度为50～60℃。酶对温度的热稳定性与其存在形式有关。有些酶的干燥剂,虽加热到100℃,活性并无明显改变,但在100℃的溶液中都很快地完全失活。低温能降低或抑制酶的活性,但不能使酶失活。

（三）仪器与试剂

1.仪器

恒温水浴、冰浴、沸水浴、试管及试管架。

2.试剂

①0.2%淀粉的0.3%氯化钠溶液（需新配制）。

②稀释200倍的唾液。

③碘化钾-碘溶液：将碘化钾20 g及碘10 g溶于100 mL水中。使用前稀释10倍。

（四）分析步骤

淀粉和可溶性淀粉遇碘呈蓝色。糊精按其分子的大小，遇碘可呈蓝色、紫色、暗褐色或红色，最小的糊精（链长小于6个葡萄糖基时）和麦芽糖遇碘不呈色。在不同的温度下，淀粉被唾液淀粉酶水解的程度可由其遇碘呈现的颜色来判断。

取3支试管，编号后按下表加入试剂：

管号	1	2	3
淀粉溶液/mL	1.5	1.5	1.5
稀释唾液/mL	1	1	—
煮沸过的稀释唾液/mL	—	—	1

摇匀后，将1号、3号两试管放入37℃恒温水浴中，2号试管放入冰水中。10 min后取出，将2号管内液体分为两半。用碘化钾-碘溶液来检验1、2、3管内淀粉被唾液淀粉酶水解的程度。记录并解释结果，将2号管剩下的一半溶液放入37℃水浴中继续保温10 min后，再用碘液试验，判断结果。

三、pH对酶活力的影响

（一）目的要求

通过实验了解pH值对酶活力的影响。

（二）实验原理

酶的活力受环境pH的影响极为显著。不同酶的最适pH值不同。本实验观察pH对唾液淀粉酶活性的影响，唾液淀粉酶的最适pH约为6.8。

（三）仪器与试剂

1.仪器

恒温水浴、试管及试管架、50 mL锥形瓶、吸管、滴管、白瓷板。

2.试剂

①溶于 0.3%氯化钠的 0.5%淀粉溶液(需新鲜配制)。

②稀释 200 倍的新鲜唾液。

③0.2 mol/L 磷酸氢二钠溶液。

④0.1 mol/L 柠檬酸溶液。

⑤碘化钾-碘溶液。

⑥pH 试纸:pH=5、pH=5.8、pH=6.8、pH=8。

(四)分析步骤

取 4 个标有号码的 50 mL 锥形瓶。用吸管按下表添加 0.2 mol/L 磷酸氢二钠溶液和 0.1 mol/L 柠檬酸溶液以制备 pH 5.0 ～8.0 的 4 种缓冲液。

锥形瓶号	0.2 mol/L 磷酸氢二钠/mL	0.1 mol/L 柠檬酸/mL	pH
1	5.15	4.85	5.0
2	6.05	3.95	5.8
3	7.72	2.28	6.8
4	9.72	0.28	8.0

从 4 个锥形瓶中各取缓冲液 3 mL,分别注入 4 支编好号的试管中,随后于每个试管中添加 0.5%淀粉溶液 2 mL 和稀释 200 倍的唾液 2 mL。向各试管中加入稀释唾液的时间间隔各为 1 min。将各试管内容物混匀,并依次置于 37℃恒温水浴中保温。

在第 4 管中加入唾液 2 min 后,每隔 1 分钟由第 4 管取出 1 滴混合液,置于白瓷板上,加 1 小滴碘化钾-碘溶液,检验淀粉的水解程度。待混合液变为橘黄色时,向所有试管依次添加 1～2 滴碘化钾-钾溶液,添加碘化钾-碘溶液的时间间隔,自第 1 管起均为 1 min。观察各试管内容物呈现的颜色,分析 pH 对唾液淀粉酶活性的影响。

四、考核要点

①酶的专　性。

②温度对酶活力的影响。

③pH 对酶活力的影响。

现象观察与记录。

实验 7-2　蛋白酶活力测定

一、目的要求

通过实验掌握蛋白酶活力测定的方法。

二、实验原理

蛋白酶可使面包软化,可加强啤酒的澄清度,可用来使牛奶制成干酪,将豆类制成各种制品,从木瓜中提取的蛋白酶可制成肉的嫩化剂。Folin-酚试剂在碱性溶液中很不稳定,易被酚类化合物还原为蓝色化合物(钼蓝和钨蓝的混合物)。当蛋白酶将底物酪蛋白分解时,就会产生游离的具有酚基的氨基酸(如酪氨酸、色氨酸和苯丙氨酸)能与 Folin-酚试剂呈蓝色反应,根据蓝色的深浅即可测出酶活性的大小。

三、仪器与试剂

1.材料

黄豆芽、绿豆芽、木瓜、菠萝等。

2.仪器

分光光度计、100 mL 容量瓶、移液管、烘箱、分析天平、水浴锅、刻度试管。

3.试剂

①Folin-酚试剂的配制

试剂 A。将 1.0 g 无水碳酸钠溶于 50 mL 0.1 mol/L 氢氧化钠溶液中。

试剂 B。0.5 g 硫酸铜($CuSO_4 \cdot 5H_2O$)溶于 100 mL 1% 的酒石酸钾钠中。

试剂 C。碱性铜溶液,取 50 mL 试剂 A 加 1.0 mL 试剂 B 混匀,此混合溶液只能用 1 d,过期失效。

试剂 D。往 1.5 L 磨口回流瓶加入 100 g 钨酸钠($Na_2WO_4 \cdot 2H_2O$),25 g 钼酸钠($Na_2WO_2 \cdot 2H_2O$)及 700 mL 蒸馏水,50 mL 85% 磷酸及 100 mL 浓盐酸充分混合,接上回流冷凝管,以小火回流 10 h,回流完毕,再加入 150 g 硫酸锂,50 mL 蒸馏水及数滴溴水,开口继续沸腾 15 min,以除去多余的溴,冷却后稀释至 100 mL,过滤,得到的滤液为浓试剂,呈黄绿色,盛于棕色试剂瓶中,冷却保存。

②0.55 mol/L 碳酸钠溶液　称 6.93 g Na_2CO_3,溶解后置 100 mL 容量瓶中,定容。

③10％三氯乙酸

④0.02 mol/L pH 7.5 磷酸缓冲液。

⑤0.5％酪蛋白溶液 称 0.5 g 酪蛋白,先用 1.0 mL 0.5 mol/L NaOH 湿润,再加少量 0.02 mol/L pH 7.5 的磷酸缓冲液稀释,在水浴中煮沸溶解,定容至 100 mL,储存于冰箱中。

四、分析步骤

①标准曲线的制作:取少许酪氨酸试剂,在 103℃ 烘箱中烘干。准确称取 50 mg,加少量 0.2 mol/L 盐酸溶解,定容至 100 mL,浓度为 500 μg/ mL,然后分别配置成 0,10,20,40,60,80,100 μg/ mL 不同浓度溶液。分别吸取上述浓度溶液 1.0 mL 于 20 mL 试管中,加 0.5％酪蛋白 2.0 mL,于 37℃水浴中反应 15 min,然后加入 10％三氯乙酸 5.0 mL,Folin-酚试剂 1.0 mL,于 37℃ 水浴中显色 15 min。在 680 nm 处比色,测其消光值。以消光值为纵坐标,酪氨酸微克数为横坐标绘制标准曲线。

②样品测定:取适当稀释的酶液 1.0 mL,置于 37℃ 水浴中预热 3～5 min,然后加入预热(37℃)的酪蛋白 2.0 mL 作用 15 min,以下操作同上。同时作对照,取酶液 1.0 mL(37℃),先加入三氯乙酸 3 mL,混匀,然后加入酪蛋白,以下操作同上。

五、结果与计算

在 37℃下每分钟水解酪蛋白产生 1 μg 的酪氨酸定为一个酶活力单位。

$$样品中蛋白质酶活力单位 = \frac{A}{15} \times F$$

式中:A—根据消光值从标准曲线中查得酪氨酸的含量;

F—酶液的最终稀释倍数;

15—反应时间。

六、考核要点

①标准曲线的制作。

②分光光度计的使用。

③实验结果与计算。

复习思考题

1. 为什么酶的化学本质是蛋白质？
2. 酶的专一性有哪几种类型？
3. 什么叫固定化酶？酶固定化的方法有哪些？
4. 控制酶促褐变的方法有哪些？
5. 举例说明食品加工中常用的酶及其在食品加工中的应用。

第八章 食品添加剂

学习目标
- 明确各类食品添加剂的定义和分类。
- 熟悉各类食品添加剂的特性、作用机理。
- 掌握常用食品添加剂使用范围、应用方法及注意事项。
- 能够正确使用防腐剂、抗氧化剂、漂白剂、乳化剂和增稠剂、膨松剂、着色剂等。

第一节 概 述

为了改善食品品质(色、香、味、形)、营养价值、保存和加工工艺的需要在食品中加入的天然或者化学合成的物质叫食品添加剂。

使用食品添加剂的目的是为了保持食品质量、保持或改善食品的功能性质、感官性质和简化加工过程等。食品添加剂可以是一种物质,也可以是多种物质的混合物,大多数并不是基本食品原料本身所固有的物质,而是在生产、储存、包装、使用等过程中为在食品中达到某一目的人为添加的物质。但是食品添加剂不包括污染物或为了维持或提高营养质量而加入食品的物质。

一、食品添加剂的种类

食品添加剂依据来源可分为两类:

①从动植物或微生物中提取的天然食品添加剂。②采用化学手段所得到的化学合成添加剂。目前开发的重点是第一类的天然食品添加剂。

另一种更为实用的分类方法是按其功能和用途分类,根据《我国食品添加剂的国家标准》(GB 12493—90)将食品添加剂分为 22 个大类。包括:酸度调节剂、抗结剂、消泡剂、胶姆糖基础剂、着色剂、护色剂、乳化剂、酶制剂、增味剂、面粉处理剂、被膜剂、水分保持剂、营养强化剂、防腐剂、稳定和凝固剂、甜味剂、增稠剂和其他类。本章重点讲解防腐剂、抗氧化剂、漂白剂、乳化剂和增稠剂、膨松剂和着色剂。

二、食品添加剂的要求

在选用食品添加剂时,要注意以下几点:

①食品添加剂都必须经过安全性毒理学评价。生产、经营和使用食品添加剂应符合卫生部颁发的《食品添加剂使用卫生标准》和《食品添加剂卫生管理办法》,以及国家标准局颁发的《食品添加剂质量规格标准》。

②食品营养强化剂应遵照我国卫生部颁发的《食品营养强化剂使用卫生标准》和《食品营养强化剂卫生管理办法》执行。

③由于部分食品添加剂具有毒性,所以应坚持"应尽可能不用或少用"的原则。使用时应严格控制使用范围及使用量。同时用于食品后不得分解产生有毒物质,而且能被分析鉴定出来。

④食品添加剂的添加应有助于食品的生产、加工和储存等过程,具有保持营养成分、防止腐败变质、改善感官性状和提高产品质量的作用。不可影响食品的质量和风味,更不可破坏食品的营养素。

⑤食品添加剂不可用来掩盖食品腐败变质等缺陷,也不能用来对食品进行伪造、掺假等违法活动。

⑥食品添加剂的使用必须对消费者有益,价格低廉,来源充足,使用方便,易于储存和运输、处理。

三、食品添加剂的使用标准

为了确保人民身体健康,防止食品中有害因素对人体的危害,我国政府对食品添加剂的生产、销售和使用都进行了严格的卫生管理。颁布有:

《食品添加剂卫生管理办法》

《我国食品添加剂的卫生管理》

《食品添加剂质量标准》

《食品添加剂使用卫生标准》等条例

《食品添加剂使用卫生标准》是以食品添加剂使用情况的实际调查和毒理学评价为依据而制定出的。其明确指出了允许使用的食品添加剂品种、使用的目的(用途)、使用的食品范围、以及在食品中的最大使用量或残留量。有的还注明使用方法。

第二节　防　腐　剂

一、防腐剂的定义和分类

1.防腐剂的概念

加入食品中能够杀死或抑制微生物,防止或延缓食品腐败的食品添加剂叫防腐剂。防腐剂主要是利用化学的方法来杀死有害微生物或抑制微生物的生长,从而制止腐败或延缓腐败的时间。

从人类食物有了剩余,就面临着食品保藏的问题,经过多年生活积累,人们常采用一些传统的食品保藏方法来保存食物,如晒干、盐渍、糖渍、酒泡、发酵保藏等。

目前广泛使用的是具有使用方便、成本低等特点的化学防腐剂。此外还使用少量的生物产品(如乳酸链球菌素、纳他霉素)等。化学和生物制品防腐剂的使用共同要求是:

①具有显著的杀菌或抑菌作用,但不可影响人体胃肠道正常的微生物菌群。

②用量少,不可影响食品的品质和感官性状等。

随着科学的发展和化学防腐剂的一些弊病,食品防腐现在有了许多工业化的和高技术的方法:罐藏、脱水、真空干燥、喷雾干燥、冷冻干燥、速冻冷藏、真空包装、无菌包装、高压杀菌、电阻热杀菌、辐照杀菌、电子束杀菌等。

2.防腐剂的分类

根据防腐剂的来源和组成可分为化学合成和天然的防腐剂,有机的和无机的防腐剂。有机的主要有:苯甲酸及其盐类、山梨酸及其盐类、对羟基苯甲酸酯类、丙酸及其盐类等。无机的防腐剂包括二氧化硫、亚硫酸盐类和亚硝酸盐等。

二、防腐剂的作用机理

食品腐败变质是指食品受微生物污染,在适宜的条件下,微生物繁殖导致食品的外观和内在品质发生劣变而失去食用价值。微生物引起食品变质一般可分为:细菌造成的食品腐败,霉菌导致的食品霉变和酵母引起的食品发酵。

防腐剂抑制与杀死微生物的机理是十分复杂的,目前使用的防腐剂一般认为对微生物具有以下几方面的作用。

①防腐剂与微生物的酶作用,如与酶的巯基作用,破坏多种含硫蛋白酶的活性,干扰微生物体的正常代谢,从而影响其生存和繁殖。通常防腐剂作用于微生物

的呼吸酶系,如乙酰辅酶 A 缩合酶、脱氧酶、电子转递酶系等。

②破坏微生物细胞膜的结构或者改变细胞膜的渗透性,使微生物体内的酸类和代谢产物运出细胞外,导致微生物的生理平衡被破坏而失活。

③其他作用:如防腐剂作用于蛋白质,导致蛋白质部分变性、蛋白质交联而导致其他的生理作用不能进行等。

三、常用防腐剂

我国目前允许使用的化学防腐剂主要有苯甲酸类、山梨酸类、丙酸类、脱氢醋酸和双乙酸钠等。

(一)苯甲酸及其钠盐

COOH　　　　COONa

苯甲酸　　　　苯甲酸钠

苯甲酸又称为安息香酸,纯品为白色有丝光的鳞片或针状结晶,质轻,无臭或微带安息香气味,相对密度为 1.265 9,熔点 121～123℃,沸点 249.2℃。微溶于水,易溶于乙醇,在酸性条件下容易随同水蒸气挥发。苯甲酸不会积累在人体内,它与甘氨酸结合成马尿酸后从体内排出。

苯甲酸及其钠盐是一种广谱抗微生物试剂,但它的抗菌有效性依赖于食品的pH 值,pH=3 时抑菌作用最强,在 pH=4.5 时对一般微生物的完全抑制的最小浓度为 0.05%～0.1%,在 pH>5.5 以上时,对很多霉菌和酵母菌没有什么效果。

苯甲酸钠的水溶性强于苯甲酸,故在食品中常采用苯甲酸钠作为防腐剂。苯甲酸钠加入食品后,一部分转变成具有抗微生物活性的酸。它对酵母和细菌很有效,抗霉菌活性较差一点。

食品实际使用苯甲酸及苯甲酸钠时,一般 pH<4.5～5。所以该防腐剂适合使用于像碳酸饮料、果汁、苹果酒、腌菜和泡菜等食品。苯甲酸在食品中允许添加量为 0.2%～0.3%,但在食品和饮料中的实际添加量仅为 0.05%～0.1%。此外我国允许用于酱油、醋、果汁苯甲酸最大用量为 1.0 g/kg;用于低盐酱菜、酱类、蜜饯其最大使用量为 0.5 g/kg;用于碳酸饮料最大使用量为 0.2 g/kg(以苯甲酸计)。

(二)山梨酸及盐

山梨酸在食品加工中主要是作为抗霉菌剂,因此很少关注它对细菌的作用。有证据表明,山梨酸在浓度和环境条件适合的情况下能抑制或失活像沙门氏菌(*Salmonellae*)、葡萄球菌(*Staphylococci*)、嗜热链球菌(*Streptococcus thermophi-*

lus)、保加利亚乳酸菌(*Lactobacillus bulgaricus*)和大肠(艾希氏)杆菌(*Escherichaia coil*)等。

山梨酸为无色针状结晶体粉末,又名花椒酸,无臭或微带刺激性臭味,酸味,耐光,耐热,但在空气中长期放置,易被氧化变色而降低防腐效果。山梨酸微溶于水,可溶于乙醇、乙醚、丙酮和乙酸。山梨酸饱和水溶液的 pH 值为 3.6。

山梨酸是一种不饱和脂肪酸,在机体内正常地参加代谢作用,氧化生成二氧化碳和水,所以几乎无毒,山梨酸及盐类是防腐剂中对人体毒害最小的防腐剂,目前世界上所有国家都允许使用。山梨酸能与微生物酶系统中巯基结合,从而破坏许多重要酶系,达到抑制微生物增殖及防腐的目的,其对霉菌、酵母菌和好气性菌均有抑制作用。山梨酸对防止霉菌的生长特别有效,在使用浓度(最高达重量0.3%,即 3 000 mg/kg)时,它对风味几乎无影响;山梨酸对嫌气性菌、芽孢杆菌和嗜酸乳杆菌几乎没有防腐作用。

山梨酸是酸型防腐剂在酸性介质中对微生物有良好的抑制作用,随 pH 值增大防腐效果减小,故它适用于 pH<5.5 以下的食品防腐。但当 pH>6.5 时,山梨酸也有防腐作用,这个 pH 值远高于丙酸和苯甲酸的有效 pH 范围;当 pH=8 时,山梨酸丧失防腐作用。

山梨酸及盐(山梨酸钾和山梨酸钠)现被广泛地使用在防止酸性食品的霉变,使用食品主要包括干酪、橘子汁、水果、果酱、人造奶油、腌制食品和酸奶。它们的使用方法有直接加入食品、涂布于食品表面或用于包装材料中等。FAO/WHO 专家委员会已确定山梨酸的每日允许摄入量(ADI)为 25 mg/kg 体重。我国规定的使用标准是:用于酱油、醋、果酱最大使用量为 1.0 g/kg;酱菜、酱类、蜜饯、果冻最大使用量为 0.5 g/kg;果蔬、碳酸饮料为 0.2 g/kg;肉、鱼、蛋、禽类制品为0.075 g/kg(均以山梨酸计)。

(三)丙酸和丙酸盐

丙酸钙为白色颗粒或粉,有轻微丙酸气味,对光热稳定。160℃ 以下不易被破坏,有吸湿性,易溶于水。在酸性条件下具有抗菌性,pH<5.5 时抑制霉菌较强,但比山梨酸弱。丙酸钠 $C_3H_5O_2Na$ 极易溶于水,易潮解,水溶液碱性,常用于西点。使用化学膨松剂的食品不宜使用丙酸钙(改用丙酸钠),因为会由于碳酸钙的生成而降低二氧化碳的产生。

丙酸和丙酸盐具有轻微的似干酪风味,能与许多食品的风味相容。

丙酸和它的盐(钙盐和钠盐)对各类霉菌、需氧芽孢杆菌或革兰阴性杆菌有较强的抑制作用,对能引起食品发黏的菌类如枯草杆菌抑菌效果很好;对防止黄曲霉菌素的产生有特效;但对酵母基本无效,故可用于面包的防霉。

　　丙酸和丙酸盐可以认为是食品的正常成分,也是人体代谢的正常中间产物,属于相对无毒。国外一些国家无最大使用量规定,而定为按正常生产需要。我国食品添加剂卫生使用标准(GB 2760—86)规定,丙酸类防腐剂在生面湿制品最大使用量为 0.25 g/kg,面包、食醋、酱油、糕点、豆制食品最大使用量为 2.5 g/kg。

(四)对羟基苯甲酸酯类

$$\text{OH}—\langle\text{benzene ring}\rangle—\text{COOCH}_2\text{CH}_3$$

　　对羟基苯甲酸酯类又叫尼泊金酯类,是苯甲酸的衍生物。目前主要使用的是对羟基苯甲酸甲酯、乙酯、丙酯和丁酯,其中对羟基苯甲酸丁酯的防腐效果最佳。为无色小结晶或白色结晶性粉末,无臭,开始无味,随后稍有涩味,难溶于水而易溶于乙醇、丙酮等有机溶剂。

　　对羟基苯甲酸酯属于广谱性抑菌剂,对霉菌、酵母菌的作用较强,对细菌特别是革兰氏阴性杆菌和乳酸菌的作用较差。其抑菌机理与苯甲酸基本相同,主要使微生物细胞呼吸系统和电子传递酶系统的活性受抑制,并能破坏微生物细胞膜的结构,从而起到防腐的效果。

　　对羟基苯甲酸酯也是由未解离分子发挥抑菌作用,其效力强于苯甲酸和山梨酸,而且使用范围更广,一般在 pH 值 4～8 范围内效果较好。对羟基苯甲酸酯在人体内的代谢途径与苯甲酸基本相同,且毒性比苯甲酸低。毒性与烷基链的长短有关,烷基链短者毒性大,故对羟基苯甲酸甲酯很少作为食品防腐剂使用。

　　世界各国普遍使用,通常用于清凉饮料、果酱、醋等,其 ADI 为 0～10 mg/kg。我国食品添加剂卫生使用标准(GB 2760—86)规定:酱油、醋,分别为 0.25 g/kg 和 0.10 g/kg;用于清凉饮料,0.10 g/kg,果汁、果酱,0.20 g/kg,水果蔬菜表皮, 0.012 g/kg。

(五)乳球菌肽

　　现已发现许多天然产品含有防腐成分,国内外研究非常活跃,如发现一些植物精油具有防腐作用,如大蒜、洋葱等的辛辣素具有抗菌性;也可从一些昆虫中提取出具有杀菌能力的抗菌肽。天然防腐剂存在多数抗菌性能不强,抗菌性不广,纯度不高有异味,杂色,成本高等问题。然而开发高效低成本的天然食品防腐剂是我们努力的方向。

乳球菌肽是由乳酸链球菌合成的多肽抗菌素类物质,是一种对大多数革兰氏阳性菌有强大杀灭作用的细菌素,常称为乳球菌素(商品名是尼生素),目前已被50多个国家使用。尼生素的抑菌 pH 是 6.5～6.8。乳球菌肽在酸性介质中具有较好的热稳定性但随 pH 的上升而下降,它的抑菌范围:革兰氏阳性菌和芽孢菌、乳杆菌、金黄色葡萄球菌、肉毒梭菌、芽孢杆菌等。

尼生素可被肠道消化酶分解,具有很高的安全性。常应用于干酪、奶油制品、罐头、高蛋白等制品。食品添加剂使用卫生标准规定的最大使用量为 0.2～0.5 g/kg。

四、防腐剂的使用方法

在现代食品加工中,防腐剂的使用非常广泛,而且在许多产品中是不可缺少的。选用食品防腐剂的标准是"高效低毒",高效是指对微生物的抑制效果特别好,而低毒是指对人体不产生可观察到的毒害。特别需要说明的是防腐剂在绿色食品中的使用要求十分严格,其中苯甲酸、苯甲酸钠、仲丁胺、桂醛、噻苯咪哆、过氧化氢(或过碳酸钠)、联苯醚、2-苯基苯酚钠盐、4-苯基苯酚、五碳双缩醛、2,4-二氯苯氧乙酸等防腐剂禁止在绿色食品中添加。

除了常用的防腐剂外,还有一些化学物质虽然防腐力不是很强,但对食品的保藏具有促进作用,这些添加剂可以称为助保藏剂。有些可降低水分活度如:氯化钠、有机酸的钠盐、氨基酸、蛋白质水解物、甘油、山梨醇、蔗糖、葡萄糖浆等。有些是酸性剂,如醋酸、乳酸、苹果酸、延胡索酸、酒石酸、柠檬酸等。

食品防腐剂的使用量和发挥的功效,除了与所有防腐剂的抗菌谱、最低抑菌浓度和食品所带的腐败性菌类有关外,往往与食品本身的性质和储藏条件有密切的关系,包括环境的温度、环境的气体组成、食品的组分、pH、水分活度、氧化还原电势、防腐剂在油-水中的分配系数等。使用时要加以考虑。

第三节　抗氧化剂

一、抗氧化剂概述

食品的劣变常常是由于微生物的繁殖生长活动、一些酶促反应和化学反应引起的,而在食品的储藏期间所发生的化学反应中以氧化作用最为广泛。氧化反应导致食品中的油脂酸败、褪色、褐变、风味变劣及维生素破坏等,甚至产生有害物质,从而降低食品质量和营养价值,误食这类食品甚至会引起食物中毒,危及人体健康。因此,防止氧化,已成为食品工业中的一个重要问题。

防止食品发生氧化变质的方法有物理法和化学法等。物理法是指对食品原料、加工环节及成品采用低温、避光、隔氧或充氮包装等方法,化学法是指在食品中添加抗氧化剂。

抗氧化剂必须使用在质量良好的食品原料中才会产生良好的效果,它们不是被用来保护(或掩盖)因不适当的保藏或采用不良的原料而造成变质的油脂或脂类食品。如果将抗氧化剂及时地加入新鲜制备的高质量食品,随后采用适当的方法将这些产品包装并在良好的条件下保藏,那么会达到最佳的预期效果。

1.抗氧化剂的定义

抗氧化剂是能阻止或推迟食品氧化,以提高食品质量的稳定性和延长储存期的食品添加剂。

2.抗氧化剂的分类

抗氧化剂按来源可分为天然的抗氧化剂和人工合成抗氧化剂。按溶解性可分为油溶性抗氧化剂和水溶性抗氧化剂。油溶性抗氧化剂能溶于油脂中,主要用来抗脂肪氧化。水溶性抗氧化剂,可以溶解于水相,主要用于食品的防氧化变色变味。

GB 2701—2007 规定允许使用的食品抗氧化剂为 18 种,包括丁基羟基回香醚(BHA)、二丁基羟基甲苯(BHT)、没食子酸丙酯(PG)、D-异抗坏血酸钠、茶多酚、植酸、特丁基对苯二酚(TBHQ)、甘草抗氧物、抗坏血酸钙、磷脂、抗坏血酸棕榈酸酯、硫代二丙酸二月桂酯、4-己基间苯二酚、抗坏血酸、迷迭香提取物、生育酚(维生素 E)、竹叶抗氧化物等。

现在食品工业中使用的抗氧化剂大多数是合成的。目前水溶性抗氧化剂的研究热点是茶多酚、金银花叶提取物、银杏叶提取物、葡萄子提取物、多糖类、肽类等。

二、抗氧化剂的作用机理

抗氧化剂是一种重要的食品添加剂,它主要用于阻止或延缓油脂的自动氧化,还可以防止食品在储藏中因氧化而使营养损坏、褐变、褪色等。抗氧化剂的作用机理比较复杂,一是抗氧化剂与食品发生某种化学反应,降低食品体系的氧含量;二是阻止和减弱氧化酶的活性;三是使氧化过程中的链式反应中断,破坏氧化过程;四是将能催化和引起氧化反应的物质封闭。

三、常用抗氧化剂

（一）常用脂溶性抗氧化剂

1. 丁基羟基茴香醚

2-HBA   3-HBA

丁基羟基茴香醚，又称为叔丁基-4-羟基茴香醚，简称为 BHA，为白色或微黄色蜡样结晶状粉末，稍有酸类的臭气和有刺激性的味。它有两种同分异构体，3-叔丁基-4-烃基茴香醚（3-BHA）和 2-叔丁基-4-羟基茴香醚（2-BHA），市场通常出售的 BHA 是以 3-BHA（占 95%～98%）与少量 2-BHA（占 2%～5%）的混合物。熔点为 57～65℃，熔点随混合比不同而异，如 3-BHA 占 95%，熔点为 62℃。丁基羟基茴香醚不溶于水，可溶于油脂和有机溶剂，热稳定性高，在弱碱性条件下不容易破坏，这可能是其在焙烤食品中有效的原因之一。

3-BHA 的抗氧化效果比 2-BHA 强 1.5～2 倍，两者混合后有一定的协同作用，因此，含有高比例的 3-BHA 混合物，其效力几乎与纯 3-BHA 相仿。商品 BHA 中 3-BHA 大于 90%。有实验证明，BHA 的抗氧化效果以用量 0.01%～0.02% 为好，在低于 0.02% 时随浓度的增高而增大，而超过 0.02% 时，其抗氧化效果反而下降。

食品添加剂使用卫生标准规定：BHA 可用于食用油脂、油炸食品、干鱼制品、饼干、方便面、速煮米、果仁罐头、腌腊肉制品等。BHA 是高含油饼干中常用的抗氧化剂之一。BHA 还可延长咸干鱼类的储存期。BHA 最大使用量不得超过 0.2 g/kg。在使用时要严格控制添加量，过多一则效果不好，二则是对人体有害。

BHA 抗氧化剂还可以与 BHT、PG 混合使用。BHA 与 BHT 混合使用时总量不得超过 0.2 g/kg；BHA 与 BHT、PG 混合使用时，BHA、BHT 总量不得超过 0.1 g/kg；PG 不得超过 0.05 g/kg，（以脂肪计）。

BHA 除了具有抗氧化作用外，还具有相当强的抗菌作用。最近有人报道，用 150 mg/kg 的 BHA 可抑制金黄色葡萄球菌，用 280 mg/kg 可阻止寄生曲霉孢子的生长，能阻碍黄曲霉毒素的生成。

2.二丁基羟基甲苯

$$(H_3C)_3C \overset{\overset{\displaystyle OH}{|}}{\bigcirc} C(CH_3)_3$$
$$CH_3$$

二丁基羟基甲苯,又称 2,6-二叔丁基对甲酚(简称 BHT),为无色晶体或白色结晶粉末,无臭、无味,熔点 69.5～70.5℃,沸点 265℃。不溶于水与甘油,溶于有机溶剂。它与其他抗氧化剂相比,稳定性较高,抗氧化作用较强,且没有没食子酸丙酯那样遇金属离子反应着色的缺点,也没有 BHA 的特异臭,并且价格低廉,但是它的毒性相对较高,为我国主要使用的合成抗氧化剂品种。

食品添加剂卫生使用标准规定最大使用量和 BHA 相同,为 0.2 g/kg。可用于油脂、油炸食品、干鱼制品、饼干、速煮面、干制品、罐头。一般多和 BHA 混用并可以柠檬酸等有机酸作为增效剂,如植物油的抗氧化使用 BAT：BHA：柠檬酸＝2：2：1 比率,有较好的效果。

3.没食子酸丙酯

$$HO \overset{\overset{\displaystyle OH}{|}}{\bigcirc} OH$$
$$COOCH_2CH_2CH_3$$

没食子酸丙酯,简称 PG,纯品为白色至淡褐色的针状结晶,无臭,易溶于乙醇、丙酮、乙醚,难溶于水,脂肪,氯仿。其水溶液微有苦味,pH 约为 5.5 热稳定性好,潮湿和光线均能促进其分解。PG 易与铜、铁离子反应显紫色或暗绿色,所以在使用时应避免使用铜、铁等金属容器。

没食子酸丙酯对猪油抗氧化作用较 BHA 和 BHT 都强些,没食子酸丙酯加增效剂柠檬酸后使抗氧化作用更强,但不如没食子酸丙酯与 BHA 和 BHT 混合时的抗氧化作用强。没食子酸丙酯与 BHA 和 BHT 混合使用时,再加增效剂柠檬酸则抗氧化作用最好。具有螯合作用的柠檬酸、酒石酸与 PG 复配使用,不仅起增效作用,而且可以防止金属离子的呈色作用。

食品添加剂卫生使用标准 GB 2760—86 规定:没食子酸丙酯可用于油脂、油炸食品、干鱼制品、速煮面、罐头,最大使用量 0.1 g/kg。当 BHA 和 BHT 混合使用时,其两者总量必须小于 0.2 g/kg,当 BHA、BHT 和 PG 混合使用时,BHA 和

BHT 总量小于等于 0.1 g/kg,PG 小于等于 0.05 g/kg,最大使用量以脂肪计。

4.生育酚混合浓缩物

生育酚即维生素 E,广泛存在于高等动植物体中,它是一种天然的抗氧化剂,有防止动植物组织内的脂质氧化的功能。已知的天然维生素 E 有 α-、β-、γ-、δ-等 7 种同分异构体,作为抗氧化剂使用的是它们的混合浓缩物。

在一般情况下,生育酚对动物油脂的抗氧化效果比对植物油的效果大。但是动物油脂中天然存在的生育酚比植物油少。有关猪油的实验表明,生育酚的抗氧化效果几乎与 BHA 相同。

(二)常用水溶性抗氧化剂

1.L-抗坏血酸及其钠盐

L-抗坏血酸又称为维生素 C,为白色或略带淡黄色的结晶或粉末,无臭,味酸,遇光颜色逐渐变深,干燥状态比较稳定。但是它的水溶液受热,遇光后易破坏,特别是在碱性及重金属存在时更能促进其破坏,因此,在使用时必须注意避免从水及容器中混入金属和接触空气。

抗坏血酸的抗氧化机理是消耗氧,还原高价金属离子,把食品的氧化还原电势降低,以防止对食品的氧化。抗坏血酸作为抗氧化剂使用时,可以用柠檬酸作为增效剂。

正常剂量的抗坏血酸对人体无毒害作用,大剂量也无害于人体健康。抗坏血酸呈酸性,不宜用于酸性物质的食品,可改用抗坏血酸钠盐。例如牛奶等可采用抗坏血酸钠盐。由于 L-抗坏血酸能与氧结合而作为食品除氧剂,故其常用作啤酒、无醇饮料、果汁,既可以防止褪色、变色,也可防止风味变劣和其他由氧化而引起质量问题。抗坏血酸还可抑制果蔬的酶促褐变。

2.植酸

植酸是肌醇的六磷酸酯,主要以镁、钙或钾盐的形式存在于米糠、麸皮以及很多植物种子皮层中。植酸为淡黄色或淡褐色的黏稠液体,易溶于水、乙醇和丙酮。几乎不溶于乙醚、苯、氯仿。对热稳定。

植酸具有抗氧化作用外,有较强的金属螯合作用,可以调节 pH 和除去金属的作用,防止罐头特别是水产罐头变黑等作用。

(三)天然抗氧化剂

许多天然产物具有抗氧化作用,如香辛料和其石油醚,乙醇萃取物的抗氧化能力都很强。茶叶中含有大量酚类物质、儿茶素类(即黄烷醇类)、黄酮、黄酮醇、花色素、酚酸、多酚缩合物等,其中儿茶素是主体成分,占茶多酚总量的 60%～80%。从茶叶中提取的茶多酚(tea polyphenols)为淡黄色液体或粉剂,略带茶香有涩味,易溶于水、乙醇、乙酸乙酯,略有吸湿性,具有很强的抗氧化和抗菌能力,此外还具有多种保健作用(降血脂,降胆固醇,降血压,防血栓,抗癌,抗辐射,延缓衰老等作用)。现已批准为食用抗氧化剂,在很多食品中得到应用。

四、抗氧化剂使用注意事项

1. 适时使用和充分溶解分散

抗氧化剂只能阻碍脂质氧化,延缓食品开始败坏的时间,而不能改变已经变坏的后果,因此,抗氧化剂必须要在食物发生氧化之前加入。抗氧化剂用量一般很少,所以必须充分地分散在食品中,才能发挥其作用。油溶性的抗氧化剂要先溶于油相中,水溶性的抗氧化剂则要先溶于水相中,然后要混合均匀。

2. 适量的使用和协同作用

抗氧化剂的量和抗氧化效果并不总是正相关,当超过一定浓度后,不但不再增强抗氧化作用反而具有促进氧化的效果。

由于不同抗氧化剂可以分别在不同的阶段终止油脂氧化的连锁反应。因此凡两种或两种以上抗氧化剂混合使用,其抗氧化效果往往大于单一使用之和,这种现象称为抗氧化剂的协同作用。

3. 金属助氧化剂和抗氧化剂的增效剂

过渡元素金属,特别具有合适的氧化还原电位的三价或多价的过渡金属(Co、Cu、Fe、Mn、Ni)具有很强的促进脂肪氧化的作用被称为助氧化剂。所以必须尽量避免这些离子的混入。

通常在植物油中添加抗氧化剂时,同时添加某些酸性物质,可显著提高抗氧化效果,这些酸性物质叫做抗氧化剂的增效剂。如柠檬酸、磷酸、抗坏血酸等,一般认为是这些酸性物质可以和促进氧化的微量金属离子生成螯合物,从而起到钝化金属离子的作用。也有的增效剂其本身是还原剂,如抗坏血酸可以使酚型抗氧化剂再生。所以,在使用抗氧化剂时要避免金属助氧化剂的存在,同时和增效剂一起使用。

4. 避免光、热、氧的影响

使用抗氧化剂的同时还要注意存在的一些促进脂肪氧化的因素,尤其是紫外线,极易引起脂肪的氧化,可采用避光的包装材料。

加工和储藏中的高温当然促进食品的氧化。一般的抗氧化剂,经加热特别是在像油炸等高温处理时很容易分解或挥发,例如 BHT 在大豆油中经加热至 170℃,90 min 就完全分解或挥发。而对于 BHA 只有 60 min,没食子酸丙酯仅 30 min。此外 BHT 在 70℃以上、BHA 在 100℃以上加热,则会迅速升华挥发。

大量氧气的存在会加速氧化的进行,实际上只要暴露于空气中,油脂就会自动氧化。避免与氧气接触极为重要,尤其对于具有很大比表面的含油粉末状食品。一般可以采用充氮包装或真空密封包装等措施,也可采用吸氧剂或称脱氧剂,否则任凭食品与氧气直接接触,即使大量添加抗氧化剂也难以达到预期效果。

第四节　漂 白 剂

一、漂白剂概述

1. 漂白剂的定义

能破坏或抑制食品的发色因素,使色素褪色或使食品免于褐变的食品添加剂称漂白剂。

2. 漂白剂的分类

漂白剂可分为两类,氧化型:过氧化氢、过硫酸铵、过氧化苯酰、二氧化氯。还原型:亚硫酸氢钠、亚硫酸钠、低亚硫酸钠、无水亚硫酸钾、焦亚硫酸钾。以还原型漂白剂的应用为广泛,这是因为它们在食品中除了具有漂白作用外还具有防腐作用、防褐变、防氧化等多种作用。

3. 漂白剂的用途

由于食品在加工中有时会产生不令人喜欢的颜色,或有些食品原料因为品种、运输、储存的方法、采摘期的成熟度的不同,颜色也不同,这样可能导致最终产品颜色不一致而影响质量。为了除去令人不喜欢的颜色或使产品有均匀整齐的色彩,需要使用漂白剂。

4. 漂白的方法

漂白方法有气熏法(二氧化硫)、直接加入法(亚硫酸盐)、浸渍法(亚硫酸)。亚硫酸盐类的漂白作用与 pH、浓度、温度及微生物种类有关。使用时要注意在酸性条件进行,处理或保存食品时要在低温条件下进行。在硫漂白的加工工艺中,一般用加热、搅拌、抽真空等方法脱硫,这样,制成品内二氧化硫的残留量降到安全标准。

二、几种还原型漂白剂

1. 二氧化硫

二氧化硫,又叫亚硫酸酐,具有强烈刺激性气味的气体,溶于水而呈亚硫酸,加热则又挥发出 SO_2。二氧化硫可破坏维生素 B_1,欲强化 B_1 的食品不能使用该类漂白剂。二氧化硫量高的食品会对铁罐腐蚀,并产生硫化氢影响产品质量。

2.亚硫酸盐

亚硫酸盐都能产生还原性亚硫酸,亚硫酸被氧化时将有色物质还原而呈现漂白作用,其有效成分为二氧化硫。这类漂白剂主要用于葡萄糖、食糖、冰糖、饴糖、糖果、液体葡萄糖、竹笋、蘑菇及蘑菇罐头。

亚硫酸盐类漂白剂的主要作用有两方面:

(1)防止褐变 食物褐变后,不仅营养价值会降低,而且褐变有时也会影响食品外观,所以要防止某些褐变发生。褐变的原因之一是酶的作用,这类褐变常发生于水果、薯类食物中。亚硫酸是一种强还原剂,对氧化酶的活性有很强的抑制作用,可以防止酶促褐变,所以制作干果、果脯时使用二氧化硫。褐变的另一原因是,食品中的葡萄糖与氨基酸在加工过程中会发生羰氨反应,反应产物为褐色。而亚硫酸能与葡萄糖进行加成,阻止了羰氨反应,因此,防止了这种非酶褐变。

(2)漂白与防腐 我国自古以来就利用熏硫来保存与漂白食品。因为亚硫酸是强还原剂,亚硫酸能消耗食品组织中的氧,抑制好气性微生物的活性,并抑制微生物活动必需的酶的活性,这些作用与防腐剂作用一样,所以,亚硫酸及其盐类可用于食品的漂白与储存。

三、使用注意事项

按食品添加剂的标准使用二氧化硫及各种亚硫酸制剂是安全的,但过量则能产生毒害作用。在各种载有二氧化硫的制剂中,其 SO_2 的含量是不同的,使用时要考虑 SO_2 的净含量。

亚硫酸盐类的溶液很不稳定,易于挥发、分解而失效,所以要现用现配,不可久贮。金属离子能促进亚硫酸的氧化而使还原的色素氧化变色。在生产时要避免混入铁、铜、锡及其他重金属离子。因亚硫酸能掩盖肉食品的变质迹象,因此只适合植物性食品,不允许用于鱼肉等动物食品。一定的亚硫酸类制剂残留可抑制变色和防腐作用,但也不能在食品残留过多,故必须按规定使用并进行检测。

第五节 乳化剂和增稠剂

一、乳化剂

(一)概述

乳化剂是指具有表面活性,能够促进或稳定乳状液的食品添加剂。据统计,全世界每年耗用的食品乳化剂有 25 万吨,其中甘油酯占 2/3～3/4。而在甘油酯中,其衍生物约占20％,其中聚甘油酯用量最大。蔗糖酯是性能优良的食用乳化剂,但价格较高。大豆磷酯是常用的食用乳化剂还兼有保健作用。

我国过去基本上只有单甘酯一个品种,经过多年发展,现在已有几乎所有常用的品种。与增稠稳定剂等多种添加剂复配的复配型和专用型的乳化稳定剂的开发,效果更好,使用方便,成为乳化剂发展的一种重要方向。

1.食品乳化剂的概念

食品乳化剂是添加少量即可显著降低油水两相界面张力,使互不相溶的油(疏水性物质)和水(亲水性物质)形成稳定乳浊液的表面活性剂的一种。乳化剂的结构特点具有亲水和亲脂性,即分子中有亲油的部分,也有亲水的部分。其广泛用于饮料、乳品、糖果、糕点、面包和方便面等。

2.食品乳化剂的分类

食品乳化剂可以分类为天然的和化学合成的两类。按其在食品中应用目的或功能来分,又可以分为多种类型,如破乳剂、起泡剂、消泡剂、润湿剂、增溶剂等。还可根据所带电荷性质分为阳离子型乳化剂、阴离子型乳化剂、两性离子型乳化剂和非离子型乳化剂。

3.食品乳化剂的表示

乳化剂的一个重要性质是其亲水亲油性,通常用 HLB 值来表示,离子型的乳化剂,规定 HLB＝1 为亲油性最大,HLB＝40 为亲水性最大。非离子型乳化剂,HLB＝1 时亲油性最大,HLB＝20 时亲水性最大。HLB 值只能确定乳状液类型,一般并不能说明乳化能力的大小和效率的高低。乳化剂用量增加,能效增大,但达到一定浓度后,其能效却不再增加。

(二)常用乳化剂简介

1.单甘酯

单甘酯,又叫甘油单脂肪酸酯、甘油一酸酯、脂肪酸单甘油酯、酸甘油酯等。1929 年美国开始工业化生产,产品为一、二、三酯的混合物。目前,生产的单甘酯的单酯率在90％以上。产量约占整个食用乳化剂的50％。

单甘酯在多种食品中应用,如:冰淇淋中用量为 0.2％～0.5％;人造奶油、花生酱 0.3％～0.5％;炼乳、麦乳精、速溶全脂奶粉 0.5％;含油脂、含蛋白饮料及肉制品中 0.3％～0.5％;面包 0.1％～0.3％;儿童饼干 0.5％;巧克力 0.2％～0.5％等。

2.聚甘油脂肪酸酯

具有较宽的 HLB 值范围为(3～13),国外已有 20 年使用历史。目前国内也已有商品,其硬脂酸酯为固体,油酸酯为液体。具有很好的热稳定性和很好的充气性、助溶性,可用于冰淇淋、人造奶油、糖果、冷冻甜食、焙烤食品。

3.大豆磷脂

精炼大豆油的副产品,含 24％卵磷脂,25％脑磷脂,33％磷脂酰酞肌醇等。不溶于水,吸水膨润,溶于氯仿、乙醚、乙醇、不溶于丙酮。可溶于热的植物油。用作乳化剂,润湿剂。

(三)乳化剂在食品中的主要作用

在食品工业中,常常使用食品乳化剂来达到乳化、分散、稳定、发泡或消泡等目的,此外有的乳化剂还有改进食品风味、延长货架期等作用。

1.乳化作用

乳化剂分子内具有亲水和亲油两种基团,易在水和油的界面形成吸附层,将两者联结起来。使食品多相体系中各组分相互融合,形成稳定、均匀的形态,改善内部结构。由于食品中的水、蛋白质、糖、脂肪等组分的多相体系,使得许多成分是互不相溶的。由于各组分混合不均匀,有的食品中出现油水分离、烤的食品发硬、巧克力糖起霜等现象,从而影响食品质量。因此乳化剂可以将水和油两项互相融合。

2.起泡作用

泡沫是气体分散在液体里产生的,食品加工过程中有时需要形成泡沫,泡沫的性质决定了产品的外观和味觉,如好的泡沫结构在食品如蛋糕、冷冻甜食和食品上做饰品物是必要的。

3.破乳作用和消泡作用

在许多需要破乳化作用过程中,如冰淇淋的生产,应控制破乳化作用,这有助于使脂肪形成较好颗粒,形成好的产品。采用强的亲水性乳化剂或亲油乳化剂,用于破坏乳浊液。

4.悬浮作用

悬浮液是不溶性物质分散到液体介质中形成的稳定分散液。如巧克力饮料是常用的悬浮液。用于悬浮液的乳化剂,对不溶性颗粒也有润湿作用,这有助于确保产品的均匀性。

5.络合作用

乳化剂可络合淀粉。如在面包生产中,乳化剂能与淀粉形成配合物,改善面筋体积和颗粒。增强生面筋结构。面包碎屑的坚固性和淀粉结晶有关,甘

你知道市面上卖的蛋糕油主要成分是什么?

加蛋糕油做出的蛋糕与不加蛋糕油的蛋糕有哪些不同的地方?

·动脑筋

油单酸酯和甘油二酸酯用来阻止颗粒状碎屑的坚固化,防止老化。如吐温和单甘

油酯、二甘油酯混合,占面粉质量的 0.25%～0.5%,具有抗硬化作用和调理面团两个特性。

6.结晶控制

在糖和脂肪体系中,乳化剂可控制结晶,典型的例子是乳化剂在巧克力、花生奶油和糖果涂层中用于控制结晶。如在巧克力生产中,乳化剂有助于形成细小的并能发出明亮光泽的脂肪酸晶体,与不含任何乳化剂的巧克力相比,含有乳化剂的体系形成的晶体更细小且数量多。

二、增稠剂

(一)概述

1.食品增稠剂的概念

食品增稠剂是一类高分子亲水胶体物质,具有许多亲水性基团,如羟基、羧基、氨基和羧酸根等基团。其具有亲水胶体的一般性质,能与水分子发生水化作用,形成相对稳定的均匀分散的体系。食品中用的增稠剂大多属多糖类,少数为蛋白质类。

2.食品增稠剂的分类

增稠剂可以分为天然的和合成的,天然的从海藻和含多糖类物质的植物、含蛋白质的动植物中提取,或者由生物工程技术制取获得,包括海藻酸、淀粉、阿拉伯树胶、果胶、卡拉胶、明胶、酪蛋白酸钠、黄原胶等。另外,还可以用化学合成法来获得,如羧甲基纤维素钠、羧甲基纤维素钙、羧甲基淀粉钠、藻酸丙二酯。天然的又可按来源不同而分为植物种子胶、植物分泌胶、海藻胶、微生物胶等。

(二)常用增稠剂简介

1.明胶

明胶为白色或淡黄色、半透明、微带光泽的薄片或粉粒,有特殊的臭味,是动物的皮、骨、软骨、韧带、肌膜等含有胶原蛋白,经部分水解后得到的多肽的高聚物,其潮湿后易为细菌分解。

明胶不溶于冷水,但加水后则缓慢地吸水膨胀软化,可吸收 5～10 倍重量的水。明胶可以溶解于热水,溶液冷却后即凝结成胶块。与琼脂相比,明胶的凝固力较弱,15%左右才可凝胶成胶冻。明胶的相对分子质量越大,分子越长,杂质越少,凝胶强度越高,溶胶黏度也越高。工业上常按黏度将明胶分级。

我国食品添加剂使用卫生标准规定:明胶在糖果、冷饮、罐头中可作为增稠剂使用。明胶在冰淇淋混合原料中的用量一般在 0.5%左右;在软糖中一般用量为1.5%～3.5%,个别的可高达 12%;罐头中用量为 1.7%。

2.海藻酸钠

海藻酸钠又叫褐藻酸钠,藻原酸钠,褐藻胶,为白色,淡黄色粉末,几乎无臭,溶于水,有吸湿性。海藻酸钠是在 pH=5～10 时黏度稳定,pH<4.5 时黏度明显增长的一种线性分子的酸性多糖。海藻酸钠可与牛乳中的钙离子作用生成海藻酸钙,形成均一的胶冻,这是其他稳定剂所没有的特点。海藻酸钙可以保持冰淇淋的形态,特别是长期保存的冰淇淋,对防止容积收缩和组织砂状化最为有效。

海藻酸钠能形成纤维状的薄膜,且甘油和山梨醇可增强它的可塑性,这种膜对油腻物质、植物油、脂肪及许多有机溶剂具有不渗透性,但能使水汽透过,是一种潜在的食品包装材料。海藻酸钠具有使胆固醇向体外排出,抑制重金属在体内的吸收,降血糖和整肠等生理作用。

海藻酸钠有不同的标号,一般作增稠剂的采用中高黏度的胶,作分散稳定剂时则采用低黏度胶。溶解胶时用 50～60℃温水为宜,80℃以上易降解,可用胶体磨搅拌,若用手工溶解,应将海藻胶撒入水中,当完全湿透时再继续搅拌至全溶或和原料(面粉,白糖等)混合后再加水溶解,若配料中有油,则可先用油分散,乳化,再投入水中。

我国食品添加剂使用卫生标准规定:在冰淇淋、罐头中最大使用量为0.5 g/kg;也可作果酱类罐头的增稠剂。

3.羧甲基纤维素钠

羧甲基纤维素纳简称 CMC-Na,是由纤维素经碱化后通过醚化接上羧甲基而制成。置换度一般为 0.6～0.8,聚合度为 100～500。

该品为白色粉末,易分散于水,有吸湿性,20℃以下黏度显著上升,80℃以上加热,黏度下降,pH 5～10 以外黏度显著降低。一般在 pH=5～10 范围内的食品中应用。面条、速食米粉中 0.1%～0.2%、冰淇淋中 0.1%～0.5%,还可在果奶等蛋白饮料、粉状食品、酱、面包、肉制品等中应用,价格比较便宜。

(三)增稠剂使用注意事项

单独使用一种增稠剂,往往得不到理想效果,必须同其他几种乳化剂复配使用,发挥协同效应。增稠剂有较好增效作用的配合是:羧甲基纤维素与明胶,卡拉胶,瓜尔豆胶与羧甲基纤维素,琼脂与刺槐豆胶,黄原胶与刺槐豆胶等。

增稠剂溶液的黏度与其溶液浓度、温度、pH、切变力及溶液体系中的其他成分等因素有关。

1.不同来源不同批号产品性能不同

工业产品常是混合物,其中纯度,分子大小,取代度的高低等都将影响胶的性质。如耐酸性,能否形成凝胶等。

2.使用中注意浓度和温度对其黏度的影响

一般随胶浓度的增加而黏度增加,随温度的下降而黏度增加。

多数增稠剂在较低浓度时,随浓度增加,溶液的黏度增加;在高浓度时呈现假塑性。切变力对增稠剂溶液黏度有一定影响。

3.注意 pH 的影响

酸性多糖在 pH 下降时黏度有所增加,有时发生沉淀或形成凝胶。很多增稠剂在酸性下加热,大分子会水解而失去凝胶和增稠稳定作用。

4.胶凝的速度对凝胶类产品质量的影响

一般缓慢的胶凝过程可使凝胶表面光滑,持水量高。所以常常用控制 pH 或多价离子的浓度来控制胶凝的速度,以得到期望性能的产品。

(四)增稠剂在食品加工中的作用

食品增稠剂能改善食品的物理特性,增加食品的黏稠度或形成凝胶,赋予食品黏润、适宜的口感,并且具有提高乳化状和悬浊状的稳定性作用。

很多增稠剂也是很好的被膜剂,可以制作食用膜涂层。如褐藻酸钠,将食品浸入其溶液中或将溶液喷涂于食品表面,再用钙盐处理,即可形成一层膜,不仅能作水分的隔绝层,还可防食品的氧化。果胶和鹿角藻胶也是一样,其食用膜上可涂一层脂肪,以防止蒸汽迁移。明胶溶于热水通过乳酸或鞣质的交联处理可形成食用膜。

世界上通用的增稠剂约有 40 多种,而每种增稠剂常有多种功能,如胶凝剂、乳化剂、成膜剂、持水剂、黏着剂、悬浮剂、上光剂、晶体阻碍剂、泡沫稳定剂、润滑剂、崩解剂、填充剂等。

另外,对不同的食品,食品增稠剂还具有以下作用:

①改善面团的质构:在许多焙烤食品和方便食品中,添加增稠剂能促使食品中的成分趋于均匀,增加其持水性,从而能有效地改善面团的品质,保持产品的风味,延长产品的货架寿命。

②改善糖果的凝胶型和防止起霜:在糖果的加工中,使用增稠剂能使糖果的柔软性和光滑性得到大大的改善。在巧克力的生产中,增稠剂的添加能增加巧克力表面的光滑性和光泽,防止表面起霜。

③提高起泡性:蛋糕、面包、啤酒、冰淇淋等生产中加入增稠剂可以提高产品的发泡性,在食品的内部形成许多网状结构。

④提高黏合作用:在香肠等产品中加入槐豆胶、鹿角菜胶等增稠剂,使产品的组织结构更稳定、均匀、滑润,并且有强的持水能力。

⑤持水作用:在肉制品、面粉制品加工中加入增稠剂能起到改良产品质构的作用。

第六节　膨松剂

一、概述

1. 膨松剂的概念

化学发酵剂或化学膨松剂是由一些化合物混合而成，在适当的水分和温度条件下这些化合物在面团或面糊中发生反应并释放出气体。烘焙时它们释放的气体与面团或面糊中的空气和水蒸气一起膨胀，使最终产品具有膨松多孔的结构，柔软、熟脆。一般是指碳酸盐、磷酸盐、铵盐、明矾及其复合物。

2. 膨松剂的分类

膨松剂可分为碱性膨松剂、酸性膨松剂和复合膨松剂等。碱性膨松剂包括碳酸氢钠（钾）、碳酸氢铵、轻质碳酸钙；酸性膨松剂包括硫酸铝钾、硫酸铝铵、磷酸氢钙和酒石酸氢钾等，主要用作复合膨松剂的酸性成分，不能单独用作膨松剂。复合膨松剂又称发酵粉、发泡粉，是目前实际应用最多的膨松剂。

复合膨松剂一般是由以下三部分组成。

①碳酸盐：常用的是碳酸氢钠，用量占 20%～40%，作用是产生 CO_2。

②酸性盐或有机酸：用量占 35%～50%，其作用是与碳酸盐发生反应产生气体，并降低成品的碱性，控制反应速度和膨松剂的作用效果。

③助剂：有淀粉、脂肪酸等，用量占 10%～40%，其作用是改善膨松剂的保存性，防止吸潮结块和失效，也有调节气体产生速度或使气泡均匀产生等作用。

二、膨松剂的作用与应用

1. 膨松剂的作用

(1) 增加食品体积

(2) 产生多孔蓬松结构　使食品具有松软酥脆的质感，使消费者感到可口、易嚼。食品入口后唾液可很快渗入食品组织中，带出食品中的可溶性物质，所以可很快尝出食品风味。

(3) 帮助消化　膨松食品可加速各种消化液流速、避免营养素的损失，加速消化，吸收率提高，使食品的营养价值更充分地体现出来。

2. 膨松剂的应用

(1) 使用范围　膨松剂主要用于面包、蛋糕、饼干、发面制品。

(2) 不同膨松剂的使用特点　单一的化学膨松剂具有价格低、保存性好、使用方便等优点。缺点是反应速度较快,不能控制,发气过程只能靠面团的温度来调整,有时无法适应食品工艺要求。生成物不是中性的,如碳酸钠为碱性,它可能与食品中的油脂皂化,产生不良味道,破坏食品中的营养素,并与黄酮酵素反应产生黄斑。

复合膨松剂具有持续性释放气体的性能,从而使产品产生理想的酥脆质构。而且复合膨松剂的安全性更高,使生产油炸类的方便小食品必不可少的原料之一。

第七节　食品发色剂

一、食品发色剂的概念

在食品加工中,添加适量的化学物质与食品中某些成分作用,而使制品呈现良好的色泽,这些物质称为发色剂,又称为呈色剂或固色剂。

在使用发色剂的同时,常常加一些能促进发色的物质,这些物质可称为发色助剂。

发色剂在肉制品的应用比较广泛。其可以使肉制品具有诱人的红色,特别是可使熟肉制品具有人们喜爱的均一的红色,而如果用色素染色,则不易染着均匀,肉的内部常不易染上。

在肉类腌制中最常使用的发色剂是硝酸盐及亚硝酸盐,发色助剂为 L-抗坏血酸钠及其钠盐、烟酰胺等。

二、常用发色剂和发色助剂

1. 发色剂

亚硝酸钠,是常用的发色剂。由于亚硝酸钠与氯化钠的外观不易区分,常发生误食亚硝酸钠中毒的情况。

亚硝酸钠除可以发色外,还是很好的防腐剂,特别是对于肉毒梭状芽孢杆菌在 pH＝6 时具有显著地抑制作用。另外亚硝酸钠的使用还可增强肉制品的风味。气相色谱分析显示,肉中的一些挥发性风味物质明显增多。亚硝酸钠发色还具有抗脂肪氧化的作用。

由于亚硝酸盐的致癌性,所以不用这类发色剂。鉴于它们对肉制品的多种作用,目前还没有理想的替代品。在肉制品加工中应严格控制亚硝酸盐及硝酸盐的使用量,使危害降到最低水平。食品添加剂使用卫生标准 GB 2760—86 中规定:硝酸钠在肉制品中最大使用量为 0.50 g/kg,亚硝酸钠在肉制品、罐头中最大使用量为 0.15 g/kg,其残留以亚硝酸钠计,肉类罐头小于 50 mg/kg,肉类制品小于 30 mg/kg。

硝酸钠也可作为一种发色剂使用。但该物质属危险品,与有机物接触可燃烧或爆炸。

2.发色助剂

烟酰胺为发色助剂,添加量 0.01~0.022 g/kg,其作用机理为与肌红蛋白结合生成稳定的烟酰胺肌红蛋白,使之不被氧化成高铁肌红蛋白。

L-抗坏血酸和 D-异抗坏血酸钠常用作为发色助剂。

果汁饮料中的食品添加剂

要生产出色、香、味、质构俱全的果汁饮料,需要使用多种食品添加剂,具体如下:

1.甜味剂 常用蛋白糖、甜蜜素等。

2.酸味剂 常用柠檬酸、酒石酸。

3.增稠剂 常用海藻酸钠、羧甲基纤维素钠、黄原胶等。

4.防腐剂 常用苯甲酸、苯甲酸钠和山梨酸、山梨酸钾等。

5.抗氧化剂 抗坏血酸、异抗坏血酸、亚硫酸盐类、葡萄糖氧化酶、过氧化氢酶等。

6.香精、香料 不同果汁加不同的香精、香料。

另外,果实取汁时为了提高出汁率常用果胶酶。澄清果汁要用澄清剂。混浊果汁要用乳化剂等。

实验 8-1　食品中苯甲酸的测定

一、目的要求

掌握碱滴定法测定苯甲酸含量的原理和操作。

二、实验原理

在弱酸条件中,用乙醚将样品中的苯甲酸提取出来,将乙醚挥发后,用中性酒精或醇醚混合物溶解内容物,用酚酞作指示剂,采用 0.1 mol/L 标准 NaOH 滴定至终点,然后根据氢氧化钠消耗的体积计算苯甲酸或苯甲酸钠的含量。

三、仪器与试剂

1. 仪器

锥形瓶(250 mL)、碱式滴定管、分液漏斗等。

2. 试剂

乙醚、10% NaOH、95% 的中性乙醇、0.1 mol/L 的 NaOH 溶液、1∶1 盐酸溶液、NaCl(分析纯)、NaCl 饱和溶液、酚酞指示剂等。

四、分析步骤

1. 样品的处理

(1)固体或半固体样品(各种果酱)　称 100 g 样置于 500 mL 容量瓶中。在容量瓶中加 200 mL 水,并加入分析纯的 NaCl,直到不溶解为止(降低苯甲酸在水中溶解度)。加入 10% NaOH,直至溶液为碱性(这时苯甲酸生成苯甲酸钠,并以苯甲酸钠的形式存在)。加入饱和 NaCl 溶液,定容。静置 2 h,过滤,弃去初液,收集滤液。

(2)含酒精样品(各种汽饮料等)　取 250 mL 样品放于烧杯中,加 10% NaOH 使其呈碱性。将烧杯置水浴蒸发使溶液体积到 100 mL(除去 C_2H_5OH)。冷却,转移到 250 mL 容量瓶中,用饱和的 NaCl 溶液定容,放置 2 h,过滤,收集滤液。

(3)含多量脂肪样品　于上述制备好的滤液中加氢氧化钠溶液,使其成为碱性。加 50 mL 乙醚萃取,弃去醚层。水层溶液供测定用。

2. 操作方法

吸取滤液 100 mL 放入 500 mL 分液漏斗中,加 5 mL 的 HCl(1∶1)酸化。用 150 mL 乙醚分三次萃取(振荡不能太激烈以防乳化),合并醚层。常压回收乙醚。用 10 mL 乙醇和 10 mL 水溶解残渣,滴加 2 滴酚酞。用 0.1 mol/L 的 NaOH 溶液滴出微红色(同时要求做空白实验)

五、结果与计算

苯甲酸含量(%) $= (cV \times 0.122/m) \times 100$

苯甲酸钠含量(%) $= (cV \times 0.144 \ 1/m) \times 100$

式中:c—标准氢氧化钠的浓度(mol/L)。

V—标准氢氧化钠消耗的体积(mL)。

m—样品重量(g)。

0.122—1 mL 的 0.1 mol/L 氢氧化钠约等于苯甲酸的克数(g/mmol)。

0.144 1—1 mL 的 0.1 mol/L 氢氧化钠约等于苯甲酸钠的克数(g/mmol)。

六、考核要点

①样品处理操作过程。

②滴定操作规范,读数准确。

③计算正确。

复习思考题

1.微生物引起的食品腐败变质有哪几种类型？面包的防霉采用哪种防腐剂最好？

2.应用山梨酸或山梨酸钾作为防腐剂时要注意哪些问题？

3.抗氧剂的作用有哪些？BHA、BHT、PG 抗氧化剂复配使用时应该注意哪些问题？

4.使用抗氧化剂应注意哪些基本问题？

5.海藻酸钠、CMC、明胶的在应用特性上有何差异？

6.常见的漂白剂有哪些？如何保证漂白剂在食品中的安全性？

7.什么是乳化剂？在食品加工中有什么作用？举例说明。

8.举例说明增稠剂、膨松剂在食品加工中的应用。

第九章 食品的色、香、味

学习目标

- 掌握食品中色素和着色剂的结构和特点,重点掌握血红素和叶绿素的结构和特点。
- 熟悉味感的分类,酸、甜、苦、咸、鲜等呈味物质。
- 掌握食品中香气物质的分类和产生香味的途径。
- 理解味感物质在食品加工过程中的相互作用以及影响味感等因素。

第一节 食品色素和着色剂

食品的色泽是通过它们对可见光波的选择吸收及反射而产生的。食品中能够吸收和反射可见光波进而使食品呈现各种颜色的物质统称为色素,包括食品原料中固有的天然色素、食品加工中由原料成分转化产生的有色物质和外加的食品着色剂。

一、食品中的天然色素

食品原料中天然存在的有色物质称为食品中的天然色素。

食品中的天然色素就来源而言可分为动物色素(血红素、胭脂虫红、卵黄素)、植物色素(叶绿素、类胡萝卜素、花青素、叶黄素)和微生物色素(红曲色素)三大类。植物色素缤纷多彩,是构成食物色泽的主体。这些不同来源的天然色素按其溶解度的不同可分为:水溶性色素(花青素)和脂溶性色素(叶绿素和类胡萝卜素)。从化学结构类型可分为:四吡咯衍生物(叶绿素和血红素)、异戊二烯衍生物(类胡萝卜素)、多酚衍生物(花青素、黄酮类)、酮类衍生物(姜黄素、红曲色素)、醌类衍生物(胭脂红色素)。

天然色素物质中,很多已经分离出来,作为食品添加剂使用,而多数天然色素物质,还有待于科研工作者的研究。应该指出,天然色素物质并不都是无毒的,作为食品添加剂使用的天然色素也必须经过毒理学的评价,并确定出使用标准和质量标准,经过有关部门审查后方可正式生产使用。

我国的天然色素资源非常丰富,大力发展色素生产应该有十分广阔的前景。近年来,我国的科技工作者相继研制出了一批安全性高,性能优良的天然色素品种,有的还填补了国际天然色素的空白。相信,随着社会主义事业的发展和国民经济的增长,国民素质的提高,我国的天然色素工业会有更广阔的发展空间。

(一)四吡咯色素(卟啉类衍生物)

1.叶绿素

叶绿素是由叶绿酸、叶绿醇和甲醇缩合而成的二酯。高等植物中有两种叶绿素即叶绿素 a 和叶绿素 b 共存,它们的含量约为 3∶1;叶绿素 a 为蓝黑色的粉末,熔点为 117～120℃,溶于乙醇溶液而呈蓝绿色,并有深红色荧光。叶绿素 b 为深绿色粉末,熔点为 120～130℃,其醇溶液呈绿色或黄绿色,并有荧光。二者不溶于水而溶于乙醇、乙醚、丙酮等脂肪溶剂中,不耐热和光。分子结构如图9-1所示。

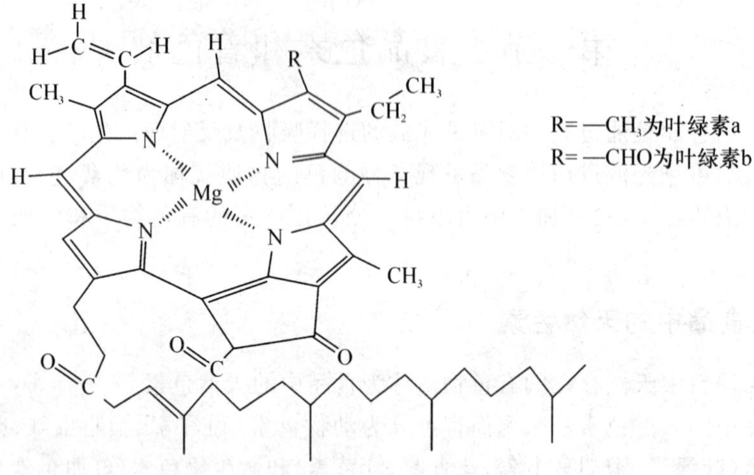

$$R= —CH_3为叶绿素a$$
$$R= —CHO为叶绿素b$$

图 9-1　叶绿素结构

叶绿素不溶于水,易溶于乙醇、乙醚、丙酮、氯仿等有机溶剂。因此从植物匀浆中提取叶绿素常采用有机溶剂提取方法。

在食品加工和储藏中,叶绿素发生变化,会使食品的颜色发生相应的变化。其中,在酸的作用下,叶绿素会生成脱镁叶绿素,颜色由绿色向褐色转变。如蔬菜在收获后,植株体内有机酸的存在,可生成脱镁叶绿素,变黄甚至变褐,腌制蔬菜时则由乳酸的作用颜色变褐。在碱性条件下加热可使叶绿素分解为叶绿酸、甲醇和叶绿醇,食品颜色变成鲜绿色。

蔬菜加工中的护绿方法

绿色蔬菜在加工前经以下处理,可使其加工制品保有绿色:

1.用 60～75℃ 的热水进行烫漂,使叶绿素水解酶失去活性,则可保持其鲜绿色。

2.用石灰水或氢氧化镁加入热烫液中,以提高 pH 值,能减少脱镁叶绿素的形成,可保持蔬菜的色泽。但用碱过多时,能损害植物的组织及风味。

3.将绿色蔬菜放入含有铜、锌、铁等离子的溶液中浸泡,使铜、锌、铁等离子取代结构中的镁原子,不仅能保持或恢复果蔬的绿色,而且能取代后产生的叶绿素,对酸、光、热的稳定性增强,从而达到护绿的目的。

2.血红素

血红素是肌肉和血液的主要色素。在肌肉中主要以肌红蛋白的形式存在,在血液中主要以血红蛋白的形式存在。肌红蛋白由一分子血红素和一分子一条肽链组成的球蛋白构成,相对分子质量为 17 000;血红蛋白由四分子血红素和一分子四条肽链组成的球蛋白构成,相对分子质量为 68 000,是肌红蛋白的 4 倍。

血红素是由铁和卟啉环构成的铁卟啉化合物,铁原子位于卟啉环的中间,与卟啉环的氮原子位于同一平面上,铁原子与 4 个氮原子以配位键结合,通过中心铁原子与肌红蛋白或血红蛋白的蛋白质结合为一体。血红素结构如图 9-2 所示。

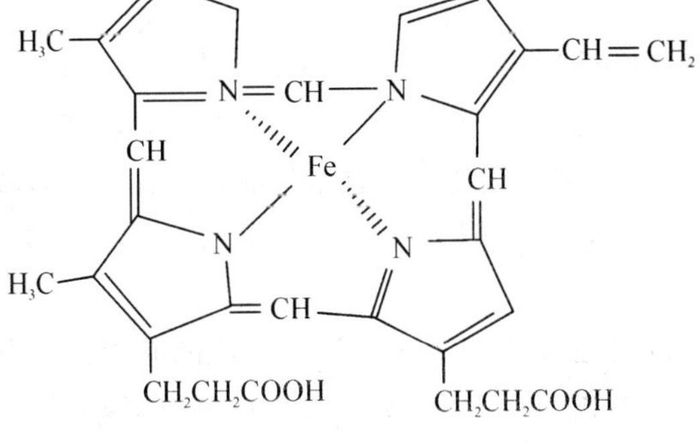

图 9-2　血红素结构

血红蛋白(Hb)与肌红蛋白(Mb)是构成动物肌肉红色的主要色素,牲畜在屠宰放血,血红蛋白排放干净之后,酮体肌肉中 90% 以上是肌红蛋白(Mb)。肌肉中的肌红蛋白(Mb)随年龄不同而不同,如牛犊的肌红蛋白较少,肌肉色浅,而成年牛肉中的肌红蛋白(Mb)较多,肌肉色深。虾、蟹及昆虫体内的血色素是含铜的血蓝蛋白。

在肉品加工和储藏中肌红蛋白会转化为多种衍生物,因而颜色也会发生相应的变化。重要的衍生物如:氧合肌红蛋白、高铁肌红蛋白等。动物被屠宰放血后,由于组织供养停止,新鲜肉中的肌红蛋白呈现原来的还原状态,肌肉的颜色呈暗红色(紫红色)。当胴体被分割后,还原态的肌红蛋白向两种不同的方向转变,一部分肌红蛋白与氧气发生反应,生成氧合肌红蛋白,呈鲜红色,这是一种人们熟悉的鲜肉的颜色,一部分肌红蛋白与氧气发生氧化反应,生成高铁肌红蛋白,呈现棕褐色。上述变化可用图 9-3 表示。

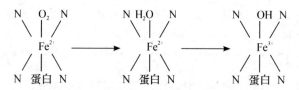

图 9-3　分割肉色素的变化

同样氧合肌红蛋白(MbO$_2$)在有氧加热时,球蛋白变性,血红素中 Fe^{2+} 氧化为 Fe^{3+} 而生成棕褐色的高铁肌红蛋白(MMb),即为熟肉的颜色。另外,Hb 和 Mb 能与亚硝基—NO 作用,形成稳定艳丽的桃红色亚硝酰肌红蛋白(NO—Mb)和亚硝酰血红蛋白(NO—Hb),加热颜色也不变。基于此原理,在火腿、香肠等肉类腌制加工中,往往使用硝酸盐或亚硝酸盐等作为发色剂。目前的研究显示硝酸盐或亚硝酸盐对脑组织有损伤,且有致癌作用。

(二)多烯色素

多烯色素作为一种天然色素广泛地应用于油脂食品,如人造奶油、鲜奶和其他食用油脂的着色(脂溶性)。近年来,采用了一些新技术,使多烯色素能吸附在明胶或可溶性糖类化合物载体如环状糊精上,经喷雾干燥后形成微胶相分散体,使其能均匀分散于水,能形成透明的液体,可直接用于饮料、乳品、糖果、面条等食品的着色。

在结构上,多烯色素是以异戊二烯残基为单位的共轭链为基础的一类色素,习惯上称为类胡萝卜素,多数不溶于水,易溶于有机溶剂,属于脂溶性色素,大量存在于植物体、动物体和微生物中。类胡萝卜素大都呈红、黄、橙、紫等美丽的颜色。

　　类胡萝卜素按其结构与溶解性质分为两大类:胡萝卜素类和叶黄素类。胡萝卜素类为共轭多烯化合物,叶黄素类为共轭多烯衍生物。一些类胡萝卜素能够转化为维生素 A,故称为维生素 A 原。

　　1. 胡萝卜素类

　　胡萝卜素类目前包括 4 种物质:番茄红素,α、β 和 γ 胡萝卜素。它们都是含 40 个碳的多烯四萜,由异戊二烯经头尾或尾尾相连而构成,结构见图 9-4。其中 α、β 和 γ 胡萝卜素又称为维生素 A 原。

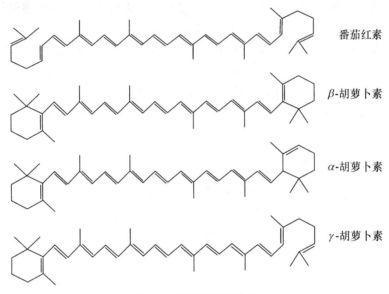

图 9-4　胡萝卜素的结构

　　胡萝卜、甘薯、蛋黄和牛奶等物质中含有较高的 α、β 和 γ 胡萝卜素,而番茄红素是番茄的重要色素成分,在西瓜、南瓜、柑橘、杏和桃子等水果中也广泛存在。在不同的食物中存在形式有差异,有的以游离态存在于脂中,如蛋黄中;有的与碳水化合物、蛋白质、脂肪类形成结合态,如植物体内的色素。

　　胡萝卜素类属共轭多烯烃,可溶于石油醚,微溶于甲醇、乙醇,不溶于水,属于典型的脂溶性色素。在无氧的条件下,即使有酸、光和热的作用,颜色也变化不大;如遇到氧化条件,易被氧化或进一步分解为更小的分子。在受到强热时可分解为多种挥发性小分子化合物,从而改变颜色和风味。

　　2. 叶黄素类

　　叶黄素类物质的种类比胡萝卜素类的种类更多,它们是共轭多烯烃的加氧衍生物。在食物中存在广泛,如叶黄素存在于柑橘、蛋黄、南瓜和绿色植物中;玉米黄素存在于玉米、肝脏、蛋黄、柑橘中;辣椒红素存在于辣椒中;柑橘黄素存在于柑橘中等。它们的颜色常为黄色和橙黄色,也有少数为红素,如辣椒红素。

叶黄素类能较好的溶于甲醇、乙醇,难溶于乙醚和石油醚。易氧化,在强热的作用下分解为小分子物质,甚至改变食品颜色并影响风味;在食品加工中遇到脂氧合酶、多酚氧化酶、过氧化酶可以加速叶黄素类的氧化降解,因此在食品加工中,采用热烫等适当的钝化酶处理的措施可以护色。

(三)多酚类色素

酚类色素是植物中水溶性色素的主要成分。它主要包括花青素、类黄酮、儿茶素和鞣质四大类。其中鞣质既又可视为呈味物质,又可列入呈色物质。

它的存在形式与叶绿素、多烯色素有所不同,它存在于细胞液泡中。分布于植物的花、茎、叶、果实中而呈现美丽的色彩。在化学结构上,它们都具有相同的基本结构(花色基元)——母核,即 2-苯基苯并吡喃阳离子,同时在苯环上都具有两个或两个以上的羟基,因此可看作是多元酚的衍生物,故名多酚色素。结构见图 9-5。

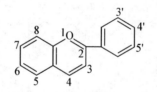

图 9-5　花青素基本结构图

1.花青素类

花青素类是水溶性植物色素之一,它能够赋予植物的花、果实、茎和叶子美丽的颜色,包括蓝色、紫色、深红色、红色及橙色等。已知的有 20 种花青素,但在食品中重要的有 6 种,即天竺葵色素、矢车菊色素、飞燕草色素、芍药色素、牵牛花色素和锦葵色素。

花青素的基本结构为 2-苯基苯并吡喃结构。自然界存在的花青素能够与葡萄糖、半乳糖、阿拉伯糖、木糖、鼠李糖成苷,也能也这些单糖构成的二糖和三糖成苷,成苷的部位基本上是 C_3、C_5、C_7 位上。花色苷的颜色与结构有关:随着羟基数的增加,颜色向紫蓝色发展,随着加氧基的增多,颜色向红色方向变动;在 C_5 位上成苷颜色最深。

花青素或花色苷对热、光敏感,遇光变色,高浓度的糖,氧气能加速变色。

在食品加工过程中,当其遇到 Al、Mg、Fe 等金属时可发生颜色的变化,有时影响食品的美观,所以在食品加工中,尽量避免与金属离子发生络合反应,建议加工容器采用不锈钢容器；在光照下或受热下会发生聚合反应，生成高分子聚合物而呈褐色。如茄子在翻炒过程中会发生颜色的变化。易受氧化剂和还原剂的作用而变色，如二氧化硫能与花青素发生加成反应，使之褪色，若将二氧化硫加热除去，原有的颜色可以部分恢复。因此在加工含有花青素的食品时一定要进行护色处理。

霉菌和植物组织中有分解花青素的酶，使花青素褪色。在许多水果蔬菜中，广泛存在一种无色或接近无色的酚类物质，称为无色花青素，它的结构不同于花青素，但可以转变为有色的花青素。这是罐藏水果果肉变红、变褐的原因。

2. 类黄酮类

类黄酮类色素也是在植物组织细胞中分布广泛的色素物质之一，常表现为浅黄色或无色，有时为鲜明的橙黄色。种类有很多，如：黄酮醇、查耳酮、黄酮、黄烷酮等，它们的母体结构都是 2-苯基苯并吡喃酮。结构见 9-6。

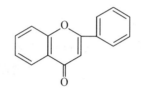

图 9-6　类黄酮色素的母体结构

天然的类黄酮多与葡萄糖、半乳糖、木糖、芸香糖、鼠李糖等结合成糖苷的形式存在，成苷的部位多为母体结构的 C_7、C_5、C_3 位上；未糖苷化的类黄酮不易溶于水，形成糖苷后水溶性增加。

黄酮类可与多价金属离子形成络合物，形成的颜色比类黄酮的呈色效果强。例如，与 Al^{3+} 络合后黄色增强，与铁离子络合后可呈蓝、棕色、紫色等不同的颜色。在食品加工中，一些因素造成 pH 升高，使无色的黄烷酮转化成有色的查耳酮。例如，在加工面粉、菜花、马铃薯、洋葱等时出现的由白变黄的现象就是此缘故。同时，类黄酮也是一种重要的生物活性物质，具有重要的保健功能。例如，可以扩张血管、改善微循环、降血脂、降低胆固醇、防治心脑血管疾病等。

3. 儿茶素

儿茶素在茶叶中含量非常高，其中最常见的有六种，即：L-表没食子儿茶素，L-没食子儿茶素，L-表儿茶素，L-儿茶素，L-表儿茶素没食子酸酯，L-表没食子儿茶素没食子酸酯；"表"字意思是母核中 2,3 位的取代基处于吡喃环的同侧。儿茶素本身无色，具有较轻的涩味。

儿茶素也是多酚类色素，易被氧化生成褐色的物质，所以当含有儿茶素的植物组织受机械损伤时，植物组织中的酶就会使儿茶素发生酶促褐变。儿茶素与金属离子结合产生白色或有色沉淀,例如儿茶素溶液遇到三氯化铁生成黑绿色沉淀,遇醋酸铅生成灰黄色沉淀。高温、潮湿的环境下,遇到氧,儿茶素也会发生自动氧化。

4.单宁

单宁也被称为鞣质,是植物中存在的复杂混合物,颜色为白中带黄或者轻微褐色,具有涩味,能与金属反应。在结构上含有多个酚羟基。植物鞣质在某些植物如石榴、咖啡、茶叶、柿子等中含量较多,是涩味的主要来源。植物鞣质可分为水解型和缩合型两类,水解型由单体通过酯键形成,在温和的条件下用稀酸、酶或沸水可水解为鞣质单体物质。缩合型鞣质是由单体分子之间用 C—C 键相连而成,在温和的条件下处理,不易分解为单体分子而是进一步聚合成高分子物质。

性质:

①都具有潮解性,在空气中氧化成暗黑色的氧化物,碱可强化这一氧化作用;

②鞣质与金属离子反应可生成不溶性的盐类,与铁离子反应生成蓝黑色物质,所以加工这类食物不能使用铁质器皿。

③果汁中的鞣质能与果胶作用生成沉淀。

鞣质作为呈色物质,主要是在植物组织受损及加工过程中起作用,影响制品的色泽。

(四)酮醌类色素

用于食品着色的天然醌酮类色素主要是红曲色素、姜黄色素、甜菜色素等。

1.红曲色素

红曲色素是由红曲霉菌所分泌的色素,我国民间将其作为食品着色剂有着悠久的历史。红曲色素有 6 种不同成分,其中黄色、橙色和紫色各两种。

特点:对 pH 稳定,不像其他天然色素那样易随 pH 的变化而发生显著变化;耐热、耐光性强;抗氧化剂、还原剂的能力强;不受金属离子的影响;对蛋白质的着色性很好。因此常用于红香肠、红腐乳、酱肉、粉蒸肉以及酱类、糕点、果汁的着色。

2.姜黄色素

从植物姜黄根茎中提取的黄色色素,是二酮类化合物。

姜黄色素为橙黄色粉末,在中性和酸性水溶液中呈黄色,碱性溶液中呈褐红色,对蛋白质着色力较强,常用于咖喱粉、黄色萝卜条的增香着色,它具有类似胡椒的香味。

耐光耐热性差,易与铁离子结合而变色。

3.甜菜色素

存在于食用红甜菜(俗称紫菜头)中的天然食用色素,也存在于一些花和果实中,它包括甜菜红素与甜菜黄素,都是吡啶的衍生物,与糖成苷而存在于植物中。

甜菜色素易溶于水,pH 4～7 范围内不变色,耐热性不高,也不耐氧化,光照会加速氧化,抗坏血酸会减慢其氧化。甜菜色素的稳定性随水分活度的降低而增强,因此可作为低水分食品的着色剂。

二、食品中的着色剂

(一)焦糖色素

焦糖色素是以糖类物质为原料(如饴糖、蔗糖、糖蜜等)在加热脱水后缩合形成的复杂的红褐色或黑褐色混合物,也是我国应用比较多的半天然食品着色剂。销售的焦糖主要由铵盐法和非铵盐法制成,二者各有优缺点。例如,铵盐法生产的焦糖色素的过程中可能有 4-甲基咪锉,它是一种惊厥剂,在毒理试验中证实了它会使动物白细胞减少,生长缓慢,所以不允许使用;非铵盐法生产的焦糖色素是以糖类物质为原料在 180～200℃的高温下直接通过焦糖化反应生成的,它通常为稠状或块状,无臭,具有焦糖香气和愉快的苦味,易溶于水,水溶液为透明状红褐色,光照下相当稳定,pH 2.6～5.5,对酸、盐稳定性高,但着色力低;目前它已经被批准用于罐头、糖果、饮料、冰淇淋、酱油、醋、雪糕和饼干等食品中,可以按需要量添加。

(二)红曲色素

红曲色素是一组由红曲霉菌丝所分泌的微生物色素,属酮类色素。这组色素共有 6 种,分别为红斑素、红曲红素、红曲素、红曲黄素、红斑胺、红曲红胺,实际应用的是前两种。

红曲色素是暗红色粉末,可溶于水,色调不随 pH 值变化,热稳定性高,几乎不受金属离子的影响,也几乎不受氧化剂和还原剂的影响,但在阳光直射下色度降低,着色力强,可用于畜产品、水产品、酿造食品等。

(三)姜黄色素

姜黄素是从生姜科姜黄属植物姜黄的地下根茎中提取的黄色素,它是一组酮类色素的混合物,主要成分为姜黄素、脱甲基姜黄素和双脱甲基姜黄素。

姜黄色素为橙黄色粉末,几乎不溶于水,溶于乙醇、冰醋酸和碱溶液,具有特殊芳香,稍苦,在中性和酸性溶液中呈黄色,在碱性溶液中呈褐红色,对光、热、氧化作用及铁离子不稳定,但耐还原性好。

姜黄色素对蛋白质着色力好,用于冰淇淋、果冻等中。

(四)甜菜色素

甜菜色素为含氮化合物,存在于甜菜及一些其他的果实或花中,包括甜菜红和甜菜黄及它们的糖苷形式。存在于这种植物的液泡中,其结构如图 9-7 所示。

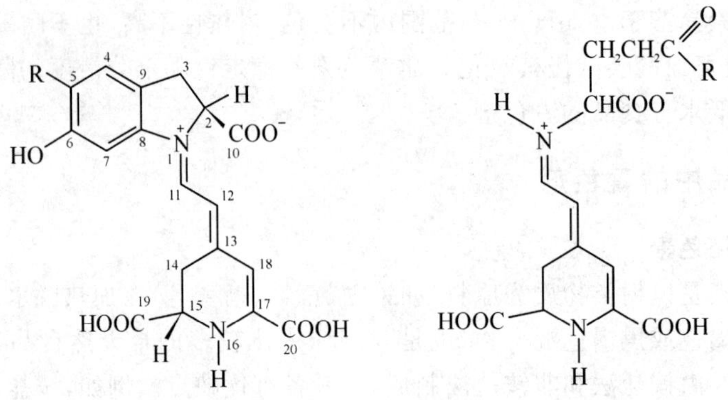

R=H甜菜红色 R= —NH₂甜菜黄素（Ⅰ）
R=Glu甜菜色苷 R= —OH甜菜黄素（Ⅱ）

图 9-7 甜菜色素

甜菜色素也不稳定，在加热、与氧条件下可能发生反应而分解，pH 对其稳定性也有明显的影响。

我国规定可在果味饮料、果汁饮料、配制酒、罐头、青梅、冰淇淋、雪糕、天果冻等中按正常生产需要量使用。

(五)人工合成着色剂

合成着色剂色泽鲜艳，化学稳定性好，着色力强。但一些着色剂的安全性受到怀疑。我国允许使用的合成着色剂有以下几种：

(1)觅菜红 觅菜红是红色粉末，水溶液为品红色，耐光、耐热，但易被氧化和还原，遇到碱变成暗红色。近年来，有许多文章报道它可能有致癌、致畸和降低生育能力的作用。

(2)胭脂红 胭脂红为红棕色粉末，水溶液为红色，在胃肠内还原为黄色代谢产物。耐光、耐酸、耐还原，遇碱变成褐色。安全性高。

(3)赤鲜红 赤鲜红是红褐色颗粒或粉末，属水溶性非偶氮类色素，水溶液为樱桃红色，耐热、耐碱、耐氧化还原及耐菌性均好，但耐光性较差，遇酸沉淀。着色性良好，安全性高。

(4)日落黄 日落黄是橙色的颗粒或粉末，属水溶性非偶氮类色素，水溶液为橙黄色，耐光、耐热，但不耐还原条件，遇碱产生红褐色，着色力强，安全性高。

(5)柠檬黄 柠檬黄为黄色粉末，是水溶性色素，水溶液颜色为清澈的红色，能够溶于甘油、丙二醇，不溶于油脂。耐光、耐热、但不耐还原条件，遇碱产生红褐色。安全性高。

(6)靛蓝 靛蓝为蓝色粉末，属于水溶性色素，水溶液的颜色为深蓝色。不耐光、热、碱、酸等,但着色力强。安全性较好。

(7)亮蓝　亮蓝是有金属光泽的红紫色粉末,属水溶性非偶氮类色素,水溶液呈蓝色,耐光、耐热、耐碱。耐酸性均好,耐还原性也较好,但遇金属盐会慢慢沉淀。安全性高,着色力强。

(8)新红　新红是红色粉末,属水溶性非偶氮类色素,水溶液呈清澈红色,着色力与苋菜红相似,安全性高。

(9)叶绿素铜钠盐　叶绿素铜钠盐是墨绿色粉末,它是以天然的绿色植物的叶绿素为原料,经皂化和与铜盐作用而合成的色素。具有吸收性能,易溶于水,水溶液呈蓝绿色,透明,耐光性和耐酸性强于叶绿素,着色力强,色彩鲜艳,但遇到酸性食物或钙时会产生沉淀,遇到硬水易产生不溶性盐。

第二节　味感及味感物质

一、甜味与甜味物质

甜味物质是人们最爱的基本味感,它能够改善食品的可口性。寻找天然的甜味剂成为众多科研工作者不懈追求的目标。到目前为止,甜味物质的品种十分丰富,但结构相去甚远。那么甜味剂为什么能够产生甜味呢? 1967 年美国学者沙伦伯格(Shallenberger)提出了 AH—B 的理论,他认为,所有甜味物质的分子中都有一个电负性原子 A,如氧和氮,A 原子上有一质子 H^+ 与 A 以共价键结合,AH 可以提供氢,AH 可以代表羟基(—OH)、亚氨基(—NH)、氨基($—NH_2$)等基团。在距离 AH 基团 $0.25\sim0.4$ nm 的范围内,有另外一个电负性原子 B,它是氢的受体,如氧和氮。甜味剂的 AH—B 基团和人的味觉感受体的 AH—B 基团以氢键连接,从而形成甜味。

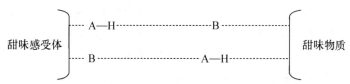

后来,可伊尔又对 AH—B 理论进行了补充,他认为在 A 原子 3.5 nm 和 B 原子 5.5 nm 处若有疏水性基团的存在能够增强甜度,原因在于疏水基易与甜味感受体的疏水部位结合,从而加强了甜味物质与感受体的结合。

食品中的甜味物质可分为天然和合成两大类。前一种物质是从植物中提取或以天然物质为原料加工而成的,而后一种物质是以化学的方法合成制得的。天然甜味剂主要包括糖类、糖醇类、非糖天然甜味剂等。

（一）糖类

糖类是一种能够提供营养和能量的物质，是食物的天然成分。例如葡萄糖易溶于水，难溶于乙醇，吸湿性差，它的甜味有凉爽感，适合食用，也可静脉注射；果糖易溶于水，难溶于乙醇，吸湿性特别强，不需要胰岛素调控，能够直接在人体内代谢，适合老人和病人食用；木糖吸湿性差，易溶于水，不溶于乙醇、乙醚，不参与人体代谢，易引起褐变反应；蔗糖易溶于水，不易溶于乙醇、乙醚；麦芽糖溶于水，微溶于乙醇、不溶于醚，甜味爽口温和，营养价值高。淀粉、纤维素等，它们不能结晶，也无甜味，但经过水解后得到的转化糖浆，有一定的甜度。

甜度是衡量甜味剂甜味强度的一个重要指标。通常是以 20℃时，5％或 10％的蔗糖水溶液的甜度为 1.0，其他甜味物质则以蔗糖作参照测出相对甜度，即甜味物质与同温同浓度的蔗糖的比值。经过比较得出：果糖的相对甜度大于为 1.5，葡萄糖的相对甜度为 0.7，麦芽糖的甜度为 0.5，乳糖的相对甜度为 0.48。

影响糖甜度的因素：

1. 糖的结构

糖的结构是影响甜度的内在因素。糖苷键的类型与甜度有关，如两个葡萄糖分子通过 α-1,4-糖苷键形成麦芽糖时，呈现甜味；若以 α-1,6-糖苷键形成异麦芽糖时，也呈现甜味；但以 β-1,6-糖苷键结合形成龙胆二糖时，则呈现苦味。糖的环形结构对甜度也有影响，如 β-D-吡喃果糖比 β-D-呋喃果糖甜很多。

2. 外部因素

（1）浓度 一般来说，糖的甜度随着浓度的增大而提高，但各种糖的提高程度不同。实验表明：果糖、蔗糖、葡萄糖、麦芽糖的甜度都随着浓度的升高而提高，葡萄糖随浓度提高的最快。

（2）温度 温度对某些糖的甜度也有影响。例如在 5℃时，5％的蔗糖溶液甜度为 1.0，5％的果糖溶液甜度为 1.5；在 40℃时，果糖溶液的甜度与蔗糖溶液的甜度相近；60℃时，果糖溶液的甜度低于蔗糖溶液，这是因为随着温度的升高果糖中的甜度大的异构体转化成甜度低的异构体的缘故。此外，过高，过低的温度，都会降低舌上感受体对甜味的敏感性。

（二）糖醇类

目前糖醇类投入使用的品种有限，如木糖醇、山梨醇、麦芽糖醇、甘露醇四种。其中麦芽糖醇的甜度接近蔗糖的甜度。它们在人体内的吸收和代谢均不受胰岛素的影响，也不妨碍糖元的合成，是糖尿病、心脏病、肝脏病人理想的甜味剂。木糖醇和山梨糖醇因不能被微生物利用，所有有防止龋齿的功效。山梨糖醇有很强的保湿性,所以常用作食品的保湿剂,如防止淀粉老化、冷藏食品的水分蒸发等。

(三)非糖天然甜味剂

部分植物的叶、根、果实等常含有非糖的甜味物质,有的可供食用,而且比较安全。因此国际上特别提倡从植物体内提取非糖的甜味剂,简述以下几种。

1.甘草苷

甘草苷是从豆科植物甘草中提取的甜味成分,它是甘草酸和两分子葡萄糖醛酸缩合而成,其相对甜度为 1.0~3.0。它的甜味释放缓慢,保留的时间较长,很少单独使用,可以和蔗糖等甜味剂一起使用。

有资料表明,甘草苷有解毒、保肝的功能。它可以应用于乳制品、可可制品、蛋制品等方面。

2.甜叶菊苷

甜叶菊苷是存在于甜叶菊的茎、叶中的一种二萜烯类糖苷。它的纯品是白色结晶粉末,甜味强,它的甜度是蔗糖的 200~300 倍。它耐酸、碱、热,溶解性好,没有苦味和发泡性。具有降低血压、促进代谢、治疗胃酸过多等方面的保健作用。它是目前很具有潜力的一种非糖甜味剂。

3.甘茶素

甘茶素是从虎耳草科植物甘茶叶中提取得到的一种甜味剂,甜度是蔗糖的 400 倍。它与蔗糖并用(用量为蔗糖的 1%)可使蔗糖甜度提高 3 倍。它的纯品为白色针状结晶,对热、酸较稳定。它的分子结构中含有酚羟基,所有具有微弱的防腐性能。分子结构见图 9-8。

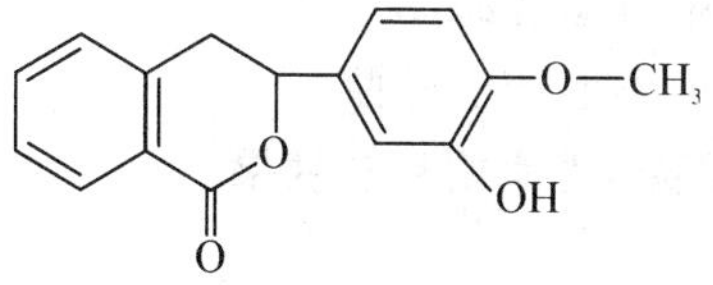

图 9-8 甘茶素结构

二、酸味与酸味物质

(一)酸味机制

目前普遍认为,酸味的产生主要是受正离子的作用。质子 H^+ 是酸味剂的定味基,负离子 A^- 是助味基。定味基 H^+ 在受体上发生交换作用,从而产生酸味感。各种酸具有不同的酸味感,造成的酸味感与氢离子浓度、酸根负离子的性质、pH 值、总酸度以及缓冲效果有关。在 pH 相同或相近的情况下,有机酸均比无机酸的酸味强度大。一般来说,在相同的条件下,氢离子浓度大的酸味剂其酸味强。

(二)食品中重要的酸味成分

1. 柠檬酸

化学名称 3-羟基-3-羧基戊二酸,又称枸橼酸。在水果、蔬菜中分布广泛,其中浆果类及柑橘类水果含量最多,也是食品工业常用的酸味剂之一。

结晶柠檬酸是无色透明结晶颗粒或粉末,含有一个结晶水,在加热时很容易失去。柠檬酸易溶于水及乙醇,微溶于乙醚。

柠檬酸因含有三个羟基,所以可以形成三种形式的盐,除了碱金属盐外,其他金属盐绝大多数不溶于水或难溶于水。

柠檬酸的酸味圆润柔和,后味较短,主要用于清凉饮料,水果罐头,配制糖果和果冻、果酱。

2. 酒石酸

化学名称为 2,3-二羟基丁二酸。存在于多种水果中,以葡萄中含量最高。酒石酸为透明大三棱型结晶或细粉末结晶,无臭,有酸味,酸味强度比柠檬酸的强。

酒石酸溶于水,不溶于乙醇,水溶液有涩味。

酒石酸在食品中多与柠檬酸、苹果酸一起使用。可以应用于果酱、罐头、饮料、糖果中。也可用于冰糕、冰淇淋作酸味剂和膨胀剂。

3. 苹果酸

化学名称为 2-羟基丁二酸。在所有的果实中都含有,苹果及其他仁果类果实中含量最多。苹果酸为白色针状晶体,无臭,有特殊酸味。其酸味强度比柠檬酸强,但比酒石酸弱。在口中有微涩感。

苹果酸可溶于乙醇,但不能溶于乙醚。

多用于果汁、果冻、果酱、清凉饮料及糖果。

4. 食醋

食醋也是我国常用的食品调味料,其成分中含有 4%～5% 的乙酸,除此之外,还有其他有机酸、氨基酸、糖、醇、酯等。它的酸味温和,具有调味、防腐、去腥等作用。

三、苦味与苦味物质

苦味是分布广泛的味感。通常单纯的苦味是不令人愉快的味感,但它在调味和生理上有重要意义。苦味剂多数具有药理作用,可调节生理机能,当苦味物质与其他味感物质适当调配时,能够赋予食品特殊的良好风味。古往今来,有"良药苦口"之说。经现代医学研究表明,苦味食品含有丰富的营养物质,有促进造血、防癌抗癌、清除体内有害物质以及防止衰老等功效。如果长期不摄取苦味食品,人体体液将无法平衡,导致免疫力下降。

(一)苦味分子的结构

从众多的苦味分子的结构,不难看出,一般都含有下列一些官能团:$-NO_2$、$-N=$、$-SH$、$-S-$、$-S-S-$、$-SO_3H$、$=C=S$。此外,一些含有 Ca^{2+}、Mg^{2+}、NH_4^+ 等离子的无机盐,一些含氮的有机物,它们也都有苦味,如苦味酸、甲酰苯胺等。

(二)常见的苦味物质

1.咖啡碱及可可碱

咖啡碱和生物碱都是生物碱类苦味物质。在结构上都属于嘌呤类衍生物。结构如图 9-9 所示。

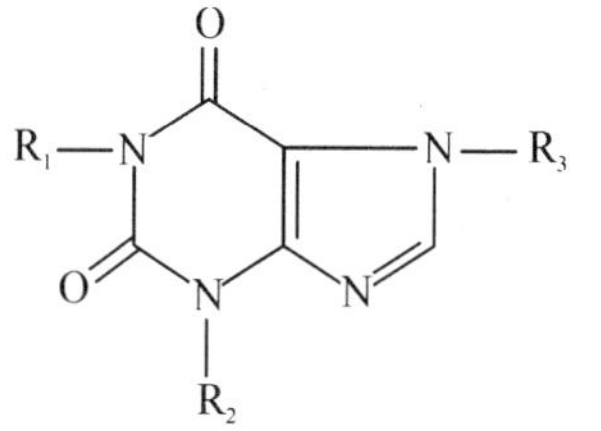

咖啡碱:$R_1=R_2=R_3=CH_3$
可可碱:$R_1=H$、$R_2=R_3=CH_3$

图 9-9 咖啡碱和可可碱的结构图

咖啡碱存在于咖啡和茶叶中,在茶叶中的含量为 $0.5\%\sim1\%$。易溶于水、乙醇、乙醚和氯仿。它能够与多酚类化合物形成络合物。

可可碱存在于可可和茶叶中,颜色为白色细小粉末结晶。溶于热水,难溶于冷水、乙醇,不溶于乙醚。

2.啤酒中的苦味物质(萜类)

啤酒中的苦味物质主要源于啤酒花中的律草酮或蛇麻酮的衍生物(α-酸和 β-酸),其中 α-酸占了 85% 左右。α-酸在新鲜酒花中含量在 $2\%\sim8\%$(质量标准中要求达 7%),有强烈的苦味和防腐能力,久置空气中可自动氧化,其氧化产物苦味变劣。啤酒花是多年生草本蔓性植物,是生产啤酒的重要原料。酒花中的软树脂里主要含有异草酮类的苦味成分,它赋予啤酒特殊的清香味和适口的苦味,可增加啤酒的防腐能力,并有利于啤酒的泡沫持久性。

啤酒花与麦芽汁共煮时,α-酸有 $40\sim60\%$ 异构化生成异 α-酸。控制异构化在啤酒加工中有重要意义。

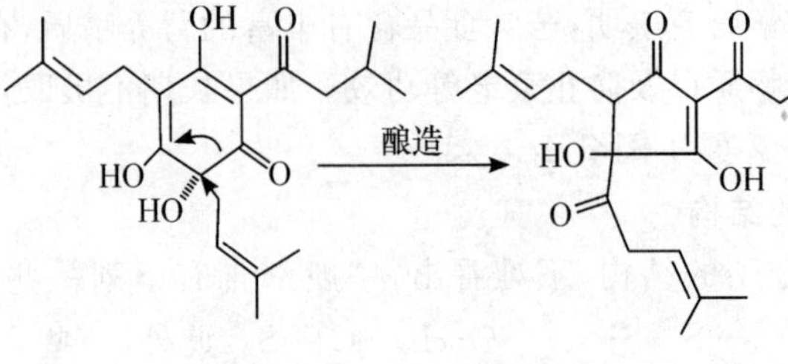

律草酮(α-酸)　　　　异律草酮(β-酸)

图 9-10　律草酮,异律草酮结构图

3.柚皮苷和橙皮苷

柚皮苷和橙皮苷在化学结构上属于黄酮苷类物质,结构如图 9-11 所示。它们是柑橘、柠檬、柚子果实中的主要苦味成分,尤其在未成熟的果皮中含量丰富。在食品加工中常利用酶法使其脱去苦味。

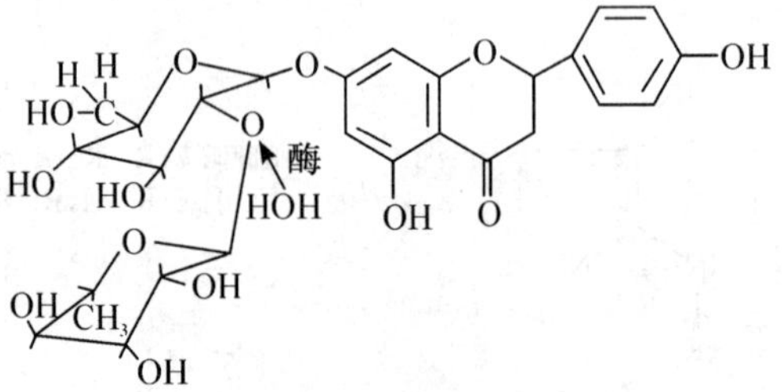

图 9-11　橘皮苷酶解部位

4.胆汁

胆汁是动物肝脏分泌并储存于胆中的一种液体,味极苦,在禽、畜、鱼类加工中稍不注意,破损胆囊就会导致无法洗净的极苦味,胆汁中的主成分是胆酸、鹅胆酸及脱氧胆酸。结构如图 9-12 所示。

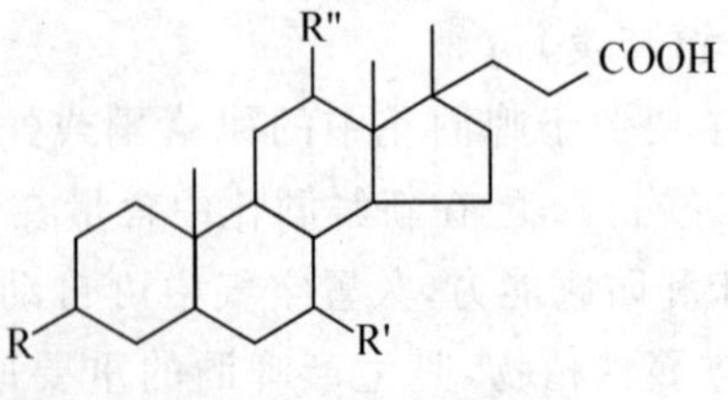

图 9-12　胆汁的结构

四、咸味及咸味物质

咸味是四种基本味感之一,对食品的调味十分重要。它能改善食品的风味,能够刺激人的食欲,与某些味感物质有协同作用。很多盐类都呈现咸味,尤其是中性盐,但只有氯化钠的咸味最纯正,其他盐虽然有咸味但不纯正,伴有杂味,如苦味、酸味等。所以常用的咸味剂是食盐,主要成分是氯化钠,其中含有少量钾、钙、镁等矿物质,咸味主体是氯离子。对于某些疾病的患者生活中限量摄取食盐,因此可以用苹果酸钠、葡萄糖酸钠等代替食盐起到咸味剂的作用。

主要咸味剂有以下几种。

(一)低钠型盐

这类盐以钠、钙、镁元素来调低食品中钠的含量。它保持了原来盐的咸度,色味纯正,是高钠盐摄入者的良好替代品。目前在美国、德国、芬兰等国得到了广泛应用。

(二)强化型盐

这类盐的主要成分是氯化钠,其中添加有人体不可缺少的营养素,如碘、硒、铁、锌等。这类咸味剂食用方便,补充营养素均匀有效。如为了预防地方性甲状腺肿大提供的碘盐;为了提高人体免疫力出现的强化硒的盐类;为了降低缺铁性贫血等疾病的发生提供的铁盐等。

(三)风味型盐

这类盐的主要成分也是氯化钠,其中添加了各种调味品,使咸味剂的用途更广,如五香盐、花椒盐、辣椒盐、胡椒盐等。

五、鲜味及鲜味物质

鲜味是一种复杂的综合味感。它能增强风味,增加人的食欲。普遍应用于肉类、鱼类、海带及各种蔬菜中。

(一)谷氨酸及其钠盐

谷氨酸具有酸味和鲜味,生成钠盐后酸味消失,鲜味突出。日常生活中使用的味精即谷氨酸一钠盐。L-型谷氨酸钠是肉类鲜味的主要成分,D-型异构体则无鲜味。

它的鲜味受到酸碱度的影响,当 pH 值为 3.2 时,鲜味最低;当 pH 为 6.0 时,鲜味最强。

味精的味感还受温度的影响。当长时间受热或加热到 120℃时,会发生分子内脱水而生成焦谷氨酸,不仅没有鲜味,而且对人体有毒。

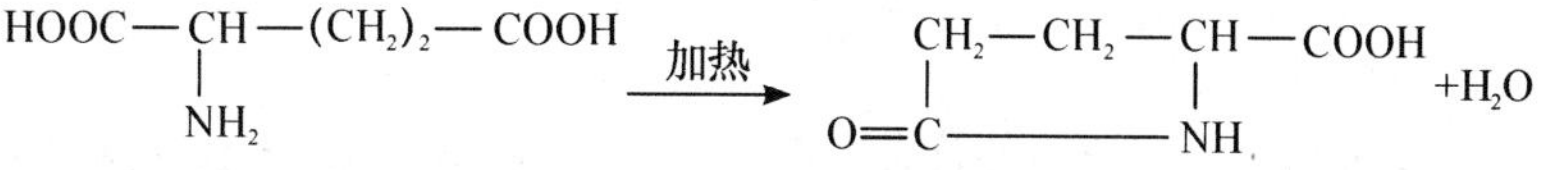

$$HOOC-\underset{\underset{NH_2}{|}}{CH}-(CH_2)_2-COOH \xrightarrow{\text{加热}} \underset{\underset{NH}{|}}{\overset{\overset{CH_2-CH_2-CH-COOH}{|}}{O=C}} +H_2O$$

图 9-13　谷氨酸受热生成焦谷氨酸过程

(二)鲜味核酸

人们研究发现,5′-肌苷酸(5′-IMP)和 5′-鸟苷酸(5′-GMP)具有鲜味。其中
5′-IMP 主要存在于多种供食用动物,如畜禽、鱼的肉中,大部分由 ATP 降解转
化而来。存放时间过长,肌苷酸变成无味的肌苷,进而变为呈苦味的次黄
嘌呤。

六、涩味与涩味物质

涩味是口腔组织引起的粗糙感觉和干燥感觉之和。通常是由于涩味物质与黏
膜上或唾液中的蛋白质结合生成沉淀或聚合物而引起的。引起涩味的分子主要是
单宁等多酚类化合物,如未成熟的柿子是一个代表。另外还有某些金属、明矾等也
会产生涩味。

七、辣味与辣味物质

辣味是辛香料中的一些成分所引起的味感,是一种尖利的刺痛感和特殊的灼
烧感的总和。它不但刺激舌和口腔的味觉神经,而且也会机械的刺激鼻腔,甚至对
皮肤产生灼烧感。适当的辣味有刺激食欲,促进消化分泌的功能,在食品调味中起
着重要的作用。

辣味物质的分类及常见的辣味物质　　根据辣味的特点,可以将辣味分为三类。

(一)热(火)辣味物质

热辣是一种无芳香的辣味,在口中能引起灼烧感觉。主要有辣椒、胡椒和
花椒。

1.辣椒

它的主要辣味成分为类辣椒素,是一类碳链长度不等($C_8 \sim C_{11}$)的不饱和单羧
酸香草基酰胺,还含有少量含饱和直链羧酸的二氢辣椒素。辣椒素是这些辛辣成
分的代表,辣椒素结构见图 9-14。

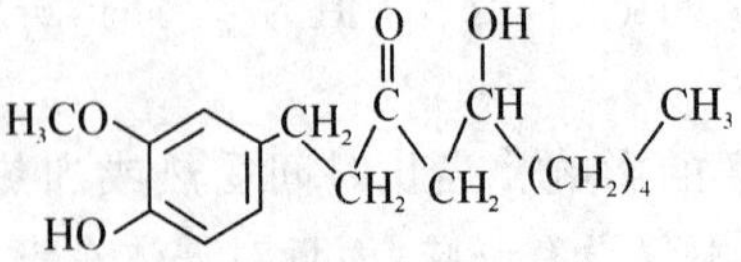

图 9-14　辣椒素

2.胡椒

常见的胡椒有黑胡椒和白胡椒两种,它们的辣味物质除了少量的类辣椒素外
主要是辣椒碱。

3. 花椒

花椒主要辣味成分为花椒素（α-山椒素），是酰胺类化合物。花椒素结构见图9-15。

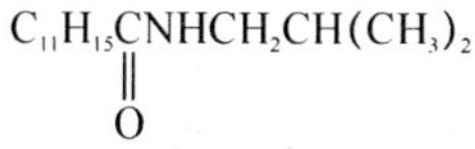

$C_{11}H_{15}CNHCH_2CH(CH_3)_2$
O

图 9-15　花椒素

(二)芳香辣味物质

芳香辣物质是一类除了辣味外还伴随有较强烈的挥发性芳香味物质。

1. 姜

新鲜姜的辣味成分是一类邻甲氧基酚基烷基酮，其中最具有活性的为6-姜醇。鲜姜在干燥后，姜醇会脱水生成姜酚类化合物，辣味提高。当姜受热时，姜醇分子断裂生成姜酮，辛味较缓和。

2. 肉豆蔻和丁香

肉豆蔻和丁香辛辣成分主要是丁香酚和异丁香酚。

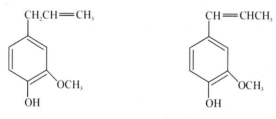

$CH_2CH=CH_2$
OCH_3
OH

图 9-16　丁香酚

$CH=CHCH_3$
OCH_3
OH

图 9-17　异丁香酚

(三)刺激辣味物质

刺激辣味物质是一类除了能刺激舌和口腔黏膜外，还能刺激鼻腔黏膜和眼睛，具有味感、嗅感和催泪性的物质。

1. 蒜、葱、韭菜

蒜的主要辣味成分为蒜素、二烯丙基二硫化合物、丙基烯丙基二硫化合物三种。大葱、洋葱的主要辣味成分是二丙基二硫化合物、甲基丙基二硫化合物等。韭菜也含有少量的上述辣味成分。这些二硫化合物在受热时都会发生分解，生成相应的硫醇，所以在煮熟后辣味减弱。

2. 芥末、萝卜

芥末、萝卜主要的辣味成分为异硫氰酸酯类化合物。其中异硫氰酸酯也称为芥末油，刺激性辣味较为强烈。

$$CH_2=CHCH_2-NCS \qquad CH_3CH=CH-NCS$$
异硫氰酸烯丙酯　　　　　　　　异硫氰酸丙烯酯

$$CH_3(CH_2)_3-NCS \qquad C_6H_5CH_2-NCS$$
异硫氰酸丁酯　　　　　　　　　异硫氰酸卞酯

第三节　食品的香味和香味物质

一、食品香味物质形成途径

食品中香味物质的种类繁多,其形成途径非常复杂,许多反应的机制及其途径尚不清楚。不过就其形成的基本途径来说,大体上可分为两大类:一类是在酶的直接或间接催化作用下进行生物合成,许多食物在生长、成熟和储存过程中产生的嗅感物质,大多通过这条途径形成的。例如苹果、梨、香蕉等水果中的香气物质的形成,某些蔬菜如葱、蒜、卷心菜中的嗅感物质的产生,以及香瓜、西红柿等瓜菜中的香气形成,都基本上是以这种途径形成的。另一条基本途径是非酶促化学反应,食品在加工过程中嗅感物质的形成是经过各种物理、化学因素的作用下生成的。例如花生、芝麻、咖啡、面包等在烘炒、烘烤时产生的香气成分;鱼、肉在红烧、烹调时形成的嗅感物质等。

(一)酶促化学反应

1.以氨基酸为前体形成嗅感物质生成途径

在许多水果和蔬菜的嗅感成分中,很大一部分都是以氨基酸为前体物形成的。例如香蕉的特征香气物质是乙酸异戊酯,洋梨的特征香气成分2,4-癸二烯酸酯,苹果的特征香气成分之一异戊酸乙酯。有人认为,苹果和香蕉的特征风味成分,就是以 L-亮氨酸为前体物质形成的。反应的机理如图9-18所示。

很多水果的嗅感成分中包含有酚、醚类化合物,如香蕉内的 5-甲基丁香酚、葡萄和草莓的桂皮酸酯,以及某些果蔬中的草香醛等。目前认为这些嗅感成分都是由芳香族氨基酸形成的。烟熏食品的香气,在一定程度上也有以这种途径形成的嗅感物质。

韭菜、蒜和葱的主要嗅感成分是含硫化合物。这些硫化物是以半胱氨酸为前体物质合成的。例如蒜的特征香气成分蒜素、二烯丙基二硫化合物、丙基烯丙基二硫化合物三种。洋葱的崔泪成分 S-氧化硫代丙醛,在 $1\sim2\,h$ 后,S-氧化硫代丙醛会进一步生成丙醛或 2-甲基-2-戊烯醛,这时刺激性嗅感消失。

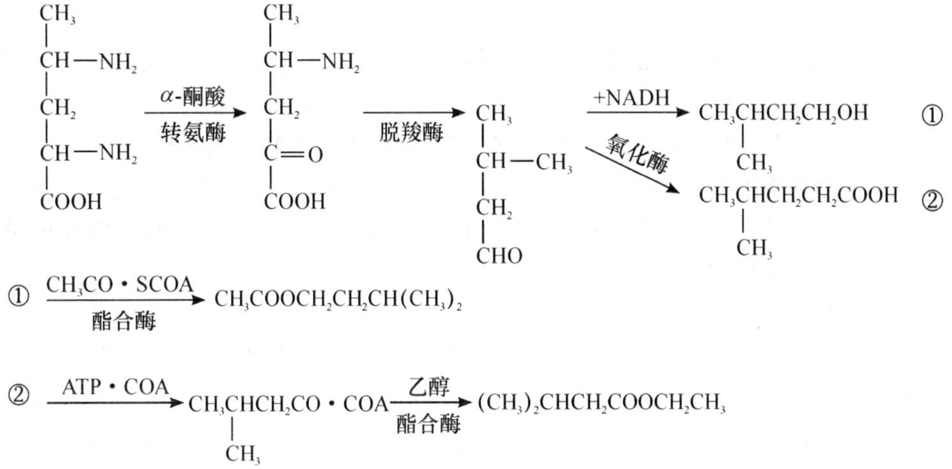

$$\begin{array}{c} CH_3 \\ | \\ CH-NH_2 \\ | \\ CH_2 \\ | \\ CH-NH_2 \\ | \\ COOH \end{array} \xrightarrow[\text{转氨酶}]{\alpha\text{-酮酸}} \begin{array}{c} CH_3 \\ | \\ CH-NH_2 \\ | \\ CH_2 \\ | \\ C=O \\ | \\ COOH \end{array} \xrightarrow{\text{脱羧酶}} \begin{array}{c} CH_3 \\ | \\ CH-CH_3 \\ | \\ CH_2 \\ | \\ CHO \end{array} $$

$$\xrightarrow[\text{氧化酶}]{+NADH} \begin{array}{c} CH_3CHCH_2CH_2OH \quad ① \\ | \\ CH_3 \end{array}$$

$$\begin{array}{c} CH_3CHCH_2CH_2COOH \quad ② \\ | \\ CH_3 \end{array}$$

$$① \xrightarrow[\text{酯合酶}]{CH_3CO \cdot SCOA} CH_3COOCH_2CH_2CH(CH_3)_2$$

$$② \xrightarrow[]{ATP \cdot COA} \begin{array}{c} CH_3CHCH_2CO \cdot COA \\ | \\ CH_3 \end{array} \xrightarrow[\text{酯合酶}]{\text{乙醇}} (CH_3)_2CHCH_2COOCH_2CH_3$$

图 9-18 由亮氨酸生成乙酸异戊酯和异戊酸乙酯的途径

2. 以脂肪酸为前体形成嗅感物质

人们发现,在一些水果和蔬菜的嗅感成分中常有 C_6 和 C_9 的醛、醇类(包括饱和和不饱和化合物)以及由 C_6、C_9 的脂肪酸形成的酯。这些香气物质中许多都是以脂肪酸为前体物质形成的。例如苹果、葡萄、草莓、菠萝、香蕉和桃的嗅感成分己醛;香瓜、西瓜等的特征香气成分 2 反-壬烯醛(醇)和 3 顺-壬烯醇等。这些嗅感成分都是以亚油酸为前体在氧合酶催化下合成。一般来说,C_6 化合物产生青草气味;C_9 化合物呈现出甜瓜和黄瓜的香气。

有人认为,亚油酸在酯氧合酶的催化下能生成 C_8 和 C_{10} 的嗅感物。例如食用香菇特征嗅感物 1-辛烯-3-醇、1-辛烯-3-酮、2-辛烯醇等。另外,黄瓜、番茄等蔬菜中的 C_6 和 C_9 的嗅感成分,有些也可以通过亚麻酸为前体物形成。例如,番茄的特征成分(3 Z)-己烯醇和(2 Z)-己烯醛,黄瓜的特征成分(2 E,6 Z)-壬烯醛(醇)等。

(二)非酶化学反应

食品中的嗅感物质的另一条途径是非酶化学反应。这类反应往往与酶促反应交织进行。主要是受热反应。

在动、植物性食物进行热处理,最常用的有烹煮、焙烤、油炸等方式。

1. 烹煮

食物在烹煮和加热杀菌时,温度相对较低,时间较短。主要发生的反应是:羰氨反应、维生素和类胡萝卜素的分解、多酚化合物的氧化和含硫化合物的降解等。此时水果、乳品等形成的嗅感物质不多;而鱼、肉等动物性食物可以形成浓郁的香气;蔬菜和谷类也有一部分新嗅感物质生成。

2. 焙烤

这种加热方式的特点是温度较高、时间较长。许多食品可以形成大量的嗅感物质。例如炒米、炒面、炒大豆、炒花生、炒瓜子等食物形成的浓郁香气,大都与吡嗪类化合物和含硫化合物有关,它们在焙烤时形成重要的特征风味化合物;烤面包产生的嗅感物质中有 70 多种以上的羰化物,如异丁醛、丁二酮等对面包的香味影响很大。此时发生的反应是:羰氨反应,维生素的分解,油脂、氨基酸和单糖的降解,β-胡萝卜素、儿茶酚等非基本组分的热降解。

3. 油炸

加热方式的特点是温度高。此时发生的反应与焙烤相似,但主要是与油脂的热降解反应有关。例如油炸食品的特征香气物质 2,4-癸二烯醛,它是油脂热分解的产物。油炸食品的香气还包含有高温形成的吡嗪类化合物和酯类化合物,以及油脂本身含有的独特香气。

二、植物性食品的香气

(一)水果的香气

水果的香气成分来源于两部分,一部分来自于果肉,一部分来源于果皮,它们主要是有机酸酯和萜烯类化合物。例如香瓜的特征香气物质是 6 顺-壬烯醛、6 顺-壬烯醇、3 顺,6 顺-壬二烯醛;西瓜的特征香气成分是 3 顺,6 顺-壬二烯醇、3 顺-壬烯醇。苹果中的主要香气成分包括醇、醛和酯类。异戊酸乙酯,乙醛和反-2-己烯醛为苹果的特征气味物。香蕉的主要气味物包括酯、醇、芳香族化合物、羰基化合物。其中以乙酸异戊酯为代表的乙、丙、丁酸与 $C_4 \sim C_6$ 醇构成的酯是香蕉的特征风味物,芳香族化合物有丁香酚、丁香酚甲醚、榄香素和黄樟脑。菠萝中的酯类化合物十分丰富,己酸甲酯和己酸乙酯是其特征风味物。葡萄中特有的香气物是邻氨基苯甲酸甲酯。柑橘果实中萜、醇、醛和酯皆较多,但萜类最突出,是特征风味的主要贡献者。

相信随着分析手段的不断进步,水果成分的报道也会增多。例如在苹果的香气成分中分离出 250 种以上的化合物,葡萄的香气成分中分离出 280 种以上成分,草莓香气中分离出 300 种以上的成分。这些成分的得出都离不开气相色谱技术的应用。相信随着科研工作者的深入研究,会有更多的水果的香气成分被分离出来。

(二)蔬菜类的香气成分

近年来,随着气相色谱-质谱(GC-MS)在研究领域的应用,许多蔬菜的香气成分才分离和鉴定出来。蔬菜总体香气较弱,但气味多样。香气成分在不同的蔬菜不尽相同,主要香气物质有:含硫化合物(硫醚、硫醇、异硫氰酸酯、亚砜)、不饱和醇醛、萜烯类、杂环衍生物(吡嗪衍生物、吡喃)等。

百合科蔬菜(葱、蒜、洋葱、韭菜、芦笋等)具有刺鼻的芳香,其主要的风味物是含硫化合物,如二丙烯基二硫醚(洋葱气味),二烯丙基二硫醚(大蒜气味),2-丙烯基亚砜(催泪而刺激的气味),硫醇(韭菜中的特征气味物之一)。十字花科蔬菜最主要的气味物也是含硫化合物,如卷心菜中的硫醚、硫醇和异硫氰酸酯及不饱和醇与醛为主体风味物,异硫氰酸酯也是萝卜、芥菜和花椰菜中的特征风味物;而在伞形花科的胡萝卜和芹菜中,萜烯类气味物突出,与醇类和羰化物共同形成有点刺鼻的气味。

黄瓜和番茄具青鲜气味,其特征气味物是 C_6 或 C_9 的不饱和醇与醛,如 2,6-壬二烯醛,2-壬烯醛,2-己烯醛。青椒、莴苣和马铃薯也具有青鲜气味,其特征气味物为嗪类,如青椒中主要为 2-甲氧基-3-异丁基吡嗪,马铃薯的特征气味物之一为 3-乙基-2-甲氧基吡嗪,莴苣的主要香气成分为 2-异丙基-3-甲氧基吡嗪和 2-仲丁基-3-甲氧基吡嗪。

青豌豆的主要成分为一些醇、醛、吡喃类。鲜蘑菇中以 3-辛烯-1-醇或庚烯醇的气味最大,而香菇中以香菇精为最主要的气味物。

(三)茶叶的香气成分

茶叶的香气成分与茶叶的品种,生长条件、成熟度以及加工方法均有很大关系。目前有资料报道茶香的成分在 300 种以上,其中烃类有 26 种,醇和酚类有 49种,醛类有 50 种,酮类 41 种,酸类 31 种,酯和内酯类 54 种。在茶香中起着重要作用的是芳香油,它是醇、酚、醛、酮、酸、酯、萜类化合物的统称。苦味来源于咖啡碱,涩味来源于单宁。

根据制造工艺的不同,可将茶叶分为发酵茶(绿茶)、半发酵茶(乌龙茶)、非发酵茶(红茶)。

仅以红茶为例说明茶香的来源,茶香来源归纳为两种途径:

①茶叶中的类胡萝卜素氧化形成的紫罗兰酮。

②茶叶中所含的油脂成分中,最多的是亚麻酸,其次是亚油酸;它们在酶的催化下合成 C_6、C_8、C_9 和 C_{10} 醛类、醇类化合物。

三、动物性食品的香气

(一)畜禽肉类食品的香气

生肉呈现出一种血腥的气味,不受人们的欢迎。只有通过加热煮熟或烤熟后才能具有本身特有的香气,熟肉的香气和风味一直受到人们的关注,但到目前为止,知道的各种肉类的各种香气还非常少。

畜禽肉类的香气成分是由肉中含有的蛋白质、糖类、脂肪、盐类等相互反应和降解形成的。肉的组成不同,肉香的前体物质也有差别。实验表明,肌肉肉香成分的前体物质主要是水溶性成分,而且是具有透析性的低分子化合物。在畜禽肉类熟化过程中生成的还原糖(葡萄糖、果糖、核糖等)、肽类、氨基酸(含硫氨基酸)等,都是加热香气的前体物质。

1. 生肉的嗅感成分

生肉的嗅感成分主要有硫化氢、甲(乙)硫醇、乙醛、丙(丁)酮、甲(乙)醇、氨等。

2. 熟肉的嗅感成分

加热后产生的肉香成分非常相似。主要包括的种类有 $C_1 \sim C_4$ 的脂肪酸、甲(乙或丙)醛、异丁(戊)醛、丙(丁)酮、硫化氢、甲(乙)硫醇、二甲硫醚、氨、甲胺、甲(乙)醇等一般挥发性化合物,以及噻吩类、呋喃类、吡嗪类和吡啶类化合物等。同时还有脂肪在受热时产生的香气成分,如羰化物、脂和内酯化合物等。例如加热的牛肉,它的挥发性成分中含有脂肪酸、醛类、酯类、醚类、吡咯类、醇类、脂肪烃类、芳香族化合物、内酯类、呋喃类、硫化物、含氮化合物等 240 种以上的化合物。此外,在牛肉的肉香中还含有吡嗪类和吡啶类化合物,其中以吡嗪类化合物为主。

猪肉的香气成分和牛肉的有许多相似之处,但在猪肉成分中,以 4(或 5)-羟基脂肪酸为前体生成的 γ-或 δ-内酯较多,尤其是不饱和脂肪酸的羰基化物和呋喃类化合物在猪肉香气中较多。羊肉受热时的香气成分很大程度上取决于羊脂肪。羊肉加热时产生的香气成分中,羰基化物的含量比牛肉还少,形成羊肉的特征风味。有学者认为,羊肉的膻腥味来源于一些中长链并带有甲基侧链的脂肪酸,如 4-甲基辛酸等。

(二)水产品的香气

水产品的种类很多,包括鱼类、贝类、甲壳类等不同品属,目前,对水产品的香气成分的研究很少。动物性水产品的风味主要是由它们的嗅感香气和鲜味共同组成。其鲜味成分主要有 5′-肌苷酸(5′-IMP)、氨基酰胺及肽类、谷氨酸钠(MSG)及琥珀酸钠等。氨基酰胺和肽、MSG 由蛋白质水解产生;5′-IMP 由肌肉中的三磷酸腺苷降解得到。

1. 鱼腥味成分

鱼类具有代表性的气味即为鱼的腥臭味,它随着鲜度的降低而增强。

鱼类臭味的主要成分为三甲胺。新鲜的鱼中很少含有三甲胺,而在陈放之后的鱼体中大量产生,这是由氧化三甲胺还原而生成的。除三甲胺外,还有氨、硫化氢、甲硫醇、吲哚、粪臭素以及脂肪氧化的生成物等。这些都是碱性物质,若添加醋酸等酸性物质使溶液呈酸性,鱼腥气便可大大减少。

海水鱼含氧化三甲胺比淡水鱼高,故海水鱼比淡水鱼腥味强。

海参含有壬二烯醇,具有黄瓜般的香气。鱼体表面的黏液中含有蛋白质、卵磷脂、氨基酸等,因细菌的繁殖作用即可产生氨、甲胺硫化氢、甲硫醇、吲哚、粪臭素、四氢吡咯、四氢吡啶等而形成较强的腥臭味。此外鲜肉中还含有尿素,在一定条件下分解生成氨而带臭味。

2.熟肉的香气

鱼类香气成分研究较少。已经测出其中以三甲胺为代表的挥发性碱性物质、脂肪酸、羰基化合物、二甲硫为代表的含硫化合物以及其他物质。和鲜鱼相比,熟鱼的嗅感成分中,挥发性酸、含氮化合物和羰基化物的含量都增加,产生了诱人的香气。这种香气成分主要是通过美拉德反应、氨基酸的降解、脂肪的热降解以及硫胺素的热降解等反应生成的。

(三)乳和乳制品的香气

香气特点:鲜美可口的香味,其组成成分很复杂。牛乳中的脂肪吸收外界异味的能力较强,特别是在35℃,其吸收能力最强。因此刚挤出的牛乳应防止与有异臭气味的物料接触。

香气成分:鲜乳、黄油、发酵乳品各不相同。主要是低级脂肪酸、羰基化合物(如2-己酮、2-戊酮、丁酮、丙酮、乙酯、甲醛等),以及极微量的挥发性成分(如乙醚、乙醇、氯仿、乙腈、氯化乙烯等)和微量的甲硫醚。甲硫醚是构成牛乳风味的主体,含量很少。牛乳有时有一种酸败味,主要是因为牛乳中有一种脂酶,能使乳脂水解生成低级脂肪酸(如丁酸)。

牛乳及乳制品长时间暴露在空气中因乳脂中不饱和脂肪酸自动氧化产生 α,β-不饱和醛(如 RCH =CHCHO)和两个双键的不饱和醛而出现氧化臭味。牛乳在日光下也会产生日光臭(日晒气味)。这是因为蛋氨酸会降解为 β-甲巯基丙醛。奶酪的加工过程中,常使用了混合菌发酵。一方面促进了凝乳,另一方面在后熟期促进了香气物的产生。因为奶酪中的风味在乳制品中最丰富,包括游离脂肪酸、β-酮酸、甲基酮、丁二酮、醇类、酯类、内酯类和硫化物等。

新鲜黄油的香气主要由挥发性脂肪酸、异戊醛、3-羟基丁酮等组成。发酵乳品是通过特定微生物的作用来制造的。如酸奶利用了嗜热乳链球菌和保加利亚乳杆菌发酵,产生了乳酸、乙酸、异戊醛等重要风味成分,同时乙醇与脂肪酸形成的酯给酸奶带来了一些水果气味,在酸奶的后熟过程中,酶促作用产生的丁二酮是酸奶重要的特征风味物质。

四、发酵食品的香气

发酵食品的香气来源主要有三个途径：一是原料本身含有的风味成分；二是原料中的某些物质经微生物发酵代谢生成的风味成分；三是在制造过程中产生的物质，以及这些物质成分在后来的储存加工过程新生成的风味成分。它们主要由微生物作用于蛋白质、糖、脂肪等而产生的，主要成分是醇、醛、酮、酸、酯等。而微生物代谢产物繁多，各种成分比例各异，因此风味各异。

（一）酒类的香气成分

酒类由于酿酒原料、酿造的方法和酿酒菌种及其条件不同，香气物质的含量比例也不相同，因而酒类具有不同的香型。如白酒有浓香型，以泸州大曲为代表；清香型，以汾酒为代表；酱香型，以茅台酒为代表；米香型，以三花酒为代表；凤香型，以西凤酒为代表。

在各种白酒中已鉴定出了300多种挥发性成分，包括醇、酯、酸、羰基化合物、缩醛、含氮化合物、含硫化合物、酚、醚等。其中醇、酯、酸和羰基化合物成分多样，含量也最多。醇是酒的主要香气物质，除乙醇之外，还有正丙醇、异丁醇、异戊醇等，统称为杂醇油或高级醇。如果酒中杂醇油含量高则使酒产生异杂味，含量低则酒的香气不够。杂醇油主要来源于发酵原料中蛋白质分解的氨基酸，经转氨作用生成相应的 α-酮酸，α-酮酸脱羧后生成相应的醛，醛经还原生成醇。乙酸乙酯、乳酸乙酯、乙酸戊酯是主要的酯，乙酸、乳酸和己酸是主要的酸，乙醛、糠醛、丁二酮是主要的羰基化合物。

啤酒中也已鉴定出了300种以上的挥发成分，但总体含量较低，对香气贡献大的是醇、酯、羰基化合物、酸和硫化物，双乙酰是啤酒特有的香气成分之一。发酵葡萄酒中香气物更多（350种以上），除了醇、酯、羰基化合物外，萜类和芳香族类物质含量也较多。

（二）酱制品的香气成分

酱制品是以大豆、小麦为原料，由霉菌、酵母菌和细菌综合发酵生成的调味品，其中的香味成分十分复杂，主要是醇类、醛类、酚类、酯类和有机酸等。其中醇类的主要成分为乙醇、正丁醇、异戊醇、β-苯乙醇（酪醇）等；羰基化合物中构成酱油芳香成分主要有乙醛、丙酮、丁醛、异戊醛、糠醛、不饱和酮醛等。缩醛类有 α-羟基异己醛、二乙缩醛和异戊醛二乙缩醛；酚类以 4-乙基愈创木酚、4-乙基苯酚、对羟基苯乙醇为代表；酯类中的主要成分是乙酸戊酯，乙酸丁酯及酪醇乙酸酯；酸类主要有乙酸，丙酸，异戊酸，己酸等。酱油中还由含硫氨基酸转化而得的硫醇、甲基硫等香味物质，其中甲基硫是构成酱油特征香气的主要成分。

五、焙烤食品的香气

许多食品在焙烤后会产生诱人的香气,如芝麻、花生、瓜子、面包等。这些香气成分的形成与糖有关。其形成途径有以下三种:

(一)食品中糖的降解

淀粉、纤维素等多糖,在高温下不经过熔融状态即进行分解,在 400℃ 以下时主要生成产物为呋喃类、糠醛类化合物,同时还生成麦芽酚以及有机酸等低分子物质。

(二)糖与氨基酸加热时发生的美拉德反应

此反应生成吡咯衍生物、呋喃衍生物、吡嗪衍生物等。

(三)斯特库勒(Strecker)降解反应

此反应是由美拉德反应的中间产物 3-脱氧葡萄糖醛酮与氨基酸反应生成的糠醛和烯醇类,烯醇类脱水环化生成具有香味的吡嗪衍生物。

面包香气一方面来自于用酵母发酵时生成的醇类和酯类,另一方面主要来自于焙烤时氨基酸与糖反应生成的 20 多种羰基化合物。生花生的香味成分为己醛和壬烯醛,加热后产生的香气,除羰基化合物外,特有的香气成分已知有 5 种吡嗪类化合物和 N-甲基氮杂茂。其中以对-二甲基吡嗪和 N-甲基氮杂茂为最多。

第四节　不同因素对风味的影响

一、呈味物质的种类和浓度

味感是食品在人的口腔内对味觉器官化学系统的刺激而产生的一种感觉。口腔内的味觉感受体主要是味蕾,其次是自由神经末梢。味蕾主要分布在口腔黏膜中。在不同的动物中味蕾的数量和形状有着很大差别。例如,婴儿味蕾的个数约有 1 000 个,而一般成年人只有数千个。这说明了人的味蕾的个数是随着年龄的增长而减小的,同时对味的感受敏感性是随之降低的。

它产生的基本途径是:呈味物质溶解刺激口腔的味觉感受体,然后通过一个收集和传递信息的神经感觉系统传导到大脑的味觉中枢,最后通过大脑的综合神经中枢系统的分析,从而产生味感。

(一)呈味物质的种类

世界各国对味感的分类并不一致。例如我国习惯上把味感分为酸、甜、苦、咸、鲜、辣、涩 7 种;而日本将其分为酸、甜、苦、咸、辣 5 种;欧美各国分为酸、甜、苦、咸、辣、金属味 6 种;印度分为酸、甜、苦、咸、辣、淡味、涩味、不正常味 8 种等。但从生理角度上来说,酸、甜、苦、咸这 4 种是基本的味觉。

物质的结构也是影响味感的关键因素。一般来说,化学结构上的"糖"多呈现甜味,如葡萄糖、果糖、蔗糖等;化学上的"酸"多呈现酸味,如酒石酸、柠檬酸、醋酸等;化学上的"盐"多呈现咸味,如氯化钠、氯化钾等;重金属盐、生物碱则多呈现苦味。但也有例外,如草酸呈涩味,碘化钾呈苦味,等等。总之,物质的结构与呈味之间关系密切,即使分子结构发生微小的变化,都可能引起味感的极大变化(图 9-19)。

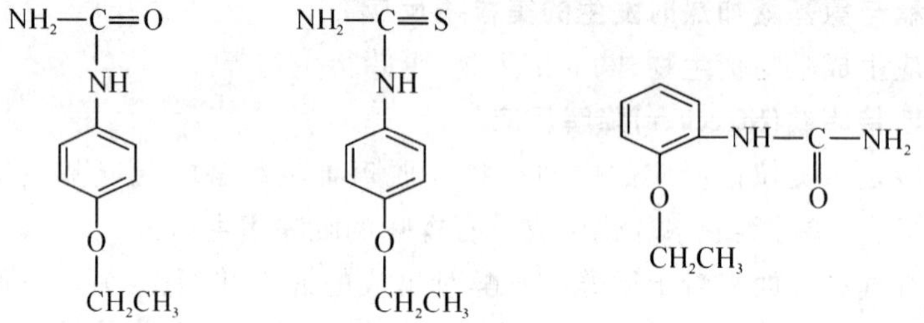

图 9-19 乙氧基苯脲的结构与味感

(二)呈味物质的浓度

呈味物质只有溶解后才能刺激味蕾。所以呈味物质必须具有一定的溶解度才能产生味感。

呈味物质的浓度只有在适当时才会给人愉悦感,而不适当的浓度时则会产生相反的感受。从图 9-20 中可以看出:浓度对不同味感影响有很大差别。一般来说,甜味在浓度下都能给人愉快的感受;单纯的苦味物质几乎都很难被人们接受;而酸味和咸味物质在比较低的浓度下能够给人愉快的感受,但是在高浓度时就会给人不愉快的感受。

二、温度

味觉一般在 30℃左右比较敏感,在低于 10℃或者高于 50℃时,大多数味感都变得迟钝。经过比较氯化钠、盐酸、糖精三者受温度影响的程度时发现:三者受温度的影响程度存在差异,糖精受温度的影响最大,盐酸最小。

三、风味物质间的相互作用

两种相同或不同的呈味物质进入口腔时,会使二者呈味味觉都有所改变的现

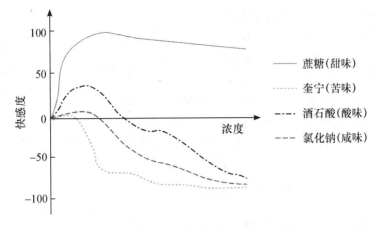

图 9-20 味感物质浓度与快感度的关系

象,称为味觉的相互作用。例如,谷氨酸钠(MSG)与 $5'$-肌苷酸($5'$-IMP)共同使用时能相互增强鲜味;在味精中加入食盐会觉得鲜味增强等等,这些现象都是风味物质间发生相互作用的结果。它的分类有 5 种。

(一)味感物质的对比作用

当两种或两种以上的呈味物质适当调配,可使某种呈味物质的味觉更加突出的现象。例如,在西瓜的表面涂抹一些食盐,会感觉到甜度提高;菠萝泡在盐水中,也会觉得甜度升高等等,这些现象都是发生了味感物质之间的对比作用。再如在10%的蔗糖中添加 0.15%氯化钠,会使蔗糖的甜味更加突出,在醋酸心中添加一定量的氯化钠可以使酸味更加突出,在味精中添加少量氯化钠会使鲜味更加突出。

(二)味感物质之间的相乘作用

当两种具有相同味感的物质进入口腔时,其味觉强度超过两者单独使用的味觉强度之和,又称为味的协同效应。例如,甘草铵本身的甜度是蔗糖的 50 倍,但与蔗糖共同使用时末期甜度可达到蔗糖的 100 倍。

(三)味感物质之间的消杀作用

指一种呈味物质能够减弱另外一种呈味物质味觉强度的现象,又称为味的拮抗作用。如蔗糖与硫酸奎宁之间的相互作用。有人发现在热带植物匙羹藤的叶子内含有匙羹藤酸,当咬过这种叶子时,在吃甜的或苦的食物时便不知其味。这些都是发生了消杀作用。

(四)味感物质之间的疲劳作用

当长期受到某种呈味物质的刺激后,就感觉刺激量或刺激强度减小的现象。

（五）味感物质之间的变调作用

指两种呈味物质相互影响而导致其味感发生改变的现象。例如,西非洲有一种"神秘果",内含有一种碱性蛋白质,吃了以后在吃酸的食物时,反而觉得是甜的。有时吃了酸的橙子时也觉得是甜的,同样也是发生了味感物质之间的变调作用。

为什么刷牙后吃橘子,感觉到又苦又涩?

动脑筋

总之,各种味感物质之间相互影响以及它们所引起的心理作用,都是非常微妙的,机理十分复杂,许多至今尚不清楚,还需要进一步研究。

四、风味物质在食品加工中的变化

（一）在食品加工过程中风味物质与营养的关系

在前面的编写中可以看出,食品风味物质(主要是食品中的香气成分)形成的基本途径,除了一部分是由微生物作用合成以外,其余都是通过在储藏加工过程中的酶促反应或者非酶促反应而生成的。这些反应的前提物质绝大多数都是食品中存在的营养成分,如糖类、蛋白质、脂肪以及维生素、矿物质等。因此从营养的角度上来看,食品在储藏加工过程中发生风味成分的反应是不利的。这些成分不但使食品营养成分受到损失,尤其人体必需而自身不能合成的氨基酸、脂肪酸和维生素得不到充分利用。而且当反应控制不当时,甚至还会产生抗营养成分或有毒物质,如黑色素、稠环化合物等。

从食品工艺的角度看,食品在加工过程中产生风味物质的反应,既有有利的一面,如增加了食品的多样性和商业价值等;又会产生不利的一面,如降低了食品的营养价值,产生不希望的褐变等。两方面的作用要根据食品的种类和工艺条件的不同来具体分析。例如,花生、芝麻等食物的烘炒加工中,其营养成分尚未受到较大的破坏之前已经获得了良好的风味,而且这些食物在生鲜之前不大适合食用,因此这种加工受到消费者欢迎。咖啡、茶叶或者酒类、酱等食物,在发酵、烘烤等加工过程中其营养成分和维生素虽然受到了较多的破坏,但同时也形成了一些良好的风味特征,消费者一般不会对其营养状况感到不安,所以这些变化也是有利的。粮食、蔬菜、鱼、肉等食物,它们必须经过加工才能食用,若加热温度不高,受热时间不长的情况下,营养物损失不多但同时又产生了人们喜爱、熟悉的风味。但对应烘烤和油炸食品,如面包、饼干、烤鸭、炸油条等,其独特风味虽然受到消费者喜爱,但如果是在高温长时间烘烤油炸,会使其营养价值大大降低,尤其是重要的限制氨基酸赖氨酸明显会减少。而对于乳制品的情况不尽相同。美拉德反应对其风味并没有明显影响,但却会引起营养成分的严重破坏,尤其是当婴儿以牛乳作为赖氨酸的主要来源时,这种热加工方式是不利的,经过强烈的美拉德反应之后,牛乳的营养价值甚至会降到大豆油饼相似的程度。水果经加工后,其风味和营养也会遭到很大损失,远远低于鲜果。

(二)食品香气的控制

1.酶的控制作用

利用酶的活性来控制香气的形式,如添加特定的产香酶或去臭酶。

如干制的卷心菜中添加黑芥子硫苷酸酶,就能得到和新鲜卷心菜大致相同的香气;特定的脂酶加入乳制品中,使乳脂肪更多地分解出有特征香气的脂肪酸。利用醇脱氢酶和醇氢化酶使大豆中的长链醛类氧化,可除去豆制品中的豆腥味。

2.微生物控制作用

发酵香气主要来自微生物的代谢产物。通过选择和纯化菌种并严格控制工艺条件可以控制香气的产生。如发酵乳制品的微生物有 3 种类型:其一是只产生乳酸的;其二是产生柠檬酸和发酵香气的;其三是产生乳酸和香气的。第三种类型的微生物在氧气充足时能将柠檬酸在代谢过程中产生的 α-乙酰乳酸转变为具有发酵乳制品特征香气的丁二酮,在缺氧时则生成没有香气的丁二醇。

3.香气的稳定

(1)形成包合物　即在食品微粒表面形成一种水分子能通过而香气成分不能通过的半渗透性薄膜,这种包合物一般是在干燥食品时形成,加水后又能将香气成分释放出来。组成薄膜的物质有纤维素、淀粉、糊精、果胶、琼脂、CMC。

(2)物理吸附作用　对那些不能通过包合物稳定香气的食品,可以通过物理吸附作用使香气成分与食品成分结合。一般液态食品比固态食品有较大的吸附力,相对分子质量大的物质对香气的吸收性较强。如用糖吸附醇类、醛类和酮类化合物;用蛋白质来吸附醇类化合物。

(三)食品香气的增强

目前主要采用两种途径增强香味,一是加入食用香精或回收的香气物质;二是加入香味增强剂,提高或充实食品的香气,而且也能改善或掩盖一些不愉快的气味。目前应用较多的主要有:麦芽酚、乙基麦芽酚、α-谷氨酸钠,5-磷酸肌苷等。

麦芽酚和乙基麦芽酚都是白色或微黄色结晶或粉末,易溶于热水和多种有机溶剂,具有焦糖香气,在酸性条件下增香和调香效果较好,在碱性条件下形成盐而香味减弱。由于它们的结构中有酚羟基,遇 Fe^{3+} 呈紫色,应防止与铁器长期接触。它们广泛地应用于各种食品中如糖果、饼干、面包、果酒、果汁、罐头、汽水、冰淇淋等明显增加香味,麦芽酚还能增加甜味,减少食品中糖的用量。

乙基麦芽酚的挥发性比麦芽酚强,香气更浓,增效作用更显著,约相当于麦芽酚的 6 倍。一般麦芽酚作为食品添加剂,用量为 $0.005\% \sim 0.030\%$,而乙基麦芽酚用量为 $0.4 \sim 100$ mg/kg。

实验 9-1　一种基本味觉的味阈试验

一、目的要求

①进一步理解味阈的基本概念
②掌握阈值测定方法

二、实验原理

通过感官嘴对食品基本味觉和某种味觉强度进行实验,以味蕾为接收器,传导到大脑神经进行反馈,获得味觉。品尝一系列同一物质不同浓度的水溶液,可以确定该物质的味阈,即辨别出该物质的最低浓度。

三、仪器与试剂

(一)仪器

100 mL 容量瓶,250 mL 容量瓶,漏斗,600 mL 烧杯,50 mL 烧杯,滴管,10、20、25 mL 移液管,25、50 mL 量筒。

(二)试剂

①NaCl 母液(10 g/100 mL):称取 25 g NaCl,溶解并定容 100 mL。
②NaCl 使用液:分别取 0.0、1.0、2.0、3.0、4.0、5.0、6.0、7.0、8.0、9.0、10.0、11.0 mL 储备液,稀释、定容 250 mL,配成浓度为 0.00、0.02、0.04、0.06、0.08、0.10、0.12、0.14、0.16、0.18、0.20、0.22 g/100 mL 的溶液。

四、分析步骤

①在白瓷盘中,放 12 个编号的小烧杯,各盛有约 30 mL 不同质量浓度的氯化钠系列试液,浓度由小到大,编号。
②先用清水漱口,取第一个小烧杯,喝一小口含在口中(勿咽),活动舌头使试液接触整个舌头,从左到右,仔细体会味道,记录编号和味道的浓度。以后依次品尝。

五、结果记录

用 0、?、1、2、3、4、5 来表示味觉强度:

0——无味感或味道如水；　　　　? ——不同于水,但无法辨出某种味觉；

1——开始有味感,但很弱；　　　　2——比较弱的味感；

3——有明显的味感；　　　　　　　4——比较强的味感；

5——很强烈的味感。

记录表格:

序号	试样编号	味觉	强度

六、说明与讨论

①为避免各种因素干扰,食品编号及试样顺序应随机化。基本味觉味阈实验,试样品尝顺序应按浓度从小到大,从左到右的顺序进行,即味感从淡到浓,避免先浓后淡而影响判断的准确性。

②品尝试样时,每个试样只品尝一次,决不允许重复,以避免错误的结果;每次品尝后要用清水漱口,等待 1 min 再尝试下一个样品。

③试验用水为新鲜自来水为最好,加热后冷却使用;其他水会影响结果。

④最佳的味感温度是 20~40℃,过高过低均不太敏感。

七、考核要点

①操作规范。

②记录清晰。

③结果准确。

复习思考题

1.简述血红素的性质。

2.叶绿素在食品加工和储存过程中的变化有哪些?

3.食品加工中怎样保护色素?

4.食品中有哪些酸味物质?

第十章 食品中常见的有害物质

学习目标

● 明确物质结构与毒性的关系以及食品原料中毒素的种类及其危害。

● 掌握微生物毒素的类别及其危害性。

● 掌握化学毒素的来源、污染食品的途径及其预防措施。

● 明确食品加工过程中产生毒素途径,掌握防止或减少毒素危害的方法。

第一节 食品安全性概述

食品或食品原料中含有各种分子结构不同的,对人体有毒的或具有潜在危险性的物质,一般把它们称为嫌忌成分(undesirable constituents),也有将其称为食品毒素或毒物(toxic substances,toxicants),本章将这些物质统称为有害物质。

食品中的有害物质主要来源于食品原料本身、食品加工过程、微生物污染和环境污染等方面。当食品中的有害成分含量超过一定限度时,即可对人体健康造成损害。食品中的有害成分的种类、数量及性质不同,对人体造成的危害也大不相同。概括起来有以下三种情况:

①急性中毒:有害物质随食物进入人体后,在短时间内造成机体的损害,出现临床症状,如腹泻、呕吐、疼痛等;一般微生物毒素中毒和一些化学物质中毒会出现此症状。

②慢性中毒:食物被有害化学物质污染,由于污染物的含量较低,不能导致急性中毒,但长时间食用会体内蓄积,经数天、数月、数年、数十年或者是更长的时间后,引起机体损害,表现出各种慢性中毒的临床症状,如慢性的苯中毒、铅中毒、镉中毒。

③致畸、致癌作用：一些有害的物质可以通过孕妇作用于胚胎，造成胎儿发育期细胞分化或器官形成不能够正常进行，出现畸形或死胎，如农药 DDT、黄曲霉毒素 B_1 等；或者是这些物质可在体内诱发肿瘤生长，形成癌变。目前许多物质被怀疑与癌变有关，如亚硝胺、苯并芘、多环芳烃、黄曲霉毒素等。

食品安全性是指食品中不应含有可能损害或威胁人体健康的有毒、有害物质或因素。但是近年来全球及我国接连不断发生恶性食品安全事故，这引发了人们对食品安全的高度关注，也促使各国政府重新审视这一已上升到国家公共安全高度的问题，各国纷纷加大了对本国食品安全的监管力度。

第二节 物质化学结构与毒性的关系

一、毒性的定义

毒性（toxicity）是指外源化学物与机体接触或进入体内的易感部位后，能引起损害作用的相对能力，或简称为损伤生物体的能力。也可简单表述为，外源化学物在一定条件下损伤生物体的能力。一种外源化学物对机体的损害能力越大，则其毒性就越高。外源化学物毒性的高低仅具有相对意义。在一定意义上，只要达到一定的数量，任何物质对机体都具有毒性，如果低于一定数量，任何物质都不具有毒性，关键是此种物质与机体的接触量、接触途径、接触方式及物质本身的理化性质，但在大多数情况下与机体接触的数量是决定因素。

二、物质的化学结构与毒性的关系

毒物的化学结构是决定毒性的重要物质基础，研究环境毒物的化学结构与毒性作用的关系，有利于预测同系物的生物活性、毒作用机理以及估计其容许限量的范围。

1. 同系物的碳原子数目

在脂族烃中随着碳原子的增加，其毒性增强。例如醇类中丁醇、戊醇的毒性较乙醇、丙醇大；烷烃中甲、乙、丙、丁到庚烷，毒性依次增大。但上述规律只适用于庚烷以下烃类。此外，甲醇由于在体内转化成甲醛和甲酸，其毒性反比乙醇高。

2. 分子饱和度

分子中不饱和键增多，其毒性增大。例如对结膜的刺激作用，丙烯醛＞丙醛，丁烯醛＞丁醛。这是由于不饱和键的存在，使化学物的活性增加。

3. 卤族取代

各种卤代化学物中,其毒性随卤素原子数目的增加而增强。例如氯代甲烷对肝脏的毒性依次为:$CCl_4 > CHCl_3 > CH_2Cl_2 > CH_3Cl > CH_4$。因结构中增加卤素就会使分子的极化程度增加,更易与酶系统结合而使毒性增加。

4. 基团的位置

一般认为化学同系物中三种异构体的毒性依次为:对位>邻位>间位,如硝基酚、氯酚等。但也有例外,如邻硝基苯酚的毒性大于其对位异构体。

5. 其他

一些有机氯和有机磷杀虫剂的毒性也随化学结构而异。如 DDT 结构中三氯甲基上的氯为氢原子取代,其毒性降低,故 DDD 的毒性小。DDT 的结构式如图 10-1 所示。有机磷农药烷基中碳原子增加其毒性增加,故对硫磷(对硫磷又名—六零五、硫代磷酸-O,O-二乙基-O-对硝基苯基酯、乙基对硫磷等)的毒性大于甲基对硫磷。与硫键结合的氧为硫取代其毒性降低,如对硫磷的毒性小于对氧磷,甲基对硫磷的结构式见图 10-2。

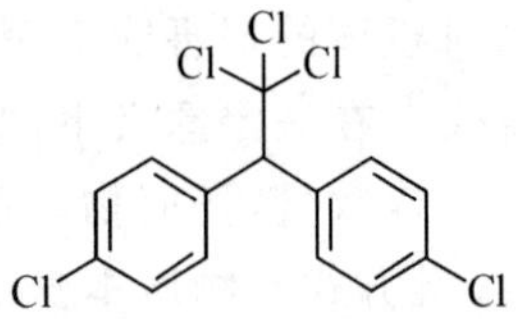

图 10-1　滴滴涕(DDT)

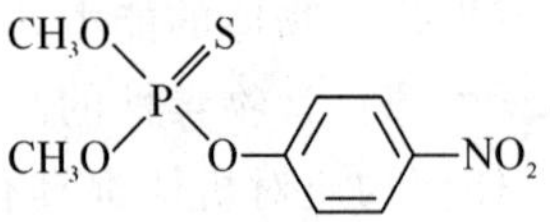

图 10-2　甲基对硫磷
(二甲基-4-硝基苯基硫代磷酸酯)

化学结构除可影响毒性大小外,还可影响毒作用的性质。如苯有抑制造血机能的作用,当苯环中的氢原子为氨基或硝基取代时就具有形成高铁血红蛋白的作用。噻二锉类农药敌枯双(化学名称 N,N'-亚甲基双-(2-胺基-1,3,4-噻二锉),结构式 $C_6H_5N_6S_2$)因对动物具有强烈致畸作用(1 mg/kg 引起大鼠严重畸形)而禁止生产使用,但在其第 5 位碳原子上增加两个巯基,形成巯基敌枯双(商品名为叶枯宁),则其致畸效应明显下降(100 mg/kg 对大鼠不致畸)。

近年来对化学物结构与效应关系的研究日益深入,其特点是应用多参数法综合考虑各种理化常数,以回归分析方法找出化学物结构和生物效应之间的定量关系,称为定量构效关系法。即用数学模型来定量地描述化学物的结构与活性的关系,其中使用最多的是 Hansch 分析法。该法的理论根据是化学物在体内生物活性主要取决于其到达作用部位或受体表面的浓度及其在体内生物转运情况有关,后者又与化学物本身的理化性质有密切关系。

第三节　食品原料中的天然毒素

天然毒素是指生物本身含有的或者是生物在代谢过程中产生某种有毒成分。一些动植物本身含有某种天然有毒成分或由于储存条件不当形成某种有毒物质，这些动植物被人食用后都可能产生危害。自然界有毒的动植物种类很多，所含的有毒成分也较复杂，常见的天然毒素有：

一、河豚毒素

河豚又名鲀，或称链鲅鱼，是一种味道鲜美但含有剧毒物质的鱼类，产于我国沿海各地及长江下游。河豚中毒主要发生在日本、中国和南中国海地区的一些国家。河豚毒素（tetrodotoxin）是河豚所含的有毒成分，系无色针状结晶，微溶于水，对热稳定，煮沸、盐腌、日晒均不被破坏，河豚的肝、脾、肾、卵巢、卵子、睾丸、皮肤以及血液、眼球等都含有河豚毒素，其中以卵巢最毒，肝脏次之。新鲜洗净鱼肉一般不含毒素，但如鱼死后较久，毒素可从内脏渗入肌肉中。有的河豚品种鱼肉也具毒性。不同的河豚毒素含量不同，其毒性大小也有差异。不同品种东方鲀毒性大小顺序如下：紫色东方鲀＞红鳍东方鲀＞豹纹东方鲀＞铅点东方鲀＞墨绿东方鲀＞虫纹东方鲀＞条纹东方鲀＞弓斑东方鲀＞墨点东方鲀＞水纹扁背鲀。每年春季2～5月为河豚鱼的生殖产卵期，此时含毒最多，因此春季最易发生中毒。

河豚毒素主要作用于神经系统，阻碍神经传导，可使神经末梢和中枢神经发生麻痹。初为知觉神经麻痹，继而运动神经麻痹，同时引起外周血管扩张，使血压急剧下降，最后出现呼吸中枢和血管运动中枢麻痹。河豚毒素的化学结构式如图 10-3 所示。

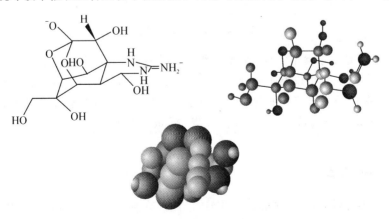

图 10-3　河豚毒素的化学结构式

预防:由于河豚毒素耐热,于120℃ 20～60 min 才可破坏,一般家庭烹调方法难以将毒素去除,因此最有效的预防方法是将河豚集中处理,禁止出售。集中加工可将鱼头、内脏及鱼皮等有毒部分去除后,制成腌干制品,经鉴定合格后方可出售;其次市场出售海杂鱼前应先经过严格挑选,将挑出的河豚进行掩埋等适当处理,不可随便扔弃,以防被人拣食后中毒。同时还应大力开展宣传教育,使群众了解河豚有毒并能识别其形状,以防误食中毒。河豚鱼的外形较特殊,头部呈棱形,眼睛内陷半露眼球,上下唇各有两个牙齿形状似人牙,鳃小不明显,肚腹为黄白色,背腹有小白刺,皮肤表面光滑无鳞呈黑黄色。

二、组胺

组胺是组氨酸的分解产物,因此组胺的产生与鱼类所含组氨酸的多少直接有关。一般海产鱼类中的青皮红肉鱼,如鲐巴鱼、师鱼、竹夹鱼、金枪鱼等鱼体中含有较多的组氨酸。当鱼体不新鲜或腐败时,污染鱼体的细菌如组胺无色杆菌,特别是莫根氏变形杆菌所产生的脱羧酶,就使组氨酸脱羧基形成组胺。温度在 $15～37℃$、pH 值为 $6.0～6.2$ 的弱酸性、含盐分在 $3\%～5\%$ 的条件下,最适于组氨酸分解形成组胺。一些青皮红肉鱼(如沙丁鱼)在 37℃ 放置 96 h,产生的组胺可达 $1.6～3.2$ mg/kg,淡水鱼类除鲤鱼能产生 1.6 mg/kg 的组胺外,鲫鱼和鳝鱼只能产生 0.2 mg/kg 的组胺。一般认为人摄入组胺含量超过 100 mg(相当于 1.5 mg/kg体重)时,即可引起中毒。组胺化学结构式如图 10-4 所示。

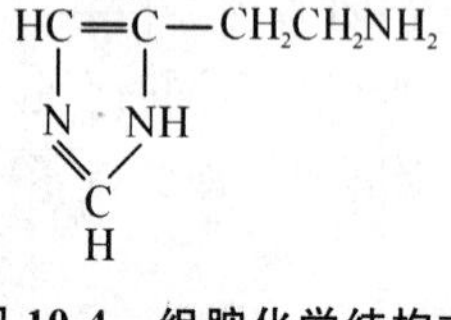

$$HC = C-CH_2CH_2NH_2$$

图 10-4 组胺化学结构式

组胺中毒是由于食用含有一定数量组胺的某些鱼类而引起的过敏型食物中毒。

预防:主要是防止鱼类腐败变质。商业部门应尽量保证在冷冻条件下运输和保存鱼类,在市场不出售腐败变质鱼。对于易产生组胺的鲐巴鱼等青皮红肉鱼,家庭烹调时可加入适量的雪里红或任红果,据报道这样可使鱼中组胺下降65%以上。

三、雪卡毒素

雪卡毒素中毒是由于食用某些贝类如贻贝、蛤类、螺类、牡蛎等引起,中毒特点为神经麻痹,故称为麻痹性贝类中毒。国外许多沿海国家已有报告,我国虽未见报道,但浙江沿海曾报道织纹螺引起的食物中毒,症状类似麻痹性贝类中毒,值得引起重视。贝类之所以具有毒性与海水中的藻类有关。当贝类食入有毒藻类如膝沟藻科的藻类后,其所含有毒物质即进入贝体内,这种有毒物质经分离、提纯,得到白色、溶于水、耐热、易被胃肠道吸收的毒素,称为雪卡毒素(saxitoxin),是一种相对分子质量较小的非蛋白质毒素。此毒素在贝体内呈结合状态,对贝类本身没有危害,但人食入这种贝肉后,毒素可迅速从贝肉中释放出来,呈现毒性作用。贝类含雪卡毒素的多少取决于海水中膝沟藻类的数量。贝类中毒的发生往往与水域中藻类大量繁殖、集结形成所谓"赤潮"有关,海水受污染时可形成赤潮。雪卡毒素为神经毒素,主要作用为阻断神经传导,作用机理与河豚毒素相似。其毒性很强,对人的经口致死量为 0.54～0.9 mg。

预防:主要应进行预防性监测,当发现贝类生长的海水中大量存在有毒的藻类时,应测定当时捕捞的贝类所含的毒素量及应规定卫生标准,美国 FDA 规定新鲜、冷冻和生产罐头食品的贝类中,雪卡毒素最高允许量不得超过 800 μg/kg。该毒素耐热,116℃加热,罐头亦只能去除 50% 的毒素,因此一般烹调方法不能将此类毒素破坏。

四、氰苷

氰苷是杏仁、苦杏仁、枇杷仁、李子仁和木薯的有毒成分,是一种含有氰基(—CN)的苷类,可在酶和酸的作用下释放出氢氰酸。由于苦杏仁含氰苷最多,故亦称苦杏仁苷(amygdaliu)。苦杏仁含氰苷量的质量分数平均为 3%,而甜杏仁则平均为 0.11%,其他果仁平均为 0.4%～0.9%。木薯和亚麻子中含有亚麻苦苷(linamarin)。苦杏仁苷引起中毒的原因是由于释放出氢氰酸。苦杏仁苷溶于水,当果仁在口腔中咀嚼和在胃肠内进行消化时,苦杏仁苷即被果仁所含的水解酶水解放出氢氰酸,迅速被黏膜吸收进入血液引起中毒。氢氰酸为原浆毒,当被胃肠黏膜吸收后,氰离子即与细胞色素氧化酶中的铁结合,致使呼吸酶失去活性,氧不能被组织细胞利用,导致组织缺氧而陷于窒息状态。氢氰酸尚可直接损害延髓的呼吸中枢和血管运动中枢。苦杏仁苷为剧毒,对人的最小致死量为 0.4～1 mg/kg(体重),相当于 1～3 粒苦杏仁,因苦杏仁的品种和产地不间,毒性亦有差异。

预防:主要措施是加强宣传教育,尤其要向儿童的父母和较大的儿童讲解苦杏仁中毒的知识,宣传不要生吃各种核仁,尤其不要生食苦杏仁。苦杏仁苷经加热水解形成氢氰酸后可挥发除去,因此民间制作杏仁茶、杏仁豆腐等杏仁均经加水磨粉煮熟,使氢氰酸在加工过程中充分挥发,故不致引起中毒。南方某些地区有食用木薯的习惯,木薯含有氰苷,且 90% 存在于皮内,故直接生食木薯常可导致与苦杏仁相同的氢氰酸中毒。木薯块根中氰苷含量与栽种季节、品种、土壤、肥料等因素有关。新种木薯当年收获的块根,含氢氰酸为 412～923 mg/kg,而连种两年所获块根氢氰酸仅为 66～283 mg/kg。为防止中毒,食用鲜木薯必须去皮,加水浸泡 2 d,并在蒸煮时打开锅盖使氢氰酸得以挥发。

五、棉酚

粗制生棉子油中有毒物质主要有棉酚、棉酚紫和棉酚绿三种。存在于棉子色素腺体中,其中以游离棉酚含量最高。游离棉酚是一种毒苷,为细胞原浆毒,可损害人体的肝、肾、心等实质脏器及中枢神经,并影响生殖系统。棉子油的毒性决定于游离棉酚的含量,生棉子中棉酚质量分数为 0.15％～2.8％,榨油后大部分进入油中,油中棉酚量可达 1％～1.3％。棉酚的结构如图 10-5 所示。

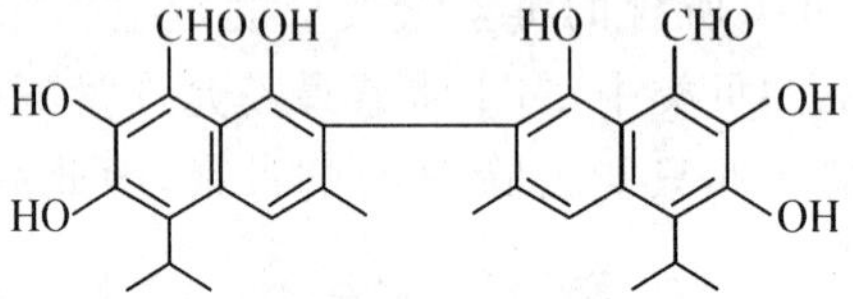

图 10-5　棉酚的结构

预防:棉酚中毒无特效解毒剂,故必须加强宣传教育,做好预防工作。在产棉区宣传生棉子油的毒性,勿食粗制生棉子油,榨油前必须将棉子粉碎,经蒸炒加热后再榨油。榨出的油再经过加碱精炼,则可使棉酚逐渐分解破坏。卫生监督人员还应加强对棉子油的管理,经常抽查棉酚含量是否符合卫生标准,我国规定棉子油中游离棉酚质量分数不得超过 0.02％,超过此规定之棉子油不允许出售和食用。

芸豆必须炖熟吃

芸豆是人们四季普遍食用的蔬菜,其中毒一年四季也都有发生,但在下霜前后多发。大量的事实表明,芸豆的中毒主要与烹调方法不当有关。如吃芸豆包子、饺子、馅饼、急火炒芸豆及各种凉拌芸豆等,加热时间短,菜豆颜色尚未全变,嚼之生硬豆腥味浓,就容易引起中毒,而吃熟透的炖芸豆从未发生过中毒。这是因为生芸豆所含的皂甙和红细胞凝集素等毒性物质可被持续高温破坏,加热不充分而毒素未被破坏,食入后就可引起中毒。因此芸豆必须炖熟吃。

第四节　微生物毒素

食品中的微生物污染所占比重最大,危害也较大,主要有细菌与细菌毒素、霉菌与霉菌毒素和病毒。微生物广泛存在于自然界中,土壤、水、空气以及人、畜粪便中都有大量微生物。在食品生产、加工、储藏、运输及销售的过程中,微生物通过多种途径污染食品:①原料污染,各种植物性和动物性食品原料在种植或养殖、采集、储藏过程中已被微生物污染。②产、储、运、销过程中的污染,由于不卫生的操作和管理而使食品被环境、设备、器具和包装材料中的微生物污染。③从业人员的污染,从业人员不良的卫生习惯和不严格执行卫生操作规程。

一、细菌毒素

容易引起食物中毒的病原微生物:①沙门氏菌;②变形杆菌;③副溶血性弧菌;④葡萄球菌肠毒素;⑤肉毒杆菌毒素;⑥蜡样芽孢杆菌;⑦致病性大肠杆菌食;⑧其他细菌,如韦氏梭菌,酵米面黄杆菌,结肠炎耶尔森氏菌,链球菌,志贺氏菌及空肠弯曲菌等。

1.沙门氏菌毒素

据世界卫生组织的报告,1985年以来,在世界范围内,由沙门氏菌引起的已确诊的人类患病人数显著增加,在一些欧洲国家已增加五倍以上。在我国内陆地区,由沙门氏菌引起的食物中毒屡居首位。据资料统计,在我国细菌性食物中毒中,70%～80%是由沙门氏菌引起,而在引起沙门氏菌中毒的食品中,90%以上是肉类等动物性产品。动物性产品中含有多种丰富的营养成分,非常适宜于沙门氏菌的生长繁殖,人们一旦摄入了含有大量沙门氏菌的动物性产品,就会引起细菌性感染,进而在毒素的作用下发生食物中毒。

由沙门氏菌引起的疾病主要分为两大类:一类是伤寒和副伤寒,另一类是急性肠胃炎。其中鼠伤寒沙门氏菌、猪霍乱沙门氏菌、肠炎沙门氏菌等是污染动物性产品,进而引起人类沙门氏菌食物中毒的主要致病菌。沙门菌食物中毒对于动物性食品,特别是肉类和蛋类最容易被沙门菌污染。许多健康牲畜、家禽肠道内有沙门菌寄生,患病的畜禽在屠宰后,如果温度适宜,沙门菌便在肌肉、内脏中大量繁殖。污染沙门菌的食物进入人体后,沙门菌即可在肠道内大量繁殖,通过淋巴系统进入血液,引起全身感染。沙门菌作用于胃肠道,可使胃黏膜发炎、水肿、充血和出血。沙门菌还可在体内放出毒素引起发烧、呕吐、腹疼和腹泻。

2. 葡萄球菌肠毒素

葡萄球菌为革兰氏阳性兼性厌氧菌。产肠毒素的葡萄球菌有两种,即金黄色葡萄球菌(Staphylococcus aureus)和表皮葡萄球菌(Staph. epidermidis)。金黄色葡萄球菌致病力最强,可引起化脓性病灶和败血症,其肠毒素能引起急性胃肠炎。葡萄球菌能在 12~45℃下生长,最适生长温度为 37℃;最适生长 pH 值为 7.4,但耐酸性较强,pH 值 4.5 时也能生长;耐热性也较强,加热到 80℃,经 30 min 方能杀死;在干燥状态下,可生存数月之久。

葡萄球菌肠毒素中毒后,引起呕吐、腹泻等急性胃肠炎症状。葡萄球菌食物中毒,是由葡萄球菌在繁殖过程中分泌到菌细胞外的肠毒素引起,故仅摄入葡萄球菌并不会发生中毒。葡萄球菌肠毒素,根据其血清学特征的不同,目前已发现 A、B、C、D、E 五型。A 型肠毒素毒力最强,摄入 1 μg 即能引起中毒,在葡萄球菌素素中毒中最为多见。各型肠毒素引起的中毒症状基本相同。葡萄球菌产生的肠毒素是一种可溶性蛋白质,耐热性强。破坏食物中存在的肠毒素须加热至 100℃,并持续 2 h。故在一般烹调温度下,食物中如有肠毒素存在,仍能引起食物中毒。

引起葡萄球菌肠毒素中毒的食品必须具备以下条件:①食物中污染大量产肠毒素的葡萄素菌;②污染后的食品放置于适合产毒的温度下;③有足够的潜伏期;④食物的成分和性质适于细菌生长繁殖和产毒。

主要引起中毒的食品有:奶、肉、蛋、鱼类及其制品等各种动物性食品。糯米凉糕、凉粉、剩饭和米酒等也曾引起过中毒。

3. 肉毒杆菌毒素

肉毒杆菌毒素(Botox)是肉毒杆菌在繁殖中分泌的一种 A 型毒素,也是一种有毒性的蛋白质。蔬菜、鱼、水果和佐料是最常见的肉毒杆菌的载体,牛肉、奶制品、肉、家禽和其他食物也可成为感染载体。在由海产品引起的肉毒中毒暴发流行中,E 型毒素约占 50%,其余是由 A 型和 B 型毒素引起的。

在食物源型肉毒中毒时,毒素来源于摄入体内的被污染的食物;在创伤型和婴儿型肉毒中毒时,肉毒杆菌分别在感染的组织和大肠内繁殖,从而在体内产生神经毒素。毒素被吸收后就干扰外周神经末端释放乙酰胆碱。食物源型肉毒中毒起病急骤,通常在摄入毒素后 18~36 h 发生,但是其潜伏期可从 4 h 到 8 d。恶心、呕吐、腹痛及腹泻常常先于神经症状发生。

肉毒杆菌的芽孢具有很高的耐热性,在 100℃ 煮沸的情况下能存在数小时;然而,暴露在 120℃ 湿热 30 min 就能杀死其芽孢。相反,毒素却容易为加热所破坏,在 80℃ 烹调食物 30 min 就能避免肉毒中毒。在温度低至 3℃ 的条件下,仍能产生毒素,例如在冰箱内,而且不需要严格的厌氧条件。

战争中,军队曾将之用于生化武器;医学上,它被用于治疗面部肌肉痉挛。目前肉毒杆菌毒素除皱是在欧美比较时髦的注射除皱剂。缺点是偶尔会产生头痛、过敏、复视、表情不自然的不良反应。而且肉毒杆菌毒素是一种剧毒药,若注射过量可导致死亡。

二、霉菌毒素

1. 黄曲霉毒素

黄曲霉毒素(AFT)是一类化学结构类似的化合物,均为二氢呋喃香豆素的衍生物。黄曲霉毒素主要是由黄曲霉(*Aspergillus flavus*)寄生曲霉(*A. parasiticus*)产生的次生代谢产物,在湿热地区食品和饲料中出现黄曲霉毒素的几率最高。B_1是最危险的致癌物,经常在玉米、花生、棉花种子中,一些干果中常能检测到。它们在紫外线照射下能产生荧光,根据荧光颜色不同,将其分为 B 族和 G 族两大类及其衍生物。AFT 目前已发现 20 余种。AFT 主要污染粮油食品、动植物食品等;如花生、玉米、大米、小麦、豆类、坚果类、肉类、乳及乳制品、水产品等均有黄曲霉毒素污染。其中以花生和玉米污染最严重。家庭自制发酵食品也能检出黄曲霉毒素,尤其是高温高湿地区的粮油及其制品中检出率更高。

人类健康受黄曲霉毒素的危害主要是由于人们食用被黄曲霉毒素污染的食物。对于这一污染的预防是非常困难的,其原因是由于真菌在食物或食品原料中的存在是很普遍的。国家卫生部门禁止企业使用被严重污染的粮食进行食品加工生产,并制定相关的标准监督企业执行。但对于含黄曲霉毒素浓度较低的粮食和食品无法进行控制。在发展中国家,食用被黄曲霉毒素污染的食物与癌症的发病率呈正相关性。亚洲和非洲的疾病研究机构的研究工作表明,食物中黄曲霉毒素与肝细胞癌变呈正相关性。长时间食用含低浓度黄曲霉毒素的食物被认为是导致肝癌,胃癌,肠癌等疾病的主要原因。1988 年国际肿瘤研究机构将黄曲霉毒素 B_1 列为人类致癌物。除此以外,黄曲霉毒素与其他致病因素(如肝炎病毒)等对人类疾病的诱发具有叠加效应,黄曲霉毒素引起人的中毒主要是损害肝脏,发生肝炎,肝硬化,肝坏死等。临床表现有胃部不适,食欲减退,恶心,呕吐,腹胀及肝区触痛等;严重者出现水肿,昏迷,以至抽搐而死。黄曲霉毒素是目前发现的最强的致癌物质,它主要诱使动物发生肝癌,也能诱发胃癌,肾癌、直肠癌及乳腺,卵巢,小肠等部位的癌症。

2. 青霉毒素

一般指青霉属(*penicillium*)。为分布很广的半知菌纲中的一属,和曲霉属有亲缘关系,有二百几十种,代表种是灰绿青霉,从土壤或空气中很易分离,分枝成帚状的分生孢子从菌丝体伸向空中,各顶端的小梗产生链状的青绿—褐色的分生孢子。特异青霉已被用于制造青霉素,但不具这种生产机能的种还很多,同时,其生产也并不限于青霉属。已知在生理学方面类似曲霉属,同时有很多能产生毒枝菌素(mycotoxin)。

　　青霉污染食品引起中毒的典型例子为日本的黄变米中毒。黄变米,即失去原有的颜色而表面呈黄色的大米,它是由黄绿青霉产生的黄绿青霉素、桔青霉产生的桔青霉素和岛青霉产生的岛青霉毒素。中毒表现主要为黄绿青霉引起的后肢以及全身麻痹、呕吐、惊厥、呼吸障碍等神经毒症状,桔青霉引起的肾脏损害,岛青霉毒素和黄米毒素引起的肝硬化等。在各种青霉毒素中,已证实岛青霉毒素和黄米毒素有致癌作用。

　　青霉通常在柑橘及其他水果上,冷藏的干酪及被它们的孢子污染的其他食物上均可找到,其分生孢子在土壤内,空气中及腐烂的物质上到处存在。青霉营腐生生活,其营养来源极为广泛,是一类杂食性真菌,可生长在任何含有机物的基质上。青霉与人类生活息息相关。少数种类能引起人和动物的疾病;许多种青霉能造成柑橘、苹果、梨等水果的腐烂;对工业产品,食品,衣物也造成危害;在生物实验室中,它也是一种常见的污染菌。加强通风,降低温度,减少空气相对湿度,可以大大减轻青霉的危害。

　　但在另一方面,青霉对人类非常重要,在工业上,它可用于生产柠檬酸,延胡索酸,葡萄糖酸等有机酸和酶制剂;非常名贵的娄克馥干酪,丹麦青干酪都是用青霉酿制而成的;最著名的抗生素——青霉素就是从青霉的某些品系中提取而来,它是最早发现,最先提纯,临床上应用最早的抗生素;近期发现的另一重要抗生素——灰黄霉素,是由灰黄青霉产生的,是抑制诸如脚癣之类的真菌性皮肤病的最好抗生素。

第五节　化学毒素

　　食品中的化学毒素主要来自于农药残留、兽药残留、工业"三废"、环境污染等。

一、农药残留

　　农药残留是指使用农药后残存于生物体、食品(农副产品)和环境中的微量农药原体、有毒代谢物、降解物和杂质的总称,是一种重要的化学危害。当农药超过量大于残留限量(MRL)时,将对人畜产生不良影响或通过食物链对生态系统中的生物造成毒害。农药将对人体产生危害,包括致畸、致突变性、致癌性和对生殖以及下一代的影响。脂溶性大、持久性长的农药,如六六六(BHC)和滴滴涕(DDT)等,很容易经食物链进行生物富集,使农药的残留量也逐级升高,例如鱼体内的DDT可比湖水中高150万～300万倍。人类处在食物链的最顶端,所受农药残留生物富集的危害也最严重。有些农药在环境中稳定性好,即使降解了,其代谢物也具有与母体相似的毒性,这些农药往往引起整个食物链的生物中毒,这就是所谓的二次毒性问题;有些农药尽管毒性很低,但它很稳定,一旦消费量很大,日积月累也可能引起毒害。

近年来杀虫剂、除草剂、杀菌剂、植物生长调节剂、粮食防虫剂和灭鼠剂等化学农药的广泛使用,特别是有机磷杀虫剂农药的大量使用,在农作物中残留十分严重。由于大量使用有机物农药,我国农药中毒人数越来越多,1994年我国农药中毒人数已超过10万人,其中生产性中毒和非生产性中毒比例约为1∶1,非生产性中毒除了误食农药外,大部分是由于食物农药残留引起的。

二、兽药残留的化学危害

为了预防和治疗禽畜和养殖鱼患病而大量投入生长素、抗生素和磺胺类等化学药物,往往造成药物残留于动物组织中,伴随而来的是对公众健康和环境的潜在危害。随着膳食结构的改善和对动物性蛋白质需求的不断增加,人们对肉制品、奶制品和鱼制品等动物性食品的要求也越来越高,对食品的兽药残留也引起了普遍关注。世界卫生组织已经开始重视这个问题的严重性,并认为兽药残留将是今后食品安全的重要问题之一。1994年农业部发布了《动物性食品中兽药的最高残留量(试行)》的通知,要求各级农牧行政管理机关的兽药管理、监察机构要积极开展动物性食品中兽药残留的监测、检查工作。FAO/WHO联合组织的食品中兽药残留立法委员会把兽药残留定义为:兽药残留是指动物产品的任何可食部分所含兽药的母体化合物及/或其代谢物,以及与兽药有关的杂质的残留。所以兽药残留既包括原药,也包括药物在动物体内的代谢产物。另外,药物或其代谢产物与内源大分子共价结合产物称为结合残留。动物组织中存在共价结合物(结合残留)则表明药物对靶动物具有潜在毒性作用。主要残留兽药有抗生素类、磺胺药类、呋喃药类、抗球虫药、激素药类和驱虫药类。

三、金属造成的化学危害

金属(尤其是重金属)对食品安全的影响非常重要,属于化学危害的重要内容之一。研究表明,重金属污染以镉最为严重,其次是汞、铅等,非金属砷的污染也不可忽视。有毒金属进入食品的途径主要是来自高本底值的自然环境、含金属的化学物质的使用、环境污染和食品加工过程。随食物进入人体的金属在体内的存在形式除了以原有形式为主外,还可以转变成具高毒性的化合物形式。多数金属在体内有蓄积性,半衰期较长,能产生急性和慢性毒性反应,还有可能产生致畸、致癌和致突变作用。

(一)镉的危害

镉是银白色有延展性的金属,具有相当大的密度和相当高的蒸气压,它的氧化价为 2。镉能生成很多无机化合物,其中有些化合物(如亚硫酸镉和氧化镉)不溶于水,有些化合物(如硫化镉、碳酸镉)在水中的溶解度很小,而其硫酸盐、硝酸盐及卤化物则易溶于水。由于镉的有机化合物很不稳定,自然界中没有有机镉化合物存在,但在哺乳动物、禽类和鱼等生物体内的镉多数与蛋白分子结合。一般食品中均能检出镉,食品中镉的平均质量比为 $0.004 \sim 5$ mg/kg。

食品中镉主要来源于冶金、冶炼、陶瓷、电镀工业及化学工业(如电池、塑料添加剂、食品防腐剂、杀虫剂、颜料)等排出的三废。

人体内的镉主要从食品中摄入。人体镉的摄入与食品的含量有直接的关系。一般情况下,大多数食品均含有镉,主食(米、面粉)含镉量小于 0.1 mg/kg,蔬菜水果中含镉量较低,而鱼、肉则要高一些,一般为 $5 \sim 10$ μg/kg(湿重)。动物内脏(肝、肾)更高,可高达 $1 \sim 2$ mg/kg(湿重)。镉污染地区的食品含镉量会明显增强。生活在含镉工业废水中的鱼、贝类含镉量可增加到 450 倍。

(二)铅的危害

食品中铅的来源很多,包括罐头食品、饮水管道、土壤中的铅,由空气沉积到谷物上的铅以及流入农田中的含铅污水等。由于铅广泛存在于环境中,人体摄入铅的途径就很多,主要包括食品、饮水、吸烟、大气等,但人体特别是进行非职业性接触的人所摄入的铅主要来自于食品。铅通过各种渠道可使动植物食品受到污染,食品中的铅还来自接触食品的管道、容器、包装材料、器具和涂料等,如锡酒壶、锡箔、劣质陶瓷、马口铁罐或导管镀锡和焊锡不纯等,均会使铅转入到食品中,特别是那些酸性食品;某些色素添加剂也含有铅,如使用黄丹粉(PbO)加工松花蛋,也会使松花蛋受铅污染。

铅含量较高的食品是罐装饮料、饮用水、谷物食品、植物的根茎和果实以及动物性食品。人体日摄入量多的食品是饮水和罐装饮料。

人体吸收的铅量不仅与食物的含铅量和食物的摄入量有关,而且还和食物的组成成分有很大的关系,比如当膳食中含有钙、植酸和蛋白质时,由于它们的影响,仅有 $5\% \sim 10\%$

的铅被吸收。研究事实表明,儿童所吸收的铅量较高,因此铅对儿童危害也就更大。

(三)汞的危害

汞是一种毒性较强的有色金属,常温下为银白色发光液体,俗称水银。汞在自然界中以金属汞、无机汞和有机汞形式存在。汞可以形成硫酸盐、卤化物和硝酸盐,均溶于水,其他化合物都是微溶的一价汞盐,最为重要的是 Hg_2Cl_2,通称甘汞。汞与烷基化合物和卤素可以形成挥发性化合物,这些化合物具有很大毒性,有机汞的毒性比无机汞大。

在自然界中,汞是一种不常见的元素。世界上的主要汞矿藏是从所周知的"汞铁带",在地壳中汞主要以各种硫化物存在,在土壤中和水缺氧的情况下,硫酸盐细菌可将汞转化成硫化物。由于微生物的作用生成汞以及从工业生产废料中释放出来的汞,很快会被生物有机体吸收,并且经过浮游生物的过渡性吸收而进入水底无脊椎动物体内,进入食物链,从而影响人体健康。目前由于废电池的排放,约有50%的汞进入环境,这是一个较大的污染源,环境中的汞通过食物链就可以进入人的体内。

人体汞除职业接触外主要来自食物,特别是鱼贝类,水体中的汞可以通过特殊的食物链和富集作用在食物中浓集。日本水俣病区鱼贝类含汞量高达 20~40 mg/kg。

食品中的汞以元素汞、二价汞的化合物和烷基汞三种形式存在。一般情况下,食品中的汞含量通常很少,但随着环境污染的加重,食品中汞的污染也越来越严重,部分食品的汞含量超过了限量标准。对大多数人来说,因为食物而引起汞中毒的危害是非常小的。由汞引起的急性中毒,可使肾脏和肠胃系统受到损害,引起肠道薄膜发黏,同时发生剧痛和呕吐,导致虚脱甚至死亡。

(四)砷的危害

砷广泛分布于自然环境中,几乎所有的土壤中都存在砷。最普通的两种含砷无机化合物是 As_2O_3(砒霜)和 As_2O_5,一般三价砷毒性大于五价砷。砷化合物的毒性大小顺序为:砷无机物>有机砷>砷化氢。流行病学发现无机砷化合物对人具有致癌性,特别是皮肤癌和肺癌。随着生产的发展,含砷化合物广泛应用于农业中作为除草剂、杀虫剂、杀菌剂、杀鼠剂和各种防腐剂的成分之一。最重要的农用化学制剂包括砷酸铅、砷酸铜、砷酸钠、乙酸砷酸铜和二甲砷酸,它们的大量使用,造成了大量农作物被污染,使砷含量增高。此外,在动物饲料中同样大量掺入了对氨基苯基砷酸等含砷化合物作为生长促进剂,还涉及到家畜等动物性食品的安全性。

食品中砷的摄入量取决于膳食结构。食品的种类不同,人体摄入砷的含量不一样。通常在污染严重的地区,食品中的砷含量较高,人们食入这些砷污染严重的食物,摄入的砷量自然也就高。而生活在无严重污染的地区和不以海产品为主要膳食的人群,砷摄入量就少得多。砷能引起人体慢性和急性中毒。砷的急性中毒通常是由于误食而引起,砷慢性中毒是由长期少量经口摄入食物引起。砷慢性中毒表现为食欲下降、体重下降、胃肠障碍、末梢神经炎、结膜炎、角膜硬化和皮肤变黑。据报道,长期受砷的毒害,皮肤的色素会发生变化,如皮肤的黑变病便是砷毒害特征所在。

四、食品包装材料、容器与设备的危害

食品在生产、加工、储存、运输和销售过程中,可能接触的各种容器、用具、包装材料以及食品容器的内壁涂料等。其所用原料有纸、竹、木、金属、搪瓷、陶瓷、玻璃、塑料、橡胶、天然可人工合成纤维以及多种复合材料等。我国传统使用的食品包装材料和容具如竹木、金属、玻璃、搪瓷和陶瓷等,从多年使用实践证明,其大部分对人体是安全的。随着化学工业与食品工业的发展,新的包装材料已越来越多,尤其是合成塑料等,在与食品接触中,某些材料的成分有可能移入食品中,造成食品的化学性污染,给人们带来危害,所以应该严格注意它们的卫生质量,防止其中出现有害因素进入食品,以保证人体健康。

第六节　食品在加工过程中产生的毒素

一、N-亚硝基化合物

1. 种类

N-亚硝基化合物,根据其化学结构可分为两大类,即:①亚硝胺(nitrosamine),其基本结构为 R_1R_2N—N=O,其 R_1 与 R_2 为烷基或芳基,R_1 与 R_2 相同者为对称性亚硝胺,不同者为不对称亚硝胺;②N-亚硝酸胺(N-nitrosamide)其基本结构为 R_1CONR_2—N=O。亚硝胺化学性质较亚硝酸胺稳定。亚硝胺不易水解,在中性及碱性环境较稳定,但在酸性溶液及紫外线照射下可缓慢分解,亚硝酰胺性质活泼,在酸性及碱性溶液中均不稳定。此外,根据其蒸气压不同,还可分为挥发性与不挥发性亚硝基化合物。

2. 来源与合成

食物中 N-亚硝基化合物天然含量极微,但可通过各种途径进入食物,也可由

食物中广泛存在的亚硝基化合物前体物在适宜条件下生成。

亚硝基化合物前体物主要有两类：

①胺类：由蛋白质分解成氨基酸并脱羧而成，常发生于不新鲜食物中，特别是食物腐坏时。肉、鱼等含有较多脯氨酸、羟脯氨酸、精氨酸极易生成仲胺；制酒过程中蛋白质在发酵时易酶解为二甲胺，茶叶含有的呱啶、吡咯、生物碱等仲胺化合物都易于参与亚硝基化合物生成的反应。一般地说，食物中胺类含量随其新鲜度、储藏和加工条件而变化。有些加工方法和食物成分可能是胺类生成的条件。

②亚硝基化剂：主要有 NO_2^-、NO_3^-、N_2O_3、NO_2、N_2O_4、NO 等，以及其他可促进亚硝基化的物质，在具有还原性微生物存在下，NO_3^- 很易于转变为 NO_2^-。此外，NO_2 作为食品添加剂，也常被加于某些食品中，而使食品中 NO_2 含量增加。

上述两类化合物，在合适条件下，可合成 N-亚硝基化合物，但受许多因素影响，如胺的种类、浓度、酸碱度以及某些微生物的存在，都对合成量、速度有影响。大肠杆菌、普通变形杆菌、黏质沙雷氏菌等亚硝酸盐还原菌亦可由仲胺及硝酸盐合成亚硝胺，某些霉菌如黄曲霉、黑曲霉、白地霉也可促进合成。

蔬菜在腌制过程中亚硝酸盐的含量随温度升高而增加，在腌菜过程中，最初 $2\sim4\,d$，亚硝酸盐含量有所增加，$7\sim8\,d$ 后，含量最高，至 $9\,d$ 后，则趋于下降。所以食盐质量分数在 15% 以下时，初腌制的蔬菜（8 d 以内），易于引起中毒。有人分析，新鲜萝卜叶中，含硝酸盐与亚硝酸盐的量分别为 2.391 0 mg/g 和痕迹量，而变质的腌萝卜，则分别为 0.309 8 mg/g 和 22.96 mg/g。

煮熟的蔬菜放在不清洁的容器中，如温度较高，存放过久，亚硝酸盐的含量也可增高。某些沙门氏菌和致病性大肠杆菌等具有将食物中硝酸盐还原为亚硝酸盐的能力，所以，有时细菌性食物中毒和亚硝酸盐中毒可以同时发生。

动物性食品在腌制时，如已含有大量胺，粗盐中又含有较多亚硝酸盐，或人为添加亚硝酸盐或硝酸盐（可在微生物作用下还原为亚硝酸盐），均可使腌制品中有较大量的亚硝基化合物。曾测得香港咸海鱼的二甲基亚硝胺质量高达 $10\sim100\,\mu g/kg$。一般咸肉经油煎后，约有 90% 样品中可测出亚硝基吡咯烷（nitros-opyrrolidine），其含量与加热温度和时间有关。

3. 防止 N-亚硝基化合物危害措施

亚硝基化作用过程可被许多化合物与环境条件所抑制，如维生素 C、维生素 E、鞣酸及酚类化合物。蔗糖在一定 pH 值下（pH＝3）有阻断作用，当其分子浓度两倍于亚硝酸盐时，阻断效果最佳。在制作小香肠时，如加亚硝酸盐的同时加入维生素 C 可防止香肠中出现二甲基亚硝胺。动物喂养试验结果也表明，在给动物仲胺及亚硝酸盐喂养时，同时给予维生素 C，可阻止动物肝脏肿瘤的形成。但维生素 C

对已形成亚硝胺后则无作用。

①防止食物霉变以及其他微生物污染,这对降低食物中亚硝基化合物含量至为重要,首先某些细菌可还原硝酸盐为亚硝酸盐,其次某些微生物尚可分解蛋白质,转化为胺类化合物,并且还有酶促亚硝基化作用。为此,在食品加工时,应保证食品新鲜,防止微生物污染。

②控制食品加工中硝酸盐和亚硝酸盐的使用量,以减少亚硝基化前体的量。尽量在加工工艺可行的情况下,使用亚硝酸盐、硝酸盐代用品。

③农业用肥和用水与蔬菜中亚硝酸盐和硝酸盐含量有关。钼肥的使用有利于降低硝酸盐含量,如白萝卜与大白菜施钼肥后维生素 C 较对照组平均提高38.5%,亚硝酸盐平均下降26.5%。干旱地常是蔬菜中硝酸盐类含量增高的原因之一,应引起注意。

④许多食物成分对防止亚硝基化合物危害有作用。大蒜和大蒜素可抑制胃内硝酸盐还原菌,使胃内亚硝酸盐含量明显降低。茶叶具有试管内阻断亚硝胺合成的作用,人体试验发现口服脯氨酸和硝酸盐后体内形成了亚硝基脯氨酸,但如同时饮茶则不形成。亚硝基脯氨酸对人体无毒无害,但可反映在人体内亚硝胺生成情况,因而可推断茶叶具有的阻断作用。此外,称猴桃、沙棘果汁也有阻断作用,前者还有抑制 N-二甲基亚硝胺的致突变作用。

⑤制定标准,开展监测食品中亚硝基化合物的含量。我国已定出啤酒中二甲基亚硝胺的限量,有人建议亚硝胺的 ADI 为 $0.16\ \mu g/kg$(体重)。

⑥必要的监督管理。必要的监督管理是减少硝酸盐危害的重要手段。美国、法国、德国等国家已经进行了此项工作,制定了一系列的法令,对食品(包括蔬菜、罐头、肉制品和乳制品)中硝酸盐的含量进行了限制。在荷兰、比利时、德国和其他一些国家,蔬菜必须持有合格证方可进入蔬菜商店,合格证上记录着硝酸盐的准确含量,消费者通过使用一种试纸条快速测试方法可立即证实硝酸盐的含量。我国这方面工作还做得不够。

二、多环芳族化合物

多环芳族化合物是食品污染物之中一类具有诱癌作用的化合物,包括多环芳烃与杂环胺等,是一种重要的化学危害。

1. 苯并芘

苯并芘是由五个苯环构成,水中溶解度为 $0.5\sim6\ \mu g/L$,稍溶于甲醇与乙醇,溶于苯、甲苯、二甲苯及环己烷中;在碱性条件下加热稳定:10%KOH 的乙醇中,加热回流 1 h,无任何变化;在酸性条件下不稳定,易与硝酸等作用,在苯溶液中呈蓝色或紫色荧光;在紫外光下发生光氧化作用。苯并芘能被正电荷的吸附剂如活性炭、木炭或氢氧化铁所吸附,并失去荧光性,但不被带负电荷的吸附剂所吸附。

(1)对食品的污染　烹调加工食品时,烘烤或熏制过程与燃料燃烧产生的PAH直接接触而受污染。由于一般有机基团的形成需要高温,因此,3,4-苯并芘的形成与熏制时温度有关,并随着温度的增加而直线增高;脂肪含量愈高,苯并芘含量愈高。对熏制食品的品种、时间和温度进行综合分析,熏制时间、温度与苯并芘生成量呈正比,且食物外表部分高于其内部含量。因此,各种食品都有可能受到苯并芘的污染,特别是不合理加工烹调。一般烤肉、烤香肠可能有苯并芘存在,质量比为 $0.17 \sim 0.63\ \mu g/kg$ 时,炭火烤的肉可达 $2.6 \sim 11.2\ \mu g/kg$。调查发现柴炉加工叉烧肉等使苯并芘上升最多,其次为煤炉及炭炉,电炉最少。烤羊肉时滴油着火较不着火高。

(2)致癌性与致突变性　苯并芘对动物的致癌性是肯定的,曾有试验证明,经口给予小鼠 <0.1 mg 未发现胃肿瘤,达到 1 mg 时,小鼠胃扁平细胞癌发生率为76.7%,10 mg 则为 85.2%,呈剂量效应关系。以 250 mg/kg 饲料伺小鼠共 $2 \sim 4$ d,癌发生率 10%,$5 \sim 7$ d 为 $30\% \sim 40\%$,30 d 则为 100%。此外,苯并芘还可致大鼠、地鼠、滕鼠、兔、鸭及猴等动物患肿瘤,并可经胎盘使仔代发生肿瘤,胚胎死亡,仔鼠免疫功能下降。

苯并芘还是一种间接致突变物,经肝微植体酶系统活化即显示 Ame's 试验阳性作用,即致突变作用。此外,DNA 修复、细菌 DNA 修复、果蝇突变、染色体畸变等皆呈阳性反应。人体组织培养中也发现有组织毒性作用,造成上皮分化不良、细胞破坏、柱状上皮细胞变形等。

通过食物及水进入机体的苯并芘,很快在肠道被吸收,吸收入血后很快分布于全身。乳腺及脂肪组织中可蓄积苯并芘。动物试验发现,经口摄入的苯并芘可通过胎盘到胎仔体内,引起毒性及致癌反应,苯并芘主要经过肝脏、胆道从粪便排出体外。

苯并芘在体内,通过混合功能氧化酶系中的芳烃羟化酶(arylhydrocarbon hydroxylase,AHH)作用,代谢转化为多环芳烃环氧化物与 DNA、RNA 和蛋白质大分子结合而呈现致癌作用。经过进一步代谢,有的苯并芘形成带有羟基的化合物,最后与葡萄糖醛酸、硫酸、谷胱甘肽结合从尿中排出。

(3)防止措施

①防止污染,改进食品加工烹调方法:A. 加强环境治理,减少环境对食品污染;B. 熏制、烘干粮食应改进燃烧过程,改良食品烟熏剂,不使食品直接接触炭火

熏制、烘烤,使用熏烟洗净器或冷熏液;C.粮食、油料种子不在柏油路晾晒,以防沥青沾污。机械化生产食品,要防止润滑油污染食品,或改用食用油作润滑剂。

②采用合适的食用方式:对已经污染了的苯并芘的食品,也可采用去毒方法消除。如刮去烤焦食品的烤焦部分后食用;通过去除烟熏食品表面的烟油,可减少 20% 左右的苯并芘;油脂中的苯并芘则可利用吸附法,即采用活性炭以除去,效果很好。浸出法生产的菜油加入 0.3% 或 0.5% 活性炭,在 90℃ 下搅拌 30 min,并在 140℃、0.93×105 Mpa 汞柱真空下处理 4 h,其所含苯并芘可去除 89.18%～94.73%。粮谷类可采用磨去麸皮或糠麸办法以使苯并芘含量下降。此外,日光、紫外线照射也有一定效果。

③制定食品中允许含量标准:目前尚未有食品中苯并芘允许含量标准,可根据水体中对人体无害的苯并芘水平 0.03 $\mu g/L$ 作为参考。据分析估计,一个人在 40 年中从食物摄入苯并芘总量为 80 000 μg,就有可能致癌。因此,每人每日进食量应不超过 10 μg。以食物摄入量 1 kg 计算,即食物中质量比应<10 $\mu g/kg$,我国生活饮水中苯并芘的限制标准为 0.01 $\mu g/L$。

2.杂环胺化合物

杂环胺是当烹调、加工蛋白质食物时,由蛋白质、肽、氨基酸的热解物中分离的一类,具有致突变、致癌的氨基咪唑氮杂芳烃类化合物。它们是氨基咪唑并喹啉、氨基咪唑并喹噁啉、氨基咪唑并吡啶、氨基咪唑并吲哚以及氨基二吡啶并咪锉的衍生物。

(1)杂环胺的生成 1976 年发现在含蛋白质较多的食物如沙丁鱼、肉类在烘烤中均可产生杂环胺,以后的研究发现除火烤外,煎炸、烘焙也可产生,且烹调方式、时间、温度及食物的组成对杂环胺的生成有很大影响。

(2)致癌性与致突变性 已发现杂环胺类化合物一半以上具有强烈致癌性。有致癌作用的杂环胺化合物的致癌作用剂量用而 TD_{50} 表示,小鼠平均为 8 mg/(kg·d)。

杂环胺化合物有很强的致突变性,在肝微粒体酶代谢活化条件下,对鼠伤寒沙门氏菌 TA98 与 TA100 均具致突变性,且对前者较后者为强。多种杂环胺化合物致突变性远较黄曲霉毒素 B_1 强,如毒素 B_1 的 6～100 倍。

已知杂环胺化合物致突变形可被多种物质所抑制或破坏。新鲜果蔬汁如白菜汁、甘蓝汁、新鲜胡椒、茄子、苹果、生姜、薄荷叶和菠萝等可去除色氨酸热解物钠致突变作用。杂环胺化合物对 TA98 的致突变作用尚可被半脱氨酸等所激活,也可被吡咯色素如氯化血红素、胆绿素、叶绿酸、原卟啉和脂肪酸如油酸和亚油酸所抑制。

（3）防止危害的措施

①改进烹调加工方法：杂环胺化合物的生成与不良烹调加工有关，特别是过高温度烹调食物。因此，首要的是注意不要使烹调温度过高，不要烧焦食物，避免过多采用煎炸烤的烹调方法。

②增加蔬菜水果的摄入量：膳食纤维素有吸附杂环胺化合物并降低其生物活性的作用；某些蔬菜、水果中的一些成分又有抑制杂环胺化合物的致突变性的作用。因此，增加蔬菜、水果的摄入量对于防止杂环胺的可能危害有积极作用。

③制定对人体的安全剂量：开展食物中杂环胺含量调查，研究杂环胺生成条件与抑制条件，探索阐明杂环胺在人体内代谢的状况、作用剂量，尽早制定其对人体的安全剂量。

实验 10-1　酸菜中亚硝酸盐含量的测定

一、目的要求

①掌握样品制备、提取的基本操作技能。
②进一步熟练掌握分光光度计的结构和使用方法。
③掌握比色法测定食品中亚硝酸盐的原理和方法。

二、实验原理

样品经沉淀分离蛋白质，除去脂肪后，在弱酸的条件下，亚硝酸盐与对氨基苯磺酸起重氮化反应，生成重氮化合物，再与盐酸萘乙二胺偶合，形成紫红色的染料，其颜色的深浅与亚硝酸盐的含量成正比，可与标准比较定量。通过分光光度计比色测定，计算出样品中亚硝酸盐的含量。反应如下：

$$2HCl+NaNO_2+H_2N-\langle\text{苯环}\rangle-SO_3H \xrightarrow{\text{重氮化}}$$

$$Cl-\underset{\underset{N}{\parallel}}{N}-\langle\text{苯环}\rangle-SO_3H+NaCl+2H_2O$$

$$2HCl \cdot H_2NH_2CH_2CHN-\langle\text{萘环}\rangle+Cl-\underset{\underset{N}{\parallel}}{N}-\langle\text{苯环}\rangle-SO_3H \xrightarrow{\text{偶合}}$$

盐酸萘乙二胺

$$2HCl \cdot H_2NH_2CH_2CHN-\langle\text{萘环}\rangle-N=N-\langle\text{苯环}\rangle-SO_3H+HCl$$

紫红色

三、仪器与试剂

1.仪器

分光光度计 1 台,分析天平,250 mL 锥形瓶 4 个,100 mL 量筒 4 个,50 mL 容量瓶 12 个,100 mL 容量瓶 1 个,250 mL 容量瓶 1 个,500 mL 容量瓶 1 个,1 000 mL容量瓶 2 个,1 cm 的比色皿 3 个,100 mL 烧杯 1 个,250 mL 烧杯 3 个。

2.试剂

①亚铁氰化钾溶液:称取 106 g 亚铁氰化钾溶于水,并定容至 1 000 mL。

②醋酸锌溶液:称取 220 g 醋酸锌,加 30 mL 冰醋酸,溶于水并定容至 1 000 mL。

③硼砂饱和溶液:称取 5 g 硼砂溶于 100 mL 热水中,冷却后备用。

④0.4%对氨基苯磺酸溶液:称取 0.4 g 对氨基苯磺酸,溶于 100 mL 20%的盐酸中,避光保存。

⑤0.2%盐酸萘乙二胺溶液:称取 0.2 g 盐酸萘乙二胺,溶于 100 mL 水中,避光保存。

⑥亚硝酸钠标准溶液:精密称取 0.100 0 g 于硅胶干燥器中干燥 24 h 亚硝酸钠,加水溶解移入 500 mL 容量瓶中,并稀释至刻度。此溶液每毫升相当于200 μg 亚硝酸钠。

⑦亚硝酸钠标准使用溶液:临用前,吸取亚硝酸钠标准溶液 5.00 mL,置于 100 mL 容量瓶中,加水稀释至刻度。此溶液每毫升相当于 10 μg 亚硝酸钠。

四、分析步骤

1.样品处理

称取经绞碎并混合均匀的样品 20 g 于 100 mL 烧杯中,加硼砂饱和溶液 40 mL,搅拌均匀后,以 70℃以上的热水 100~150 mL 将样品全部洗入 250 mL 容量瓶中,放入沸水浴中加热 15 min,取出冷却后,边转动容量瓶边加入亚铁氰化钾溶液 20 mL,摇匀后,再加入醋酸锌溶液 20 mL,以沉淀蛋白质。然后,加水至刻度,混匀,放置半小时后,弃去上层脂肪,清液用滤纸或脱脂棉过滤,弃去初滤液5~10 mL,滤液备用。

2.测定

吸取上述滤液 40 mL 于 50 mL 容量瓶中,同时吸取 0.0、0.1、0.2、0.3、0.4、0.8、1.2、1.6、2.0 mL 亚硝酸钠标准使用液(相当于 0.0、1.0、2.0、3.0、4.0、8.0、12.0、16.0、20.0 μg 的亚硝酸钠)分别置于 50 mL 容量瓶中,各加水至 25 mL 处。在样品管及标准管中分别加入 0.4%对氨基苯磺酸溶液 4 mL,混匀后静置 3~

5 min,然后又在各管及标准管中分别加入 0.2% 盐酸萘乙二胺溶液 2 mL,加水至刻度,摇匀,静置 15 min 后,用 1 cm 的比色皿,以零管调节零点,于波长 538 nm 处,测吸光度,绘制标准曲线并查出待测液的亚硝酸盐含量。

五、结果与计算

$$x = \frac{A \times 1\,000}{m \times \dfrac{40}{250} \times 1\,000 \times 1\,000}$$

式中:x—样品中亚硝酸盐的含量,g/kg;

　　A—样品溶液中亚硝酸盐的含量,μg;

　　m—样品的质量,g。

六、说明与讨论

①盐酸萘乙二胺有致癌的作用,使用时注意安全。

②显色后稳定性与室温有关,一般显色温度为 15～30℃ 时,在 20～30 min 内比色为好。

七、考核要点

①样品制备规范操作。

②分光光度计的正确使用。

③标准曲线合乎要求。

④测定结果正确。

复习思考题

1.食品原料中的天然毒素有哪些种类?

2.微生物污染食品的途径有哪些?

3.食品中农药残留污染有哪些途径?

4.简述造成兽药残留污染的主要原因?

5.N-亚硝基化合物对食品的污染及预防?

第十一章　综合、设计及创新实验

学习目标

● 综合、设计及创新实验主要是培养学生独立思考、实际操作以及分析问题、解决问题的综合能力。通过实训，学生能查阅资料，设计实验方案，准备实验用的试剂及仪器设备，正确的开展实验，全面的观察实验现象，准确的记录实验结果，并会对实验结果进行整理、分析与归类。在此基础上通过逻辑思维，找出其中规律，撰写小的实验型的论文，为以后毕业论文的开展，打下坚实的基础。本章是食品化学通向食品分析、食品加工、食品营养与安全等专业课程的桥梁。

一、实验要求

①综合、设计及创新实验应安排在教学实习时间进行，需 1~2 周完成。

②建议 2~4 人一组，组长负责制，整个实验过程遵循以学生为主，教师为辅的原则，即从实验的选题，资料查阅，实验方案制订，分析方法的选择，实验开展以及结果分析均由学生独立完成，教师作必要的指导及监督。

③实验前教师必须对学生的实验方案进行认真审阅修改，结合实验室现有条件确定可行，方可开展实验。

④实验过程中认真记录实验现象和实验数据。

⑤注意发现和分析实验过程中出现的问题并及时的与指导教师交流。

⑥写一篇小型的实验型论文，全班交流。

二、实验流程

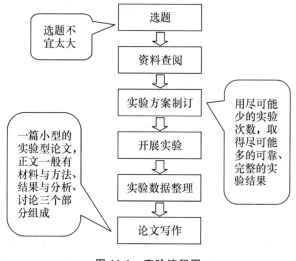

图 11-1　实验流程图

三、实验参考示例

(一)芹菜叶主要营养成分分析综合实验

1. 实验目的

对芹菜叶中的水分、灰分、总糖、蛋白质、脂肪、维生素 C、不溶性膳食纤维等主要营养成分进行分析,以提高学生的综合实验能力。

2. 材料与仪器

(1)实验材料　芹菜叶;无水乙醚;海砂;脱脂棉花;脱脂滤纸;浓硫酸;石油醚;硫酸铜;次甲基蓝;酒石酸钾钠;氢氧化钠;葡萄糖;草酸;硫酸钾;硼酸;溴甲酚绿与甲基红的混合指示剂;盐酸;2,4-二硝基苯肼;活性炭等。

(2)实验仪器　凯氏定氮装置,微波炉;电子天平;鼓风恒温干燥箱;高温炉;索氏提取器;恒温水浴锅;纤维测定仪;回流冷凝装置;可见分光光度计等。

3. 分析项目与分析方法

(1)芹菜叶中水分含量的测定(常压干燥法)　取洁净铝制或玻璃制的称量瓶,置于 95~105℃ 干燥箱中,瓶盖斜支于瓶边,加热 0.5~1.0 h 取出盖好,置干燥器内冷却 0.5 h,称量,并重复干燥至恒重。称取 10.0 g 切碎或磨细的芹菜叶,放入此称量瓶中,加盖称量后,置于 60~70℃ 的恒温干燥箱内,瓶盖斜支于瓶边,加热 2 h 左右,然后将干燥箱升温至 95～105℃,再干燥 1～2 h 后,盖好取出,放入干燥器内冷却 0.5 h 后称量。然后再放入 95～105℃ 干燥箱中干燥 1 h 左右,取出,放干燥器内冷却 0.5 h 后再称量。至前后两次质量差不超过 2 mg,即为恒重。

计算:

$$x = \frac{m_1 - m_2}{m_1 - m_3} \times 100$$

式中:x—样品中水分的含量,%

m_1—称量瓶和样品的质量,g;

m_2—称量瓶和样品干燥后的质量,g;

m_3—称量瓶的质量,g。

(2)芹菜叶中灰分含量的测定(灼烧法)　将瓷坩埚置高温炉中,在 600℃ 下灼烧 0.5 h,冷至 200℃ 以下后取出,放入干燥器中冷至室温,精密称量,并重复灼烧至恒量。芹菜叶经捣碎后称取 5～10 g,精密称量,然后先以小火加热使样品充分炭化至无烟,然后置高温炉中,在 550～600℃ 灼烧至无炭粒,即灰化完全。冷至 200℃ 以下后取出放入干燥器中冷却至室温,称量。重复灼烧至前后两次称量相差不超过 0.5 mg 为恒量。

计算:

$$x = \frac{m_1 - m_2}{m_3 - m_2} \times 100$$

式中:x—样品中灰分的含量,%;

m_1—坩埚和灰分的质量,g;

m_2—坩埚的质量,g;

m_3—坩埚和样品的质量,g。

(3)芹菜叶中总糖含量的测定(直接滴定法)

①配制溶液:

a.碱性酒石酸铜甲液:称取 15 g 硫酸铜($CuSO_4 \cdot 5H_2O$)及 0.05 g 次甲基蓝,溶于水中并稀释至 1 000 mL。

b.碱性酒石酸铜乙液:称取 50 g 酒石酸钾钠及 75 g 氢氧化钠,溶于水中,再加入 4 g 亚铁氰化钾,完全溶解后,用水稀释至 1 000 mL,贮于橡胶塞玻璃瓶内。

c.6 mol/L 盐酸:量取 50 mL 盐酸加水稀释至 100 mL。

d.葡萄糖标准溶液:精密称取 1.000 g 经过 98～100℃ 干燥至恒重的纯葡萄糖,加水溶解后,加 5 mL 6 mol/L 盐酸(防止微生物生长),并以水稀释至

1 000 mL,此溶液每毫升相当于 1 mg 葡萄糖。

e.0.1%甲基红指示液:称取 0.1 g 甲基红,用 60%的乙醇溶解并定容到 100 mL。

f.20%氢氧化钠溶液:20 g 氢氧化钠用水定容 100 mL。

②标定碱性酒石酸铜溶液:吸取碱性酒石酸铜甲、乙液各 5.0 mL,置于 150 mL 锥形瓶中,加水 20 mL,加入玻璃珠 2 粒,从滴定管滴加约 9 mL 葡萄糖标准溶液,控制在 2 min 内加热至沸,趁沸以每两秒 1 滴的速度继续滴加葡萄糖标准溶液,直至溶液蓝色刚好褪去为终点,记录消耗葡萄糖标准溶液的总体积,同时平行操作三份,取其平均值,计算每 10 mL(甲乙液各 5 mL)碱性酒石酸铜溶液相当于葡萄糖的质量(mg)。

③样品处理:称取捣碎的芹菜叶 25 g,加水 100 mL,在水浴上加热煮沸 10 min 后,移入 250 mL 容量瓶中加水至刻度,混匀后过滤备用。

取上述滤液 50 mL 于 100 mL 容量瓶中,加入 5 mL 6 mol/L 盐酸,在 68~70℃水浴中加热 15 min,冷却后,加 2 滴甲基红指示液,用 20%氢氧化钠溶液中和至红色褪去,加水至刻度混匀。

④样品溶液预测:吸取碱性酒石酸铜甲、乙液各 5.0 mL,置于 150 mL 锥形瓶中,加水 20 mL,玻璃珠两粒,控制在 2 min 内加热至沸,趁沸以先快后慢的速度,从滴定管中滴加样品溶液,并保持溶液沸腾状态,等溶液颜色变浅时,以每两秒 1 滴的速度滴定,直至溶液蓝色刚好褪去为终点,记录样液消耗体积。

⑤样品溶液测定:吸取碱性酒石酸铜甲、乙液各 5.0 mL 于 150 mL 锥形瓶中,加水 20 mL,玻璃珠两粒,从滴定管滴加比预测体积少 1 mL 的样品溶液,使在 2 min 内加热至沸,趁沸继续以每两秒 1 滴的速度滴定直至溶液蓝色刚好褪去为终点,记录样液消耗体积,同法平行测定三份,得出平均值消耗体积。

⑥计算:

$$x = \frac{F}{m \times (50/V_1) \times (V_2/100) \times 1\,000} \times 100$$

式中:x—样品中总糖含量(以葡萄糖计),%;

F—10 mL 碱性酒石酸铜溶液(甲、乙液各 5.0 mL 相当于葡萄糖的质量,mg);

m—样品质量,g;

V_1—样液总量,mL;

V_2—测定时平均消耗样品溶液体积,mL;

50—样品处理时吸取样品体积,mL。

(4)芹菜叶中粗脂肪含量的测定(索氏抽提法)

①样品的准备:称取捣碎的芹菜叶 10 g;放在 70～80℃的烘箱中烘干。一般烘 4 h,烘干时要避免过热。冷却后,无损地移入滤纸筒内,包严(滤纸筒宽约是提取管的直径,高要低于提取管虹吸管的最高处)。将滤纸筒放入索氏提取器的提取管内,注意勿使滤纸筒高于提取管的虹吸部分。

②抽提:将洗净的提取瓶在 105℃烘箱内烘干至恒重,加无水乙醚(乙醚的1/3可以用石油醚代替)约达到提取瓶容积的 1/2～2/3 处,然后将提取器各部分连接起来,注意不能漏气。加热提取时,应在电热恒温水浴中进行(水浴温度约为40～50℃)。

在加热时乙醚蒸发,乙醚蒸汽由连接管上升至冷凝器,凝结成液体滴入提取管中,此时样品内的脂肪为乙醚液面超过虹吸管高度后溶有脂肪的乙醚虹吸管流入提取瓶,为此循环抽提,调解水浴温度,使乙醚每小时循环 3～5 次,提取时间视样品的性质而定,一般需 6～12 h,样品含有脂肪是否提取完全,可以用滤纸来粗略判断,从提取管内吸取少量的乙醚并滴在干净的滤纸上,待乙醚干后,滤纸上不留有油脂斑点则表示已经提取完全。

③回收乙醚:提取完全后,再将乙醚蒸到提取管内,待乙醚液面达到虹吸管的最高处以前,取下提取管,回收乙醚。

④烘干、称重:将提取瓶中的乙醚全部蒸干,洗净外壁,置于 105℃烘箱干燥至恒重,按下式计算样品的粗脂肪百分含量。

$$脂肪百分含量=\frac{W_1-W_0}{W}\times100\%$$

式中:W_1—接受瓶和脂肪重量,g;

　　　W—样品重量,g;

　　　W_0—接受瓶重量,g。

(5)芹菜叶中粗蛋白含量的测定(凯氏定氮法)

①试剂准备:

a.硫酸钾。

b.硫酸铜。

c.硫酸。

d.2%硼酸溶液(m/V):称取 10.000 g 硼酸溶解于 500 mL 的热水中,摇匀备用。

e.40%氢氧化钠溶液(m/V):称取 40 g 氢氧化钠于 100 mL 容量瓶中,用纯净水定容。

f. 混合指示剂:把溶解于 95% 乙醇的 0.1% 溴甲酚绿溶液 10 mL 和溶于 95% 乙醇的 0.1% 甲基红溶液 2 mL 混合而成。

g. 0.01 mol/L HCl 标准溶液:量取 90 mL 盐酸,用纯净水定容 1 000 mL,用移液管移出 1 mL 纯净水定容 100 mL 即为 0.01 mol/L HCL 标准溶液。

②测定步骤:

a. 样品消化:精密称取 5.000 g 半固体样品,移入干燥的 100 mL 或 500 mL 定氮瓶中,加入 0.2 g 硫酸铜,3 g 硫酸钾及 20 mL 硫酸,稍摇匀后于瓶口放一小漏斗,将瓶以 45°角斜支于有小孔的石棉网上,小火加热,待内容物全部炭化,泡沫完全停止后,加强火力,并保持瓶内液体微沸,至液体呈蓝绿色澄清透明后,再继续加热 0.5 h。取下放冷,小心加 20 mL 水,放冷后,移入 100 mL 容量瓶中,并用少量水洗定氮瓶,洗液并入容量瓶中,再加水至刻度,混匀备用。取与处理样品相同量的硫酸铜、硫酸钾、硫酸铵同一方法做试剂空白试验。

b. 蒸馏与吸收:按图 11-2 装好凯氏定氮蒸馏装置。

将该装置用铁夹和铁环固定于铁架台的适当高度,铁夹夹紧蒸馏瓶颈部,铁环托住蒸馏瓶底部,并垫上石棉网,蒸馏瓶底部位于电炉上,准备加热。连接好冷凝水进水胶管和出水胶管,将接收瓶内加入 10 mL 2% 硼酸溶液及混合指示剂 1 滴,并使冷凝管的下端插入液面下。吸取 10.0 mL 样品消化液由进样小漏斗流入蒸馏瓶,同样再加入 40% 氢氧化钠溶液 10 mL,用少量的蒸馏水洗涤小漏斗数次,洗液流入到蒸馏瓶内,立即夹住漏斗夹,并加水于小漏斗中以防漏气。开始蒸馏 10 min。移动接收瓶,使冷凝管下端离开液面,再蒸馏 1 min,停止蒸馏,然后用少量水冲洗冷凝管下端外部。

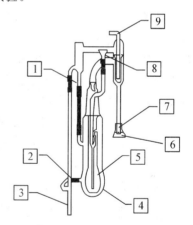

1-进水口;2-出水口;3-冷凝水出口;
4-夹层;5-蒸馏瓶;6-接收瓶;
7-冷凝管下端;8-进样小漏斗;
9-冷凝水入口

图 11-2　改良式凯氏定氮蒸馏装置

c. 滴定:取下接收瓶,馏出液用 0.01 mol/L 盐酸标准溶液滴定至灰色或蓝紫色为终点。同时做一空白试验。

③计算:

$$x = \frac{c \times (V_1 - V_2) \times 0.014}{m \times (10/100)} \times F \times 100$$

式中:x—样品中粗蛋白的含量,g;

c—盐酸标准溶液的浓度,mol/L;

V_1—滴定样品吸收液时消耗盐酸标准溶液的体积,mL;

V_2—试剂空白消耗盐酸标准溶液的体积,mL;

0.014—1 mol/L 盐酸标准溶液 1 mL 相当于氮克数;

m—样品的质量,g;

F—氮换算为蛋白质的系数。

(6)芹菜叶中维生素 C 含量的测定(2.4-二硝基苯肼法)

①试剂配制:

a.1%草酸溶液(m/V):称取 10.000 g 草酸溶解于 1 000 mL 的蒸馏水中,摇匀备用。

b.2%草酸溶液(m/V):称取 20.000 g 草酸溶解于 1 000 mL 的蒸馏水中,摇匀备用。

c.酸处理过的活性炭:取 200 g 活性炭,加入 10%盐酸 1 000 mL,煮沸后,抽气过滤,再用沸水 1 000 mL 煮沸,过滤,重复用水洗至滤液中无高价铁离子(即用 1%硫氰化钾溶液试验不呈红色为止),于 100~120℃烘干。

d.4.5 mol/L 硫酸:小心将 250 mL 浓硫酸(密度 1.84),慢慢地倒入 700 mL 水中,冷却后用水稀释至 1 000 mL。

e.2% 2,4-二硝基苯肼溶液:取 2 g 2,4-二硝基苯肼溶解于 100 mL 4.5 mol/L 硫酸中,过滤,于冰箱中保存。每次用前再过滤。

f.85%硫酸:谨慎将 900 mL 硫酸(密度 1.84)加入 100 mL 水中。

g.1%硫脲溶液:溶解 5 g 硫脲于 500 mL 1%草酸溶液中。

h.2%硫脲溶液:溶解 10 g 硫脲于 500 mL 1%草酸溶液中。

i.1 mol/L 盐酸:取 100 mL 盐酸,用水稀释至 1 200 mL。

j.抗坏血酸标准溶液:溶解 100 mg 纯抗血酸于 100 mL 1%草酸中,配成每毫升相当于 1 mg 抗坏血酸。

②测定步骤:

a.样品的处理和分析:称取 100 g 芹菜叶加等量的 2%草酸溶液于组织捣碎机中打成匀浆。取匀浆 20 g 用 1%草酸稀释至 100 mL,摇匀,过滤。取 25 mL 上述滤液,加入 2 g 活性炭,振摇 1 min,过滤,弃去最初数毫升滤液,取 10 mL 此氧化提取液,加入 10 mL 2%硫脲溶液,混匀。取三个试管各加入 4 mL 上述氧化稀释液,一个试管作为空白,在其余试管中加入 1.0 mL 2% 2,4-二硝基苯肼溶液,将所有试管放入(37±0.5)℃恒温箱或水浴中,保温 3 h。3 h 后取出,除空白管外,将所有试管放入冰水中。空白管取出后使其冷至室温,然后加入 1.0 mL 2% 2,4-二硝基苯肼溶液,在室温中放置 10~15 min 后放入冰水内。其余步骤同样品。当试管放入冰水中后,向每一试管中加入 5 mL 85% 硫酸,滴加时间至少需要 1 min,需边加边摇动试管。将试管自冰水中取出,在室温放置 30 min 后比色。用 1 cm 比色杯,以空白液调零点,于 500 nm 波长下测吸光值。

b. 标准曲线绘制:取 50 mL 标准抗坏血酸溶液,加 2 g 活性炭,摇动 1 min,过滤。取此滤液 10 mL 放入 500 mL 容量瓶中加 5.0 g 硫脲,用 1% 草酸溶液稀释至刻度,抗坏血酸浓度 20 μg/mL。取 5,10,20,25,40,50,60 mL 稀释液,分别放入 7 个 100 mL 容量瓶中,用 1% 硫脲溶液稀释到刻度,使最后稀释液中抗坏血酸的浓度分别为:1,2,4,5,8,10,12 μg/mL。按样品测定步骤形成脎并比色。以吸光值为纵坐标,以抗坏血酸溶液(μg/mL)为横坐标绘制标准曲线。

③计算:

$$x = \frac{c \times V}{m} \times F \times \frac{100}{1\,000}$$

式中:x—样品中总抗坏血酸含量,mg/100 g;

　　c—由标准曲线查得样品氧化液总抗坏血酸的浓度,μg/mL;

　　V—试样用 1% 草酸溶液定容的体积,mL;

　　F—样品氧化处理过程中的稀释倍数;

　　m—试样质量,g。

(7)芹菜叶中不溶性膳食纤维的测定(中性洗涤剂法)

①试剂配制:

a. 中性洗涤剂溶液:A. 将 18.61 g EDTA 二钠盐和 6.18 g 四硼酸钠(含 10 H_2O)置于烧杯中,加水约 250 mL,加热使之溶解。B. 另将 30 g 月桂基硫酸钠(化学纯)和 10 mL 乙二醇独乙醚(化学纯)溶于约 200 mL 热水中,合于 A 液中。C. 再将 4.56 g 无水磷酸氢二钠溶于 150 mL 热水中,再并入上述 A、B 混合液中。用磷酸调节上述混合液至 pH 6.9~7.1,最后加水至 1 000 mL。此液使用期间如有沉淀生成,需在使用前加热到 60℃,使沉淀溶解。

b. 磷酸盐缓冲液:由 38.7 mL 0.1 mol/L 磷酸氢二钠和 61.3 mL 0.1 mol/L 磷酸二氢钠混合而成,pH 为 7。

c. α-淀粉酶溶液:称取 12.5 mg α-淀粉酶用 pH 7 的磷酸盐缓冲溶解并定容 250 mL。

d. 无水亚硫酸钠。

e.丙酮。

f.甲苯。

h.十氢钠(萘烷)。

②测定步骤:

取芹菜叶,用水冲洗 3 次后,用纱布吸去水滴,打碎,混合均匀后备用。称取上述处理的样品 10.000 g,放入 300 mL 的锥形瓶中,(因芹菜叶中脂肪含量少,所以不用进行去脂处理),依次向锥形瓶中加入 100 mL 中性洗涤剂溶液,2 mL 的十氢钠和 0.05 g 无水亚硫酸钠。电炉加热锥形瓶,使其在 5～20 min 内煮沸,移至电热板上,保持微沸 1 h。把洁净的耐酸玻璃过滤器中,铺 1～3 g 玻璃棉,移至烘箱内,在 110℃干燥 4 h,取出置干燥器中,冷至室温,称量,得 m_1(准确至小数点后 4 位)。将煮沸后锥形瓶的内容物趁热倒入过滤器,用水泵抽滤。用不少于 300 mL 热水(90～100℃),分 3～5 次洗涤残渣,抽滤至干。于滤器中加 5 mL α-淀粉酶液,抽滤,以置换残渣中的水,然后塞住玻璃过滤器的底部,加 20 mL α-淀粉酶和几滴甲苯,置过滤器于(37±2)℃的培养箱中保温 1 h。取出滤器,除去底部塞子,抽滤,并用 300 mL 热水分数次洗去残留酶液,用碘液检查是否有淀粉残留,如有残留,继续加酶水解,如淀粉已除尽,抽干,最后用 25 mL 丙酮洗涤,抽干滤器。将滤器置烘箱中,110℃干燥 4 h,取出,置干燥器中,冷至室温,称量,得 m_2(准确至小数点后 4 位)。

③结果计算:

$$x=\frac{m_2-m_1}{m}\times100$$

式中:x—样品中不溶性膳食纤维的含量,%;

m_1—过滤器加玻璃棉的质量,g;

m_2—过滤器加玻璃棉及样品中纤维的质量,g;

m—样品质量,g。

4.实验结果

将芹菜叶成分分析结果添于表 11-1 中。

表 11-1　芹菜叶成分分析结果

水分/%	灰分/%	总糖/%	粗脂肪/%	粗蛋白/%	维生素 C/(mg/100 g)	不溶性膳食纤维/%

5.成绩评定

实验态度(10 分),实验设计合理性(20 分),测定数据的准确度(40 分),论文(30 分)。

(二)果蔬加工中酶促褐变的控制设计性实验

1.实验目的

果蔬在储藏和加工中,易于发生酶促褐变,影响果蔬产品的质量,因此必须设法对其进行控制。影响果蔬酶促褐变的因素很多,经实验分析,筛选出最有效的控制措施,确定其最佳的技术参数。通过本项设计型实验,提高学生综合运用酶学及食品化学的知识解决生产实际问题的能力。

2.材料与仪器

(1)实验材料　苹果、马铃薯、山药、莲藕等。

(2)实验仪器　真空包装机;电子天平;鼓风恒温干燥箱。

3.实验设计(自行设计,以下作为参考)

(1)热烫处理对酶促褐变的抑制　切取数片(块)材料,分别投入 80℃、90℃ 和100℃ 的水中开始计时,每隔 1 min 从不同温度的水中取出 2 片,分别放入愈创木酚溶液中取出,立即在切片上滴 0.3% 的双氧水,经 1~2 min 后,观察不同温度、不同处理时间果片变色程度和速度,直到取出的果片检测不再变色为止,将剩余果片立即投入冷水中冷却,再观察颜色有无变化。将检测结果填入表 11-2 中。

表 11-2　酶活性及热烫色泽变化表

时间	80℃	90℃	100℃	热烫效果小结
1 min				
2 min				
3 min				

注:色泽以很明显、明显、较明显、略有显色、无色等表示。

(2)不同浓度的 $NaHSO_3$ 对酶促褐变的抑制　分别配制 0.05%、0.1%、0.2% $NaHSO_3$ 溶液,加热至 60℃。选择苹果、马铃薯、山药、莲藕等食品材料,刮去表皮,切片,分成四份。其中一份不处理,直接放入另一表面皿或培养皿中。其他三份分别放入 60℃ 0.05%、0.1%、0.2% $NaHSO_3$ 溶液中,保持 5 min 后,放入表面皿或培养皿中;将装有不同处理的表面皿或培养皿置于室温或 55~60℃ 烘箱中,放置一段时间后观察并比较其酶促褐变现象,记录试验结果。

(3)化学试剂抑制酶褐变　切取同样果片分别放入 0.1% 抗坏血酸溶液、2% NaCl、2% $NaHSO_3$、0.2% 柠檬酸溶液中护色 15 min,取出观察其色泽。将上述果片同时放入 55~60℃烘箱中,恒温干燥。观察经处理和未经处理果片干燥前后色泽变化,将记录结果填入表 11-3 中。

表 11-3　化学试剂抑制酶褐变色泽变化表

原料名称	处理方法									
	对照		0.1% 抗坏血酸溶液		2% NaCl		2% NaHSO₃		0.2% 柠檬酸	
	烘前	烘后	烫后	烘后	浸后	烘后	浸后	烘后	浸后	烘后
苹果 马铃薯 莲藕 山药										

4. 成绩评定

实验态度(10 分),实验设计合理性(40 分),实验结果(30 分),实验报告(20 分)。

(三)花青素稳定性的影响因素设计性实验

1. 实验目的

通过实验了解花青素的性质,特别是要掌握影响花青素颜色变化的主要因素,从而提出在加工过程中如何利用花青素的这些特性为生产实践服务。

2. 实验材料、试剂与仪器

(1)实验材料　几种色彩不同的植物:玫瑰茄、紫甘蓝、桑葚、心里美萝卜等。

(2)实验试剂　1 mol/L NaOH 溶液、冰乙酸、亚硫酸氢钠、2%抗坏血酸、0.1 mol/L 三氯化铝溶液、0.1 mol/L 三氯化铁溶液、30%过氧化氢、木糖等。

(3)实验仪器　试管、烧杯、电炉、水浴锅、可见分光光度计等。

3. 样品处理(自行选择带有花青素的样品)

将几种花用热水浸泡,取其溶液实验;几种含花青素的水果、蔬菜可取少量研磨后用水提取,过滤,取清液实验。

4. 实验设计(可自行设计影响因素及实验条件,以下只作为参考)

(1)pH 值对花青素色泽的影响　取若干支试管,编号。取不同颜色花的溶液和果蔬汁 2~3 mL 分别于各试管中,逐滴加入 1 mol/L NaOH 溶液,观察颜色变化,记录。然后再分别向各试管中滴加冰乙酸,观察颜色变化,记录。取 1~2 种溶液,就其碱性和酸性条件下溶液的颜色在可见光区扫描,分析最大吸收波长的转移特点。

(2)亚硫酸盐对花青素颜色的影响　取不同颜色的溶液 2~3 mL,分别加入少许亚硫酸氢钠,摇匀,观察色泽变化,记录。也可按实验操作 1 做扫描分析,结合不同吸收波长的变化和相同波长下吸光度值的变化对比分析。

(3)抗坏血酸对花青素颜色的影响　取不同颜色的溶液 2～3 mL,分别加几滴 2%抗坏血酸,观察溶液颜色变化,记录。

(4)金属离子对花青素色泽的影响　取不同颜色的溶液 2～3 mL,逐一加入少许三氯化铝或三氯化铁溶液,振摇,观察并记录色泽变化。

(5)温度的影响　取不同颜色的溶液 2～3 mL 于试管中,于沸水浴中加热,观察颜色变化。

(6)糖对花青素颜色的影响　取不同颜色的溶液 2～3 mL 于试管中,分别加果糖、木糖等少许,沸水浴中加热,观察其颜色的变化并记录。

5. 实验记录

列表记录以上各种处理花青素颜色的变化。

6. 成绩评定

实验态度(10 分),实验设计合理性(40 分),实验记录(30 分),实验报告(20 分)。

(四)果蔬粉面包品质改良创新性试验

1. 实验目的

通过本试验了解面包配方各主要组分在面团形成中所起的作用及其对产品质量的影响,掌握反映面包质量指标测定项目及方法。

2. 材料与设备

(1)实验材料　面粉、酵母、奶粉、精盐、植物油、白糖、鸡蛋等。

(2)实验设备　和面机、烤箱、醒箱等。

3. 实验设计

(1)加水量对面团及面包品质的影响　见表 11-4。

表 11-4　加水量对面包的硬度、比容、高径比、感官的影响

加水量/%	硬度/g	比容/(mL/g)	高径比	感官评分
50				
55				
60				
65				
70				

硬度:反映了面包的柔软程度,面包的硬度越小,面包越柔软,弹性好。

比容:反映了面包体积的大小。

高径比:反映了面包的起发程度和形状。

感官品质:是对面包的色泽、内部组织、形状等的综合评价。

(2)油脂用量对面团及面包品质的影响　见表11-5。

表 11-5　油脂用量对面包的硬度、比容、高径比、感官的影响

油脂用量/%	硬度/g	比容/(mL/g)	高径比	感官评分
2				
5				
10				

(3)食盐用量对面团及面包品质的影响　见表11-6。

表 11-6　食盐用量对面包的硬度、比容、高径比、感官的影响

食盐用量/%	硬度/g	比容/(mL/g)	高径比	感官评分
1				
3				
5				

(4)不同添加剂对面包品质的影响　见表11-7。

表 11-7　不同添加剂用量对面包的硬度、比容、高径比、感官的影响

添加剂	硬度/g	比容/(mL/g)	高径比	感官评分
谷朊粉				
黄原胶				
瓜尔豆胶				
硬脂酰乳酸钠(SSL)				

(5)工艺参数对面包品质的影响　见表11-8。

表 11-8　工艺参数对面包的硬度、比容、高径比、感官的影响

工艺参数	数值	硬度/g	比容/(mL/g)	高径比	感官评分
调粉时间/min	6				
	8				
	10				
酵母添加量/%	1.0				
	1.2				
	1.4				
发酵时间/h	1.5				
	2				
	2.5				

4.结论

通过实验得到最佳的配方和生产面包的最佳工艺。

5.成绩评定

实验态度(10分),实验设计合理性、创新性(40分),实验结果(20分),论文(30分)。

(五)果胶酶在××果汁加工中的应用创新性试验

1.实验目的

了解果胶酶在果汁加工中的作用,选定一种具有开发潜力的果汁,通过试验确定果胶酶在该果汁加工过程中的工艺参数,从而提高产品的质量。

2.材料与设备

(1)实验材料　西番莲、欧李、树莓等;果胶酶。

(2)实验设备　组织捣碎匀浆机、电子天平、水浴锅、紫外分光光度计、原子吸收分光光度计、离心沉淀器等。

3.实验设计

(1)不同酶用量对××果汁澄清效果的影响　用果胶酶作为澄清剂,设置5个浓度梯度,静置澄清24 h后,测上清液的成分,结果见表11-9。

表11-9　不同剂量的果胶酶澄清效果对比

酶用量 /mg/L	总糖 /g/L	总酸 /g/L	总酚 /g/L	果胶 /g/L	蛋白质 /g/L	澄清度 /%
0						
10						
20						
30						
40						
50						

(2)时间对果胶酶作用效果的影响　果胶酶的作用效果受作用时间的影响,把4个装满果汁的量筒放在30℃的环境下,添加20 mg/L果胶酶,静置12、24、36、48 h,观察瓶内是否有沉淀、果汁中是否有絮状物等现象。结果见表11-10。

表11-10　不同时间内欧李汁的澄清现象

作用时间 /h	现象	
	对照(不加果胶酶)	添加20 mg/L果胶酶
12		
24		
36		
48		

(3)温度对果胶酶作用效果的影响 温度对果胶酶的作用效果影响很大,把3个装满欧李汁的量筒分别放在10℃、20℃和30℃的环境中,添加20 mg/L果胶酶,静置24 h,观察瓶内现象并测定相关指标见表11-11。

表11-11 不同温度下果汁的澄清现象

作用温度/℃	现象	
	对照(不加果胶酶)	添加20 mg/L果胶酶
10		
20		
30		

(4)果胶酶对××果实出汁率的影响 在破碎去核的××果浆中,添加20 mg/L果胶酶,30℃下作用24 h后,人工挤汁,计算出汁率并测定果汁的理化指标,见表11-12。

表11-12 果胶酶对××果浆作用效果对比表

	酶解前	酶解后
总糖/(g/L)		
总酸/(g/L)		
多酚/(g/L)		
蛋白质/(g/L)		
果胶/(g/L)		
出汁率/%		

4.结论

通过实验果胶酶对××果汁作用效果以及作用的最佳条件。

5.成绩评定

实验态度(10分),实验设计合理性、创新性(40分),实验结果(20分),论文(30分)。

参考文献

[1]阚建全.食品化学.北京:中国农业大学出版社,2004

[2]王清连,王林松.食品化学.郑州:河南科学技术出版社,1996

[3]王璋,许时婴,汤坚.食品化学.北京:中国轻工业出版社,1999

[4]杜克生.食品生物化学.北京:中国轻工业出版社,2009

[5]夏红.食品化学.北京:中国农业出版社,2002

[6]夏延斌.食品化学.北京:中国轻工业出版社,2001

[7]吴俊明.食品化学.北京:科学出版社,2004

[8]马永昆,刘晓庚.食品化学.南京:东南大学出版社,2007

[9]程云燕,麻文胜.食品化学.北京:科学出版社,2008

[10]石阶平,霍军生.食品化学.北京:中国农业大学出版社,2008

[11]李培青.食品生物化学.北京:中国轻工业出版社,2007

[12]黄晓玉,刘邻渭.食品化学综合实验.北京:中国农业大学出版社,2002

[13]李凤玉,梁文珍.食品分析与检验.北京:中国农业大学出版社,2009

[14]孙远明等.食品营养学.北京:中国农业大学出版社,2006

[15]谢笔钧.食品化学.北京:科学出版社,2004

[16]季鸿崑.烹饪化学.北京:中国轻工业出版社,2008

[17]徐玮,汪东风.食品化学实验与习题.北京:化学工业出版社,2008

[18]沈同,王镜岩主编.生物化学(上、下).2版.北京:高等教育出版社,1990

[19]王希成.生物化学.北京:清华大学出版社,2001

[20]欧伶,俞建英等.应用生物化学.北京:化学工业出版社,2001

[21]陶慰孙.蛋白质化学基础.北京:人民教育出版社,1981

[22]孙崇荣,李玉民.蛋白质化学导论.上海:复旦大学出版社,1991

[23]严希康.生化分离工程.北京:化学工业出版社,2001

[24]管斌,林宏主编.食品蛋白质化学.北京:化学工业出版社,2005

[25]高真.蛋制品工艺学.北京:中国商业出版社,1992

[26]汪家政,范明.蛋白质技术手册.北京:科学出版社,2000

[27]阎隆飞,孙之荣.蛋白质分子结构.北京:清华大学出版社,1999

[28]陈学纯主编.酶与食品加工.北京:轻工业出版社,1991

[29]江志炜,沈蓓英.蛋白质加工技术.北京:化学工业出版社,2003

[30]袁勤生.应用酶学.上海:华东理工大学出版社,1994

[31]郭勇.酶工程.北京:轻工业出版社,1994

[32]万建荣.水产食品化学分析手册.上海:上海科学技术出版社,1993

[33]戴有盛.食品的生化与营养.北京:科学出版社,1994

[34]韩雅珊.食品化学.2版.北京:中国农业大学出版社,1998

[35]中国营养协会.中国居民膳食指南.西藏:西藏人民出版社,2008

[36]葛可佑.公共营养师国家职业资格培训教材.北京:中国劳动和社会保障出版社,2007

图书在版编目(CIP)数据

食品化学/梁文珍,蔡智军主编. —北京:中国农业大学出版社,2010.2(2016.11 重印)

(高职高专教育"十一五"规划教材)

ISBN 978-7-81117-924-8

Ⅰ.食…　Ⅱ.①梁…②蔡…　Ⅲ.①食品分析-高等学校-教材　Ⅳ.①TS201.2

中国版本图书馆 CIP 数据核字(2009)第 224701 号

书　名	食品化学		
作　者	梁文珍　蔡智军　主编		
策划编辑	姚慧敏　伍 斌	**责任编辑**	陈 阳　田树君
封面设计	郑 川	**责任校对**	王晓凤　陈 莹
出版发行	中国农业大学出版社		
社　址	北京市海淀区圆明园西路 2 号	**邮政编码**	100193
电　话	发行部 010-62818525,8625	**读者服务部** 010-62732336	
	编辑部 010-62732617,2618	**出 版 部** 010-62733440	
网　址	http://www.cau.edu.cn/caup	**e-mail** cbsszs @ cau.edu.cn	
经　销	新华书店		
印　刷	北京时代华都印刷有限公司		
版　次	2010 年 2 月第 1 版　2016 年 11 月第 5 次印刷		
规　格	787×980　16 开本　19.75 印张　359 千字		
定　价	38.00 元		

图书如有质量问题本社发行部负责调换